U0569292

未来人才培养计划·学科素养提升系列

北大名师开讲
信息科技
如何改变世界

陆俊林 ◎主编
陈沫 肖然 ◎副主编

北京大学出版社
PEKING UNIVERSITY PRESS

图书在版编目(CIP)数据

北大名师开讲：信息科技如何改变世界 / 陆俊林主编. -- 北京：北京大学出版社，2025.6.
(未来人才培养计划). -- ISBN 978-7-301-36302-7

Ⅰ. TP3

中国国家版本馆CIP数据核字第2025T5N600号

书　　　名	北大名师开讲：信息科技如何改变世界
	BEIDA MINGSHI KAIJIANG: XINXI KEJI RUHE GAIBIAN SHIJIE
著作责任者	陆俊林　主编
丛书主持	李　玥
责任编辑	胡　媚
标准书号	ISBN 978-7-301-36302-7
出版发行	北京大学出版社
地　　址	北京市海淀区成府路205号　100871
网　　址	http://www.pup.cn　新浪微博：@北京大学出版社
电子邮箱	编辑部 zyjy@pup.cn　总编室 zpup@pup.cn
电　　话	邮购部010-62752015　发行部010-62750672　编辑部010-62704142
印刷者	三河市北燕印装有限公司
经销者	新华书店
	787毫米×1092毫米　16开本　17印张　377千字
	2025年6月第1版　2025年8月第2次印刷
定　　价	59.00元

未经许可，不得以任何方式复制或抄袭本书之部分或全部内容。
版权所有，侵权必究
举报电话：010-62752024　电子邮箱：fd@pup.cn
图书如有印装质量问题，请与出版部联系，电话：010-62756370

编 委 会

特邀顾问：杨芙清　王阳元

编　　委：侯士敏　严敏杰　王亚章　王兴军
　　　　　　郭　耀　刘晓彦　王立威　王润声
　　　　　　邓　斌　贾方健　张勤健　董晓晖

主　　编：陆俊林

副 主 编：陈　沫　肖　然

总　　序

习近平总书记在党的二十大报告中指出，教育、科技、人才是全面建设社会主义现代化国家的基础性、战略性支撑。我们要坚持教育优先发展、科技自立自强、人才引领驱动，加快建设教育强国、科技强国、人才强国。北京大学作为我国高等教育的排头兵，始终致力于探索创新人才培养模式，推动教育改革与发展。

在这个大背景下，"未来人才培养计划·学科素养提升系列"丛书应运而生。本套丛书由北京大学相关院系和北京大学出版社共同组织编写，汇集了北京大学的知名教授以及全国各地优秀中学名师的智慧与经验，旨在为中学生提供一个全面、系统、深入的基础学科能力发展平台，通过"学科魅力启智"与"学科能力筑基"双轨并进，助力国家基础学科建设和拔尖创新人才培养。

本套丛书分为学科魅力篇和学科能力篇。学科魅力篇由北京大学知名教授担任主编，邀请该学科各领域的顶尖学者共同编写。通过生动有趣的内容，深入浅出地展现各学科的独特价值、前沿成果与广阔前景，激发中学生对基础学科的兴趣，帮助他们发现自己的特长与兴趣，培养学科志趣。兴趣是最好的老师，对某一学科有兴趣又学得好，往往是学生取得成功的一半。学科能力篇则由北京大学的知名教授联合全国优秀中学教师共同编写，他们凭借深厚的学科功底和丰富的教学经验，为中学生提供科学、有效的学科能力提升方法和策略，注重培养学生的学科思维能力、解决问题的能力等，为同学今后的大学学习打下坚实的基础。

编写本套丛书的初衷，是基于对当前教育现状的深刻洞察。在中学阶段，大部分师生对大学的各个学科以及这些学科对所选拔人才的能力诉求还不够清楚，而大学老师对很多

学生的能力也还不尽满意。因此，我们需要打破中学与大学之间的壁垒，让中学教育更好地为大学教育做好衔接准备，让大学教育更好地引导中学教育。本套丛书的出版正是为了实现这一目标。

在此，编委会全体成员谨向所有参与本套丛书编写工作的专家、学者和教师致以崇高的敬意和衷心的感谢。你们的辛勤付出，为本套丛书的出版奠定了坚实的基础。同时，我们也感谢北京大学相关院系对本套丛书编写出版工作的大力支持。让我们共同努力，为培养更多拔尖创新人才而奋斗！

"未来人才培养计划·学科素养提升系列"丛书编委会

院士寄语

从古代的结绳记事、烽火传信,到近代的电报、电话,再到现代的计算机、互联网,人类对信息的处理能力决定了文明发展的高度。

在这漫长历程中,电子计算机的出现是一个划时代的里程碑。从 1946 年第一台通用电子计算机 ENIAC 点亮运算指示灯,迄今尚不足 80 年,但计算机对人类社会的进步与发展已经产生了巨大的推动作用,影响深远。

计算机的出现,使人们在物质和能量两大战略资源之外,开发和利用了"信息"这一新的战略资源,开拓了人类认识自然、改造自然的新领域;计算机的出现,在理论推导与科学实验两大发展科学技术的传统手段之外,增添了人类发展科学技术的新手段,即"计算"手段;计算机的出现,为人类创造文化提供了新的现代化工具,改变了人类创造文化的活动方式、方法和性质。

随着大数据、人工智能、物联网等信息科学技术的出现和日益发展,人类的工作模式和生活形态出现了本质上的改变,社会产业结构发生了深层次的变革。特别是人工智能技术的突飞猛进,从辅助分析到自主决策,从认知智能到具身智能,正引领着信息科学向更高层次迈进。智能化时代正在全球范围内宣告它的到来,人类社会也将迈向一个更加智慧、更加高效的新阶段。

中学是人生的启蒙阶段,是一个人世界观、人生观的起步阶段;大学是一个人培根铸魂、夯实基础、启迪创新的阶段。成长在新时代的青年学子,一定要发现自己的潜质,保持好奇心和探索欲,培养爱国情,树立报国志,增强社会责任感,培育自尊、自信、自立、自强的精神,"勤学、修德、明辨、笃实,使社会主义核心价值观成为

自己的基本遵循",在新时代中国特色社会主义事业的伟大征程中,面对当前新一轮科技革命和产业变革的重大历史机遇,瞄准国家重大战略需求,坚定信念,勇担重任,求是创新,愈挫愈勇,为以中国式现代化推进中华民族伟大复兴的中国梦早日实现,谱写美好的青春乐章!

杨芙清

中国科学院院士、北京大学教授

院 士 寄 语

  1947 年晶体管的发明，特别是 1958 年集成电路的发明，开创了集成电路科学、技术与产业发展的先河，开辟了人类社会发展的信息时代，改变了人类的生产和生活方式。

  作为一级学科，在百年未有之大变局的今天，集成电路科学技术已经提升到了国家发展战略和大国竞争中国之重器的"高度"。集成电路的"集成"，具有多种学科交叉的"广度"。集成电路的科研和生产不仅涉及了数学、物理、化学、光学、机械等多种基础学科，而且在产业布局中，还要扩展到管理学、经济学、建筑学等跨界学科的范畴。集成电路的专用材料需要达到 $10^{-6} \sim 10^{-9}$ 的"纯度"；而生产集成电路的部分专用设备需要达到纳米级，甚至原子级加工的"精度"。为满足安全、军事和生活不断迭代的需求，集成电路还是具有最快创新"速度"的学科。在推动经济增长、社会进步和改善生存环境的各个领域，集成电路成为具有强劲"力度"的驱动器。

  教育的本质在于培养人才，要把学生培养成为对国家、对人民有用的人才。在学习、传承和向他人学习的基础上，培植厚实的创新能力，将新的知识奉献给人民。新时代的青年要具备躬身于行的报国之愿、锲而不舍的利国之心、培风图南的强国之志、赤诚奉献的爱国之情，要将个人一生奋斗的理想与祖国和人民的需要紧密结合，与中华民族伟大复兴事业紧密相系。

  只要人类社会存在，教育就是永恒的主题；只要人的生命存在，学习就是不竭的任务。

王阳元

中国科学院院士、北京大学教授

信息学科的魅力

在人类文明迈向数字化的伟大进程中,信息学科犹如一颗璀璨夺目的启明星,以其独特而深邃的魅力,引领着全球科技创新的浪潮。它不仅彻底重构了人类社会的运行范式,更成为推动文明进步的核心引擎,持续释放着改变世界的磅礴力量。

信息科学与技术主要研究信息的获取、传输、处理、存储和利用,以其惊人的演进轨迹与变革深度成为现代科技发展的"神经中枢"。在硬件方面,从早期的真空电子管到半导体晶体管,再到如今的纳米级超大规模集成电路,芯片的性能呈指数级增长,为计算机、智能手机等各类电子设备的强大功能提供了坚实的基础。软件领域同样成就斐然,操作系统的发展从简单的命令行界面到如今图形化、智能化、多任务处理的复杂系统,人机交互方式发生了革命性变革。此外,人工智能的崛起堪称信息学科发展史上的里程碑式突破。机器学习算法让计算机能够从大量数据中自动学习规律,实现图像识别、语音识别、自然语言处理等复杂任务,在公共安全、医疗诊断、智能交通、金融风险预测等众多领域展现出广阔的应用前景。这些跨越式发展,犹如一系列精妙的科技交响乐,奏响了智能时代的华美乐章。

信息学科对社会各领域的重塑效应同样彰显其独特价值。在经济领域,电子商务的兴起彻底改变了传统的商业模式。消费者足不出户就能购买全球各地的商品,企业借助网络平台能够更精准地对接市场需求,降低运营成本,提高效率。在文化传播方面,社交媒体和数字内容平台的涌现,打破了传统媒体的时空限制。任何人都可以在网络上创作、分享自己的作品和观点,促进了文化的多元交流与快速传播。在教育领域,在线教育平台如中国大学MOOC、Coursera、edX等,使优质教育资源能够跨越地域的限制,让更多人有机

会接受高质量的教育，推动了教育公平的发展。这些变革不仅提升了社会运行效率，更深刻改变了人类文明的传承方式。

信息学科并非孤立存在，它与众多学科相互交叉、融合。作为信息学科核心之一的计算机科学与技术，与数学紧密相连，许多算法和数据结构的设计都有赖于深厚的数学基础。例如，密码学中的加密算法就大量运用了数论等数学知识，保障了信息的安全传输。同时，信息学科与物理学在量子计算领域产生了奇妙的交集，量子比特研究有望突破传统计算机的计算极限，带来计算能力的巨大飞跃。信息学科与生物学的结合催生了生物信息学，通过对海量生物数据的分析，如 AlphaFold 2 成功预测了 2 亿多种蛋白质结构，为生命科学的研究开辟了新的道路。这种跨学科特质使信息学科成为解决人类重大挑战的关键"钥匙"。

信息学科始终充满着创新的活力，新的技术和理念不断涌现。开源软件运动是信息学科创新活力的典型代表。全球众多开发者通过开源平台共享代码、交流技术，共同推动软件技术的快速发展。例如，Linux 操作系统就是开源软件的杰出成果，它在服务器、移动设备等众多领域得到广泛应用，并不断衍生出各种定制化的版本，满足不同用户的需求。大数据技术也是信息学科创新的热点领域。随着数据量的爆炸式增长，如何高效地存储、管理和分析数据成为关键问题。数据挖掘、数据可视化等技术应运而生，为企业决策、科学研究等提供了有力支持。在硬件方面，正在研发中的光子芯片利用光子（光信号）而非电子进行信息传输和处理，有望突破传统电子芯片的物理限制，将在高速通信、人工智能计算、量子信息等领域引发新的技术革命。而在计算架构方面，类脑计算和存算一体是当前突破传统冯·诺依曼架构瓶颈的两大核心方向，它们通过模仿生物神经系统或重构计算与存储的关系，有望解决能效比、算力瓶颈和延迟问题。一旦其中的关键技术得以突破，未来计算架构将彻底告别"存储墙"，进入"感知－计算－存储"一体化的新时代。信息学科这种持续创新的活力，不断孕育出新的技术和应用，为社会发展注入源源不断的动力。

尽管信息学科取得了举世瞩目的成就，但也面临着诸多挑战。网络安全问题日益严峻，病毒感染、黑客攻击、数据泄露等威胁着个人隐私、企业利益、国家安全和社会稳定。例如，近年来一些大型企业频繁曝出数据泄露事件，引发了广泛的社会关注。人工智能的发展也带来了伦理、道德、法律等社会问题，如自动驾驶汽车面临的决策困境：在不可避免的交通事故中如何选择牺牲对象。信息学科在未来的发展中，需要不断攻克这些挑战。一方面，加大在网络安全技术研发上的投入，如量子加密技术的进一步完善，有望从根本上解决信息安全问题；另一方面，对于人工智能的伦理问题，需要全球范围内的政府、企业和学者共同制定相关的准则和规范，确保技术的健康发展。同时，随着 5G 通信技术的普及、万物互联的兴起及人工智能与各行业的深度融合，智能家居、智慧城市等新兴概念将逐渐成为现实，人类社会将在信息学科的引领下迈向更加智能、便捷、美好的未来。

　　北京大学信息学科自 20 世纪 50 年代末顺应国家科学技术发展远景规划应运而生，为我国信息领域培养了一批批战略科学家、领军人才和中坚力量，取得了一系列重大成果，在科技进步、经济发展、国防建设中发挥着立潮头、开先河、领创新的作用。北京大学信息学科的发展历程堪称中国科技自立自强的生动写照。1965 年，王义遒教授主持研制我国第一台原子钟；1973 年，杨芙清院士领衔设计出"150 机"整套操作系统软件，我国第一台百万次集成电路电子计算机研制成功，打破了西方封锁；1975 年，王阳元院士主持研制我国第一块 1024 位 MOS 随机存储器；1979 年，国家最高科学技术奖获得者王选院士研制的第一代汉字激光照排系统问世，我国第一张用汉字激光照排系统输出的报纸样张《汉字信息处理》诞生，引发我国报业和印刷出版业"告别铅与火，迎来光与电"的技术革命……近些年，梅宏院士团队、高文院士团队先后获得国家技术发明奖一等奖，彭练矛院士团队的碳基芯片研发迈进全球发展前列，展示了北京大学信息学科面向世界科技前沿、面向经济主战场、面向国家重大需求日益提升的关键技术研发能力和自主创新能力。一代代北大人用智慧和汗水铸就了多项"中国第一"。这些突破不仅打破了西方的技术垄断，更为世界信息科技发展贡献了中国智慧。展望未来，信息学科必将继续散发其迷人的魅力，带领人类探索未知的科技新境界，创造更加辉煌的成就。我们诚挚欢迎广大青年学生选择北京大学信息学科，充分认识和把握信息学科的魅力，积极投身于信息领域的科学研究、技术开发和工程应用，为构建更加美好的数字化未来贡献自己的青春力量。

侯士敏

北京大学信息科学技术学院院长

目 录

硬件篇　微观物理与宏观架构

类脑芯片：突破困局的生物智慧 \ 王　源　3
光子芯片：信息时代的未来引擎 \ 王兴军　13
智能之芯：更强大的心脏支撑更聪明的大脑 \ 叶　乐　23
又好又快：敏捷——芯片设计的新维度 \ 梁　云　34
不止存储：从结绳记事到存算一体的存储革命 \ 蔡一茂　45
碳基集成电路：下一个科技革命的曙光与挑战 \ 张志勇　57

软件篇　代码织就的数字世界

软件工程：构建数字世界的创梦师 \ 陈　钟　71
积基树本：计算机操作系统漫谈 \ 郭　耀　82
从概念起步：初识人工智能的广阔版图 \ 杨耀东　92
学无止境：机器学习的宏观思路与精妙算法 \ 王立威　106
智在行动：从世界仿真到具身智能 \ 陈宝权　118
互联网进化档案：从信息革命到智能未来 \ 边凯归　131

应用篇　改变世界的缤纷实践

虚实相生：虚拟现实技术的全息图景 \ 陈　斌　143
游戏中的人工智能：从人机对弈到虚实共生 \ 李文新　159
数字丹青：人工智能书法大师的创作 \ 连宙辉　170

视觉魔法：令人惊叹的智能字效 \ 刘家瑛　182

从仿生到超越：类脑视觉和类脑计算 \ 黄铁军　203

思维触电：连接数字与生命的脑机接口 \ 李志宏　215

从 1G 到 6G："蜂窝"改变世界移动通信进化史 \ 邱博雅　228

量子技术：信息领域中的无声惊雷 \ 吴　腾　241

后记 \ 252

硬件篇　微观物理与宏观架构

类脑芯片：
突破困局的生物智慧

主讲人：王　源

主讲人简介

　　王源，北京大学集成电路学院教授，博士生导师，教育部"长江学者奖励计划"特聘教授，现任北京大学集成电路学院党委书记、微电子器件与电路教育部重点实验室主任、集成电路科学与未来技术北京实验室常务副主任。主要研究方向为类脑计算、存内计算等新计算范式架构和集成电路芯片设计。入选"青年北京学者"，先后承担了国家重点研发计划、国家基金委重点基金在内的多项国家级重大科研项目。研制的多款新型计算架构人工智能芯片在集成规模、计算能效、峰值算力等方面达到国际领先水平，在视听觉感知、认知计算、生物模拟等领域展示了广泛应用前景，相关的关键技术在工业部门和企业产品中得到应用推广。曾获北京市高等教育教学成果二等奖，北京大学优秀教学奖、教学名师奖和师德优秀奖等。

协作撰稿人

　　马　旭，北京大学集成电路学院2021级博士研究生。
　　林祎晨，北京大学教育学院2024级硕士研究生。

当你解锁手机失败或语音助手误解你的指令时，你是否曾思考：为何我们的大脑能轻松应对这些情境，而强大的人工智能却频频"掉链子"？当人工智能战胜人类顶尖棋牌大师的消息震惊世界时，很少有人知道，它在"思考"时的耗电量是多么惊人。这种效率差距揭示了人工智能与生物智慧的本质区别。人脑如何以如此低的能耗实现高效智能处理？科学家能否从中获取灵感，开创人工智能的全新范式？这场横跨生物与电子的科学探险，或将为未来科技发展提供关键启示。

一、当机器挑战人脑

近年来，人工智能领域取得了一系列令人瞩目的突破，引发了人们对人类智能优势的深刻思考。2025年3月25日，OpenAI将新的图像生成器整合到GPT-4o中，打通了图像与文字、图像与语言之间的关系。这项技术使得图像生成具备了调用内置知识库与理解上下文的能力，这意味着即使不了解绘图风格等专业术语的用户也可以通过简单的生活用语生成自己想要的图片。这一发展让许多设计师开始担忧：自己多年积累的艺术素养、绘画技巧及被称为"灵感"的创造力是否还有价值。

设计师并非唯一因人工智能的出现而为职业前景担忧的群体。早在Manus AI能够以最小人类干预执行复杂多步骤任务时，就已经引发了广大办公室从业者对自身工作前景的深刻讨论。2025年年初，DeepSeek-R1模型以较低的开发成本达到甚至超越某些西方顶尖模型的性能表现，使人工智能开发成本大幅下降。这些使得人工智能替代人类、芯片替代人脑变得更加切实可行，甚至这一天似乎会比想象中来得更早、涉及范围更广泛、影响更深远。

关于人工智能替代人类的担忧并非近期才出现。自1996年IBM的"深蓝"击败国际象棋世界冠军卡斯帕罗夫，到2016年DeepMind公司的AlphaGo战胜围棋世界冠军李世石，人类大脑与人工智能就一直被摆上了天平的两端进行比较。在有的媒体的渲染下，人工智能被描绘成"无所不能的智慧巨人"，而人类大脑则被简化为一团"可怜的、脆弱的、黏糊的肉体凡胎"，暗示人类"原始"的神经架构受到生物进化限制，仿佛无法与为最大性能而设计的硅基系统抗衡，人类智能也许注定要被高效的数字智能所取代。但这真的是现实吗？

二、当前人工智能的三大软肋

当我们冷静下来，仔细审视今天的人工智能的成就时会发现：虽然人工智能在特定的任务上表现出色，如图像识别、语言处理等，但是当前的人工智能系统在能效、学习方式和创新能力上依然与人类大脑相差甚远。

以人工智能最早崭露头角的棋类游戏来说，它获胜的本质并非对于棋道的顿悟，而是在基于棋子排列可能性的基础上对获胜概率进行计算。在这种机械的计算中，人工智能系统比人脑更具有优势，尤其是计算量大幅上升时，它表现出来的优势会愈发明显。

对弈的过程充满变数，正是人工智能擅长的高计算量任务。以中国围棋为例，棋子的排列组合方法有 10^{361} 种之多。根据荷兰计算机科学家约翰·特罗姆普 2016 年的测算，即使排除违反规则的落子情况，其合法局面数也超过 2.08×10^{170}。正如冯贽在《云仙杂记》中写道：人能尽数天星，则可遍知棋势。可见后唐先人早就意识到了这一特征。也就是说，"深蓝"之所以能够战胜卡斯帕罗夫，AlphaGo 之所以能战胜李世石，主要依赖于人工智能强大的计算能力和海量的数据训练。然而，正是这种计算密集型解决问题的方法最直观地展示了当前人工智能与人类大脑之间的根本差异，同时也暴露出人工智能的三大弱点。

（一）电力巨兽：能源消耗巨大

AlphaGo 堪称一个十足的"电老虎"。据报道，AlphaGo 运行时，功耗高达约 200 kW，这相当于一个小型工厂的能耗。我们现在所熟知的大模型、大算力芯片都非常耗能。例如，单枚英伟达芯片的功耗通常在几百瓦左右，而在实际应用中，往往需要成千上万枚这样的芯片同时运行。

人类大脑却截然不同——一个成年人的脑容量约为 1.3 L，质量约 1.5 kg，功耗只有约 20 W，差不多是 AlphaGo 功耗的万分之一。所以，人脑被誉为只有 20 W 功耗的"微型超算"。人脑证明了获得高等智能并不必耗费巨大的能源。

（二）数据饥渴：学习效率低下

当前人工智能的发展模式呈现出显著的"数据饥渴"特征——以 AlphaGo 为例，其战胜人类顶尖棋手的核心能力来源于对海量人类棋谱的消化吸收，以及通过数百万次自我对弈积累的"经验优势"。然而，这种依赖大数据喂养和离线训练的模式，与人脑的高效学习机制形成鲜明对比：人类展现出惊人的小样本学习能力，比如儿童仅需观察几个典型杯子就能建立完整的关于"杯子"的概念认知，而无须遍历所有可能的变体；更重要的是，人脑具备持续学习和实时更新的能力，能够在新环境中不断调整认知模型。相比之下，人工智能模型一旦完成训练，其参数体系便会固定下来，面对超出训练数据分布的新情境时往往表现欠佳，这与人类"边学边用、学用相长"的灵活智能形成强烈反差。

（三）缺乏灵感：难以涌现新知识

人脑不仅能吸收既有知识，还能通过思考与情感的交融，持续涌现出全新的见解或创造各种发明。

目前的人工智能远未达到这种水平。尽管，近几年兴起的大模型正在朝着这个方向努力，通过海量算力、庞大参数和超大规模训练数据来不断扩展自身的知识覆盖面。但是，它所呈现的知识并不具有创新性，而是基于足够大的数据库。相比之下，虽然人脑是一个小载体，但是仅凭有限的信息输入，人类就能产生远超输入数据本身的创造性输出，这是当前的人工智能系统难以企及的。

三、架构之变：从冯·诺依曼到类脑计算

AlphaGo虽然在特定领域展现出超人类表现，但从低功耗、高效学习和自主创新等核心维度来评判，仍远未达到通用人工智能（Artificial General Intelligence，AGI）的标准，更谈不上真正模拟人类智能。那么，我们应当走怎样的技术路线，才能使人工智能更接近人类大脑的智慧水平呢？

> **知识窗口：AGI**
>
> AGI是指一种具备与人类相当或超越人类的广泛认知能力的智能系统。与当前主流的弱人工智能（如语音助手、图像识别）不同，AGI能够在多种任务和环境中灵活学习、推理、规划和解决问题，其能力不局限于特定领域。AGI能够像人类一样适应未知情境、处理复杂问题，并具备跨领域的通用性。

类脑计算（Brain-inspired Computing）为未来人工智能的发展提供了一条崭新的道路。这是一种模仿生物大脑结构与信息处理机制的计算范式，旨在通过模拟神经系统的动态性、并行性和低功耗特性，构建更高效、自适应的人工智能系统。其核心是将神经科学的研究成果与计算机科学、硬件设计结合，突破传统冯·诺依曼架构的局限。

人类大脑约有860亿神经元和100万亿突触连接，每一个神经元通过上万个突触和另外上万个神经元进行互联。如果把它的网络结构绘制出来，我们会发现，它比现有的人工智能网络要复杂得多。难能可贵的是，如此庞大、复杂的网络的功耗和所需的算力资源却是极小的。

（一）计算机的传统血脉：冯·诺依曼架构

如果你仔细看平板电脑、笔记本电脑的指标，就会注意到它们有工作主频和内存两个参数。工作主频代表了CPU的计算能力，内存大小表示存储器的容量。现代计算机的设计都基于20世纪40年代提出的冯·诺依曼架构，这种架构最大的特点是存储器与处理器分离：数据和程序存放在内存，由处理器取出并执行运算，运算结束后结果又被存回内存。这是一种非常高效的分离模式。基于这种架构，世界上第一台电子计算机ENIAC诞生了。

（二）生物电路的启示：HH模型

基于冯·诺依曼架构的计算机采取二进制计算逻辑，依靠电平的高低来体现1和0的区别。而人脑的计算同样不是十进制计算，而是模拟计算。

1952年，英国生理学家艾伦·霍奇金和安德鲁·赫克斯利于对枪乌贼巨大轴突进行研究，提出了"霍奇金－赫克斯利"神经元模型（简称HH模型），他们也因此荣获1963年诺贝尔生理学或医学奖。这是神经科学史上的里程碑式的成果，首次用严谨的数学方程描述了神经元如何产生和传递电信号，为理解大脑信息处理机制奠定了基础。

知识窗口：枪乌贼

枪乌贼又称长柄鱿鱼，是一种大型海洋软体动物，体长可达 30 cm 左右。它拥有一种被称为"巨大轴突"的特殊神经纤维，其直径约为 0.5～1 mm，比人类普通神经元的轴突粗大约 1000 倍，其电生理特性却与哺乳动物神经元相似，而且在实验室环境下更加稳定。这种轴突不仅大到肉眼可见，而且结构简单，便于建立数学模型，因此成为研究神经电信号传导机制的理想对象。

HH 模型的核心在于精确描述了神经元细胞膜上钠离子通道和钾离子通道的动态变化过程：当神经元受到外部刺激时，首先进入去极化阶段，即细胞膜上的钠离子通道迅速开放，钠离子涌入细胞内部，导致膜电位急剧升高；随后进入复极化阶段，即钠离子通道逐渐失活，同时钾离子通道开放，钾离子流出细胞外，使膜电位逐渐下降；最后进入恢复期，即各种离子通道逐渐恢复初始状态，膜电位回归静息水平，神经元准备响应下一次刺激。

这一模型揭示了神经元"全或无"的响应机制。只有当外部刺激强度超过特定阈值时，神经元才会产生动作电位；若刺激低于阈值，则不会触发响应。这种阈值特性使神经元能够过滤掉微弱的背景噪声，只对有意义的信号做出反应。这是神经系统处理信息的基本原则之一。

知识窗口：膜电位

膜电位是指神经元细胞膜内外两侧的电位差。在静息状态下，神经元内部相对外部呈负电位，约为 -70 mV。当神经元受到刺激时，如果刺激强度超过一定阈值（约 -55 mV），细胞膜上的离子通道会发生变化，导致钠离子快速内流，使膜电位急剧上升至约 +30 mV，形成动作电位（即神经冲动）。

简而言之，神经元就像一个水池。当神经元接收到信号（比如从其他神经元传来的化学物质）时，它就开始忙碌起来。首先，神经元表面的某些小门打开，让带有正电荷的钠离子像水一样涌入，一旦正电荷达到临界点，就像水池到达一定水位，神经元就会立刻产生一个电信号。然后，神经元上的小门变化，让正电荷流出，就像是打开水池的排水口，让水位回到初始状态。整个过程完成后，神经元恢复平静，准备接收下一个信号。这个简单的机制使得神经元能够以极低的功耗高效工作——只有在需要时才激活，不需要时就保持静默。当全身数十亿个神经元按照这种方式协同工作时，就能支持从基本反射到复杂思维的各种大脑活动。

现代脑科学研究表明，尽管单个神经元的工作机制相对简单，但数百亿个神经元通过

上百万亿突触连接形成的复杂网络，就能够产生语言、思维、情感等高级认知功能。HH模型作为理解这一复杂系统的基石，不仅促进了神经科学的发展，也为人工智能和类脑计算领域提供了重要启示。

四、类脑计算：不一样的人工智能

（一）存算一体：突破"存储墙"的桎梏

在冯·诺依曼架构中，处理器与存储器之间的数据搬运已成为制约系统性能提升和能效优化的关键瓶颈。随着大数据处理和人工智能大模型应用的爆发式增长，计算任务对内存访问的频次呈现指数级增长，这使得传统架构中固有的"存储墙"（Memory Wall）问题愈发凸显。

以训练大型神经网络模型为例，传统计算架构面临显著的效率瓶颈：模型参数和训练数据需要在（Central Processing Unit，CPU）缓存与主存之间反复搬运，非常耗时耗能。相比之下，人脑展现出了精妙的存算一体架构——神经元通过突触可塑性同时实现计算与记忆功能，生物神经网络中不存在物理分离的"处理器"和"存储器"。这种天然的存算一体机制，使得人脑能以极低的功耗完成复杂的认知任务。类脑计算正是受到这一点启发，尝试在硬件上将存储单元和计算单元融合。比如，类脑芯片让表示突触权重的存储元件直接参与计算，从而大幅减少数据搬移次数、降低能耗。

> **知识窗口：存储墙**
>
> 　　存储墙是制约现代计算系统性能的关键瓶颈，其本质在于处理器与内存之间的速度鸿沟持续扩大。根据摩尔定律，通过制程微缩、频率提升或多核架构演进，处理器性能每18～24个月翻倍；相比之下，内存技术的发展则主要依赖容量扩展和带宽提升，访问延迟的改善幅度极为有限。
>
> 　　这种发展失衡造成了严重的资源利用率问题：强大的处理器常常被迫等待数据从相对缓慢的内存中读取，就像跑车被限制在拥堵的小路上一样，造成计算资源闲置。这种性能障碍如同一道无形的"墙"，限制了整个计算系统的效率发挥。

（二）自主与并行：摆脱时钟的束缚

经典冯·诺依曼计算机常采用同步时序（Synchronous Timing）控制方式，让每个指令按固定节奏执行。同步时序控制方式在提升计算精度的同时，也导致资源闲置和不必要的功耗——即使当前没有任务，时钟仍在嘀嗒作响，电路持续消耗能量。而人脑的信息处理以异步时序（Asynchronous Timing）控制方式为主，各部分神经元自行决定何时激活，没有全局时钟统一调度。神经元受到足够刺激才会放电（即发送脉冲信号），否则就处于静默的"休眠"状态。这种异步时序控制方式有两大好处：

（1）大量神经元可以并行独立工作，大脑通过感觉皮层、运动皮层、前额叶等功能分区实现了惊人的并行处理能力，各司其职又协同合作。

（2）如果没有足够的刺激，相关神经元几乎不耗能，使得系统能够按需工作、按需耗能，能量利用率极高。

（三）边用边学：硬件神经网络的自适应进化

在传统冯·诺依曼架构下，机器学习往往分为两个阶段：第一阶段在强大的服务器上离线训练模型参数，第二阶段将模型部署到设备上进行推理。训练与推理分离的模式意味着，模型一旦部署，其参数便会基本固化，难以根据新环境进行自主更新。

而人脑是终身学习的典范：我们随时随地根据新经验调整神经连接，实现训练与推理的一体化。大脑在感知环境、做出决策的同时，也在持续微调自身对世界的模型。这使得人类具有强大的适应能力。类脑计算希望将这种终身学习能力引入芯片级系统，缩短"训练－推理"的距离。

在类脑计算架构中，每当有新的输入信号，硬件神经网络不仅给出输出结果，也可以即时调整内部连接权重［类似突触可塑性（Synaptic Plasticity）］，实现边运行边学习。通过这样的自适应硬件，智能体可以像生物体一样逐渐积累知识、应对变化。在两个神经元中，如果神经元 A 先产生脉冲、紧接着神经元 B 也产生脉冲，那么表示 A 的活动可能促成了 B 的激活，这被视为 A 触发了 B，于是连接 A 到 B 的突触将加强；反之，如果神经元 B 先于 A 产生脉冲，那么可能说明 A 和 B 的因果关联不大，这条突触连接会被削弱。通过这种基于时间先后的规则，神经网络能够自动总结事件的因果关系和时间模式，在硬件层面完成无监督学习。

（四）韧性之网：提升智能系统的抗干扰能力

当前的人工智能系统和计算硬件在面临噪声干扰或部件故障时，往往会出现性能急剧下降的问题，缺乏生物神经系统的弹性。以我们日常生活中日益普及的面部识别技术为例——无论是刷脸入校、移动支付还是手机解锁，虽然大多数情况下机器能够准确识别，但仍会出现不少识别失败时刻。这主要有两方面原因：

一是技术本身的识别精度仍有提升空间。例如，我们每天进出校门时，常常会遇到反复刷脸却无法识别的情况。

二是系统在复杂环境下的鲁棒性（Robustness）不足。当遇到电磁干扰或网络波动时，现有系统的容错能力明显下降，极易出现识别错误。这种现象凸显了人工智能系统在抗干扰能力上的局限性。相比之下，人脑神经网络展现出惊人的容错能力。其高冗余度的结构设计使得单个神经元失效时，其他神经元能够部分代偿其功能；同时，大脑特有的模糊匹配和模式容错机制，使其不会因为输入信号的微小变化就完全失效。例如，在一个嘈杂的餐厅里，即使有 10 个人同时说话，只要集中注意力，我们仍然能够清晰地听到特定对话对象的声音。这种强大的信息过滤和处理能力，是当前人工智能芯片尚不具备的高级认知功能。这些特性正是类脑计算研究试图通过冗余设计和仿生机制来模拟的重点。

> **知识窗口：鲁棒性**
>
> 鲁棒性是系统、算法或模型在遭遇不确定性、干扰或异常输入时，仍能维持核心功能稳定运行的能力。这一特性能衡量系统对扰动的抵抗力，是评估可靠性和适应性的重要指标。
>
> 在实际应用中，鲁棒性表现为多种形式：互联网的传输控制协议（Transmission Control Protocol，TCP）通过超时重传和拥塞控制机制确保数据包在网络不稳定时仍能可靠传输；自动驾驶系统采用多传感器冗余设计，即使单一传感器失效也能正常工作；金融风控模型运用中位数等统计方法来避免异常交易数据干扰风险评估。

五、从理论到实践：类脑芯片的工程实现

自 20 世纪起，类脑计算就已经被广泛关注，只不过受限于当时的计算结构，这个设想无法实现。时至今日，得益于现在的集成电路工艺、集成电路制造的发展，它的实现已经不再遥不可及。

现代高端智能手机的处理器芯片，例如，华为的麒麟系列或苹果的 A 系列，其物理尺寸仅约 1 cm^2（一个指甲盖大小），却可集成高达 100 亿个晶体管。换言之，当前集成电路的晶体管集成密度已接近生物神经元的数量级。这表明类脑计算具有理论可行性：用芯片做电子神经元和电子突触，再将电子神经元和电子突触连起来，变成一个电子神经网络。

（一）中国创新：从追赶到突破

近年来，我国类脑芯片研究快速发展，在政策支持、应用探索及关键技术突破等方面均取得显著进展。

在政策支持方面，《中华人民共和国国民经济和社会发展第十四个五年规划和 2035 年远景目标纲要》中将"类脑智能"研究列入重点前沿科技领域，科技部启动了"科技创新 2030——'脑科学与类脑研究'"重大项目。在应用探索方面，北京、上海、深圳等地都建立了脑科学和类脑计算相关创新平台。在关键技术突破方面，2019 年，清华大学团队研发的新型人工智能芯片"天机芯（Tianjic）"登上 Nature 封面，这是全球首款支持脉冲神经网络（Spiking Neural Network，SNN）与人工神经网络（Artificial Neural Network，ANN）混合计算的类脑芯片。2024 年，由浙江大学联合之江实验室研发并发布的"达尔文 3（Darwin3）"芯片，在神经元模型灵活性、突触连接规模与密度、片上学习能力等方面都有不俗的表现。

（二）北大探索：类脑芯片研发的前沿实践

北京大学集成电路学院的前身可以追溯到 20 世纪 50 年代由黄昆先生领衔在北京大学创办的"五校联合半导体专门化"，是我国半导体科学技术研究和人才培养的发源地。北

京大学于1970年建立了半导体专业；1978年正式建立微电子专业；2020年设立集成电路科学与工程学科；2021年，为响应国家号召、服务国家战略，推动我国集成电路学科发展，北京大学成立了集成电路学院。学院秉承"得人才者得天下，集人心者集大成"的理念，把为国育才、为国创新的使命与担当扛在肩上，致力于集成微纳电子、集成电路设计、设计自动化与计算系统、集成微纳系统、集成电路先进制造技术等五个方向的教学科研工作，进一步深化与集成电路产业多环节龙头企业的合作，建设具有北大特色的"集成电路科学与工程"一级学科，打造国际一流的集成电路人才培养和科技创新高地。

2021年，北京大学集成电路学院王源教授课题组发布了一款基于65 nm互补金属氧化物半导体（Complementary Metal-Oxide-Semiconductor，CMOS）工艺实现的类脑计算芯片PKU-NC。该芯片采用分布式片上近存计算架构，可容纳6.4万个神经元和0.64亿个突触，既可以支持以20种神经元行为为代表的神经系统仿真任务，又可以实现以SNN为代表的深度学习推断任务。该芯片是当时我国集成规模（神经元和突触数目）最大的类脑计算芯片。

2025年，王源教授课题组在最新的相关工作中更进一步地提出了一款名为PAICORE的1024核神经形态处理器，它能在28 nm CMOS工艺下实现单芯片集成191.9万神经元与47.73亿突触，芯片面积仅为537.98 mm^2，突破了传统神经形态芯片的规模限制。同时，PAICORE芯片支持动态任务调度与资源复用，频率覆盖范围为24～600 MHz，功耗动态范围为0.01～9.97 W，兼顾高性能与低功耗场景。PAICORE芯片更是荣获了第50届日内瓦国际发明展最高奖项"评审团特别嘉许金奖"。神经形态计算芯片在规模、能效与灵活性上的突破，为边缘智能（如自主机器人、脑机接口）及下一代人工智能芯片研发都提供了创新范式。

综上，目前我国类脑计算研究已逐步进入全球先进队列，未来5～10年或将涌现更多颠覆性技术。

六、未来展望：类脑计算的无限可能

站在智能革命的前沿，类似人工智能的进化历程，类脑计算正由实验室的深耕逐渐迈向产业的新生。从AlphaGo颠覆围棋领域认知，到类脑芯片突破冯·诺依曼瓶颈，每一次跨越都凝聚着人们对生命智慧的深度解码与技术创新。面向AGI的终极目标，北京大学团队持续攻坚低能耗智能、小样本学习、知识迁移等科学难题，同时致力于类脑计算技术转化与产业赋能。在这一进程中，北大人以"常为新"的精神开拓技术边疆——从实验室的晶体管到产业端的智能系统，从微观器件的革新到宏观生态的构建，每一次突破都在定义智能时代的中国坐标。正如围棋的智慧永无终局，类脑计算的征途亦无边界。以敬畏之心解码生命，以开拓之志定义未来，这场关乎文明进化的智力远征，终将在燕园沃土上结出改变世界的创新之果。

思考

1. 算力与智能之间存在必然联系吗？在自然界中，不同生物的神经系统计算能力有何差异？未来的智能系统必须追求高算力，还是可以通过其他途径解决计算效率的问题？这对未来社会的可持续发展有何启示？

2. 类脑计算融合了神经科学、计算机科学和材料科学等多领域知识。请你选择两个似乎不相关的学科（例如生物学与物理学、心理学与数学等），思考它们潜在的交叉点，此交叉点可能催生哪些创新性技术，以及这种跨学科思维方式如何帮助我们解决当前面临的科技瓶颈？

3. 请你设想20年后的世界：类脑智能系统将如何改变我们的学习、工作和生活方式？在这个未来图景中，人类与机器的关系会如何重新定义？我们应当从现在开始培养哪些能力，才能在这个新时代中保持竞争力？

光子芯片：
信息时代的未来引擎

主讲人：王兴军

主讲人简介

王兴军，北京大学博雅特聘教授，教育部"长江学者奖励计划"特聘教授，北京大学电子学院副院长，光子传输与通信全国重点实验室副主任，国务院学位委员会学科评议组成员，美国光学学会、中国通信学会、中国光学工程学会会士。主要围绕光电子集成芯片与信息系统开展研究工作，主持20余项国家级项目。以第一作者或通讯作者身份在 Nature 等期刊发表论文200余篇；成果曾荣获或入选中国十大科技创新奖、中国光学十大进展、中国信息通信领域十大科技进展（2次）、中国光学十大社会影响力事件（2次）、中国芯片科学十大进展、北京市自然科学奖等。

协作撰稿人

蔡知行，北京大学信息科学技术学院2022级本科生。

在你正在使用的智能手机中，数以亿计的晶体管正在进行高速运算，使你能够畅玩游戏、刷短视频、和朋友视频聊天。但你可能不知道，这些运算的速度正在逼近极限。这就像一条繁忙的高速公路，当车辆太多时，再快的跑车也会被堵在路上。传统芯片受电容、电阻的影响，电信号的传输和处理速度已经越来越难以满足日益增长的计算需求。于是，科学家们将目光投向了一个新的方向——光子。光子作为宇宙中最快的信息载体，传输速度可达 3×10^8 m/s。此外，光子不会像电子那样产生大量热量，这意味着其能效更高。当光子技术与传统芯片相遇，一场足以改变未来计算世界的革命正在徐徐拉开帷幕。这就是光子芯片的故事，一个关于如何让计算以光速进行的未来科技传奇。

一、光速革命：驱动未来的计算引擎

第三次工业革命以来，信息化时代的洪流正在透过技术变革深刻影响着每个人的生活方式，重塑人类文明的发展方向，成为推动社会科技进步的核心力量。芯片技术作为支撑信息化时代的"顶梁柱"与硬件基础，其发展水平由下而上地影响着社会的生产力水平。

20 世纪 60 年代，"摩尔定律"一经问世，就迅速地被集成电路产业界奉为圭臬。

知识窗口：摩尔定律

摩尔定律是由英特尔创始人戈登·摩尔于 1965 年提出的著名论断：集成电路上可容纳的晶体管数量约每 18～24 个月翻一番，性能也随之增加一倍，而成本降低一半。这一定律准确预测了近半个世纪的芯片发展趋势。虽然严格来说，这并非科学定律，而是一种产业发展观察，但它实际成了半导体行业的行动指南。在这一定律的指引下，计算机芯片从最初几千个晶体管发展到今天动辄数十亿个晶体管，推动了整个信息产业的飞速发展。随着晶体管尺寸逼近物理极限，虽然这一定律的效用正在逐渐放缓，但通过材料、架构等创新，芯片性能仍可持续提升。

摩尔定律提出以来，大规模集成电路产业以尺寸微缩作为技术进步的标杆与方向大步向前，芯片加工的制程一路逼近至 3 nm。由于量子隧穿效应的影响，单纯的尺寸微缩所带来芯片性能提升的红利接近终结。

相较于传统的电子通信，光子作为信息传播的载体，具有超高速与超低功耗的显著优势，为传统芯片技术的下一步发展路径提供了重要的新思路与新方案。作为物理学与集成电路的交叉学科，光电子学领域的研究者致力于将光学理论研究的重要成果与现有的硅基芯片工艺体系充分结合，提出"光子芯片"的架构模式，向着驱动未来信息时代的崭新引擎而发展前进。

二、光与电的邂逅：一场跨越百年的科技相遇

（一）光速信使：比电快千倍的通信使者

回到一个世纪前那个属于物理学历史上的奇迹年，爱因斯坦提出了具有划时代意义的光电效应假说，人们开始渐渐意识到光的"波粒二象性"，并逐步开展对于光的粒子性行为的研究。经过100多年的理论探索与实验尝试，光粒子已经演变为通信领域最具希望的传输媒介。

在信息化时代的发展过程中，更高的速度与更低的能耗是几十年来未变的发展追求，以此推动信息传输效率的不断提升和能源代价的持续降低。相较于传统电子器件，受设备带宽和时钟频率的限制，对信息的处理速度通常为数十亿次每秒（GHz）。而以光为载体时，由于光具有更高的频率，人们可以实现高达数万亿次每秒（THz）的信号处理速度，因此以光为载体的光子芯片比传统电芯片的处理速度可以快千倍以上。同时，由于光子不存在体积，它可以摆脱，电子作为一种实物粒子在传播过程中碰撞引起的电阻效应所产生的影响，避免了电阻发热带来的能耗代价，能够以更低的损失实现信息交互。

（二）硅基顶梁柱：集成电路改变世界

在如今信息科技高速发展的时代，芯片作为坚固的硬件基石，正引领并支撑着各类前沿技术的迅猛进步与广泛应用，成为推动现代社会不断前行的核心动力。集成电路技术的持续飞跃，使得芯片能够在极小的面积内，集成数百万乃至数十亿计的晶体管，进而实现了前所未有的数据处理速度与存储容量。这不仅极大地提高了运算效率，还显著地减少了能耗，为智能手机、计算机及众多消费级电子产品的爆发式增长奠定了坚实基础。

知识窗口：晶体管及其发明

晶体管是现代电子设备的基础元件，被誉为"20世纪最伟大的发明之一"。它是一种半导体器件，可以实现电流的开关、放大等功能。1947年，美国贝尔实验室的约翰·巴丁、威廉·肖克利和沃尔特·布拉顿发明了第一个晶体管（图1展示了三人在贝尔实验室研究晶体管时的情景），革命性地取代了体积大、耗能高、可靠性差的电子管。

晶体管的工作原理类似一个电流"阀门"：通过在中间施加小电压，就能控制两端大电流的通断。在计算机芯片中，无数微小的晶体管通过开关状态来表示"0"和"1"，从而实现数字运算。如今，芯片上的单个晶体管已经小到纳米级别，这使得我们能把数十亿个晶体管集成在一块指甲盖大小的芯片上，为现代信息社会提供强大的计算能力。

图 1 巴丁、肖克利和布拉顿在贝尔实验室研究晶体管

面对云计算、大数据、人工智能等前沿科技领域的蓬勃兴起，芯片的性能需求呈现出井喷式增长态势。为应对这一挑战，业界不断向更精细化的工艺制程迈进，诸如 7 nm、5 nm 等先进加工技术的广泛应用，进一步强化了芯片的运算效能与能源利用效率。与此同时，异构计算架构的异军突起，通过精妙地整合中央处理器（CPU）、图形处理器（Graphics Processing Unit，GPU）及专为人工智能设计的高性能加速器［如张量处理器（Tensor Processing Unit，TPU）］，使芯片能够灵活应对多样化的应用场景，实现性能的最优化分配，从而为各行各业提供更加高效、灵活的计算支撑与解决方案。

（三）完美奇遇：光子与芯片结合的设想与产物

光子是一个物理学中的概念，芯片是一个信息科学中微电子学的概念，看似两者各成体系，细细观之，发现二者正在新一代信息科学研究者的手中紧密连接在一起，为信息时代的发展注入新的活力。纵观光学的发展历史却不难发现，光学既是一门理论科学，也是一门始终与产品的生产实践紧密结合、时时助力生产研发的实用科学。芯片作为人类工业文明中高度精密的制成品之一，其设计制造融合了物理学、材料科学、计算机科学等领域的重要成果。这一多学科协同创新的过程，使得微电子学逐渐发展为综合性强、交叉性显著的"新工科"。

三、从实验室到国家战略：光电子学的崛起之路

（一）追光逐梦：光电子学的璀璨历程

正如北京大学校长龚旗煌院士在"2020 中国光子产业高峰论坛"上的"光子的未来"主题演讲中所阐述的：光子学（Photonics）这一专业术语的起源可追溯至 1970 年，由荷兰著名科学家阿里·波尔德瓦特首次提出，他将其界定为深入探究光子作为信息及能量载

体的科学领域。1994年，在香山科学会议这一重要学术平台上，光子学的定义得到了进一步的明确与拓展，被界定为专注于解析光子行为模式及其广泛应用的综合性科学，其研究范畴覆盖了光子技术及其多元化应用的诸多领域。

回溯至20世纪60年代，随着激光技术的横空出世，光子学领域的研究成果持续引领科学前沿。进入21世纪以后，平均每3～4年即有一项与光子学紧密相关的研究成果获得诺贝尔奖。这些成就不仅彰显了光子学在物理学领域的卓越贡献，其影响跨越至化学、生理学和医学等多个学科领域，凸显了其在推动全球科学进步与促进人类社会发展方面的不可或缺性。

若将20世纪誉为电的世纪，那么21世纪则无疑是名副其实的光的世纪。

在光子学的研究版图中，光子器件与光电集成、激光器件与应用、光电探测与传感、光电控制与处理、光传输与光交换等核心领域构成了其坚实的学术基石。同时，微纳光电子集成、量子光学与量子信息、生物医学光子学等新兴领域的蓬勃发展，为光子学注入了源源不断的创新活力。这些领域的研究工作紧密交织，构成了一个复杂而精细的系统工程，涉及光学加工制造、光电成像、光谱学、光的处理技术以及光电测量与检测等多个关键技术环节。最终，这些研究成果汇聚成先进的光学仪器与系统，持续推动着相关技术的革新与进步。

（二）国家使命：我国光电子发展大计

自2015年以来，我国政府高度重视光电子技术的发展，将其纳入多项国家战略规划，包括《中国制造2025》《"十三五"国家科技创新规划》及《"十三五"国家战略性新兴产业发展规划》。2021年，"信息光子技术"被列为"十四五"重点研发计划的重要专项。这一系列政策表明，光电子技术不仅是未来科技创新的关键领域，也是国家经济转型和高质量发展的重要支撑。

地方政府也在积极布局光子产业，推动区域创新与产业集群的形成。北京聚集了全国顶尖科技资源，致力于成为光子技术自立自强的创新高地。陕西通过"追光计划"，重点推动光子产业链发展。粤港澳大湾区则专注于培育具有国际竞争力的光电子产业集群，推动区域协同发展。福建也通过制定发展规划和引进优质企业，加速光子产业项目的落地。这些举措共同构成了我国光电子学发展的强大推动力，助力实现科技自立与产业升级。

通过一系列国家和地方层面的政策与行动，我国正通过多方合力加速光电子技术的发展，旨在实现科技自立自强，培育高新技术产业集群，并在光子芯片领域为全球创新贡献中国力量。

四、三剑合璧：光电遇上硅基芯片

在光子芯片的发展路径中，光、电、硅是三个彼此紧密耦合的概念：以光为介，以电为能，以硅为基，驱动未来。想要真正了解光电子学科，既要充分理解这三个独立的概念，也要理解三者在光子芯片的结构之下结合优势、紧密合作的底层逻辑。

（一）光的传奇：从牛顿到量子

光学作为探究光的本质与行为规律的学科，其历史渊源可追溯至远古时代。早在古希腊哲学兴盛之际，诸如欧几里得等智者便率先涉足光的奥秘，提出了光沿直线传播的基础假设。时至中世纪，阿拉伯学者阿尔哈赞推陈出新，深入阐释了光的反射与折射法则，为后来的光学实验奠定了基础。

科学革命的曙光照亮了光学的发展之路。伽利略凭借卓绝才智，改良了望远镜这一革命性工具并将其用于天文观测，极大地拓宽了人类的宇宙视界，有力推动了天文学领域的飞跃。与此同时，牛顿投身于对光的本质的探究，开创性地揭示出白光是由多色光复合而成的，并借由棱镜实现了光的色散，展现了彩虹般的绚烂光谱。

17世纪末，光学理论迎来新一轮的完善与突破。克里斯蒂安·惠更斯提出了光的波动说，将光视作一种波动现象，这一见解极大地丰富了光的理论体系。而后的19世纪，詹姆斯·克拉克·麦克斯韦以其卓越的理论造诣，将光与电磁波紧密相连，提出了光速即为电磁波传播速度之重要论断，为电磁理论的构建添砖加瓦。

到了20世纪，光学技术的腾飞更是令人瞩目。激光技术的横空出世，极大地拓展了光在涵盖通信、医疗、工业等多个关键领域的应用，带来了前所未有的可能性。此外，量子力学的兴起亦促使人们从更深层次审视波粒二象性，为光学的未来发展注入了不竭的动力。

进入21世纪，基于纳米技术和集成光学的发展，光学迎来了新的发展机遇。由于多种先进的调制技术、超强的前向纠错技术、色散补偿技术等一系列新技术的突破和成熟，光通信技术得到了快速的发展，信息传输变得高速化、智能化、自动化，其应用场景也越来越广泛，覆盖了从网络到医疗、能源、安全和环境等领域。光计算作为一种新兴的计算方式，凭借其独特的速度与并行处理能力，逐渐引起了广泛关注。其有望突破传统计算机在处理大规模并行计算、图像处理等特定任务时所面临的瓶颈。随着物联网和自动驾驶技术的兴起，激光雷达技术也得到了快速的发展，这不仅推动集成光源向着高功率、窄线宽、轻量化的方向发展，还进一步地衍生出对光的新的操控技术。

光学的发展历程既是科学思维不断演进的历史见证，也是技术进步与创新的生动体现。它深刻地改变了我们对世界的认知方式，并在当今时代依然保持着旺盛的生命力，继续引领着科技进步的潮流。

（二）芯片革命：从晶体管到处理器

相较于光学而言，电学特别是集成电路这一学科，堪称一门"年轻有为"的学科：自20世纪40年代末首个晶体管的诞生，集成电路在短短数10年间便实现了惊人的技术飞跃。

在当时，电子设备较为依赖庞大的分立元件，如电阻、电容与晶体管，这些元件各自为战，需通过烦琐的连接方能协同工作，导致系统体积臃肿、可靠性低下。1958年，美国工程师杰克·基尔比在德州仪器公司掀开了电路"集成化"历史的新篇章，他匠心独运，将众多电子元件巧妙集成于一枚微小的锗片之上，从而诞生了世界上首个真正意义上的集成电路。这一创举不仅极大地缩减了电路的体积，更实现了成本的有效降低。

随后，英特尔公司创始人罗伯特·诺伊斯在仙童半导体公司（也为诺伊斯创办）也独立探索出了集成电路的崭新路径。他运用平面工艺，将集成度与生产效率推向了新的高度。技术的车轮滚滚向前，集成电路的尺寸日益缩小，而其功能却愈发强大。

步入20世纪60年代，集成电路开始在计算机及其他电子设备中广泛亮相，成为推动科技发展的中坚力量。随着"微处理器"的横空出世，集成电路的功能更是向着智能化的方向大步迈进。1971年，英特尔公司推出的全球首款微处理器——4004，更是标志着计算机行业迈入了一个崭新的纪元。至20世纪70年代，超大规模集成电路技术的出现，让集成电路的集成度实现了质的飞跃。如今，一枚看似微不足道的集成电路芯片，已能容纳数十亿个晶体管，推动智能手机、超级计算机和人工智能等技术蓬勃发展，彻底改变了人类的生产和生活方式。

集成电路的蓬勃发展，不仅推动了科技的日新月异，更为信息技术、通信、医疗等多个领域带来了前所未有的创新机遇。如今，集成电路已成为现代社会不可或缺的基础技术之一，深刻地影响着我们的生活方式与未来发展。

（三）以硅为基：集成电路工业的柱石

作为集成电路领域中举足轻重的半导体材料，硅基材料的发现与运用，无疑为电路技术的微型化与集成化奠定了坚实的基础。其卓越的特质，更使其成为无可替代的优选材料。

首先，硅展现出了优异的半导体性能。半导体属性，这一在特定条件下导电，而在其他条件下则绝缘的神奇性质，赋予硅材料在电子电路中控制电流的能力。更重要的是，通过适当地掺杂磷或硼等元素，我们能根据需求调节硅的导电性，进而构建二极管、晶体管等基础器件，从而成为集成电路功能实现的物理载体。

其次，硅的易获取性与相对低廉的成本，也是其成为集成电路材料"宠儿"的重要原因。作为地壳中储量丰富的元素，硅主要源自我们日常生活中的沙子和石英，这意味着它容易获取且成本低廉。更加成熟的提纯工艺和规模化生产使得制造成本进一步降低，进而使硅材料的应用更加广泛。

最后，硅在热稳定性和机械强度方面的卓越表现，为其在集成电路领域的广泛应用提供了有力保障。在高温或复杂多变的环境中，硅依然能够保持结构稳定，这对于确保集成电路在各种应用场景中的可靠性与耐用性至关重要。同时，硅的化学性质也极为稳定，它不易与其他材料发生反应，从而在使用过程中更加安全可靠。

在光电子器件的发展初期，由于作为间接带隙半导体的硅基材料无法直接发光，更多使用Ⅲ-Ⅴ族材料作为基底。随着发展进程，硅基材料在单位器件成本上的优势逐渐凸显，为了与传统的互补金属氧化物半导体（CMOS）工艺相融合，硅基光电子学逐渐兴起，将光子芯片与传统的硅基平台融为一体。

（四）融合创新：三项技术演奏光电子交响乐

在光子芯片的研发过程中，将光、电、硅三者融为一体，综合优势，结合发展是不变

的趋势。

与传统的电子通信相比，光子通信在速度和功耗上具有显著优势，因此在光子芯片上主要应用光子来实现片间与器件间的通信互联，俗称"光通信""光互联"；与此同时，传统的电学器件在逻辑运算上的优势依然存在，依托经典的电子逻辑电路实现计算的底层方式在光子芯片上得到了继承；此外，硅基材料凭借其在单位成本和制造工艺上的优势，逐渐成为片上集成光学系统的主流材料。

不难看出，光、电、硅三者在光子芯片中的"大融合"的根本目的是融合各自的优势，使得丰富而多样的物理特性能够共同助力光子芯片的发展。这样的融合与多元化的趋势既是光子芯片产业的重要发展思路，也是支撑包括光电子学在内的众多交叉学科得以不断向前发展的原动力。

五、超越摩尔：光子芯片开启计算新纪元

（一）突破极限：超越摩尔定律的新路径

回顾集成电路过去半个多世纪的飞速发展，芯片的性能和单位成本沿着摩尔定律所指引的方向"一路狂奔"，这种对制程微缩的极致追求，推动着芯片性能随时间的推移而不断上升。站在产业发展新的历史节点，一方面，以量子效应为首的物理限制使得原有以尺寸微缩推动芯片性能上升的传统思路接近极限；另一方面，人工智能等技术的发展又对算力提出了前所未有的要求，人们对于芯片性能的需求比任何时期都更为强烈。面对新的时代要求，如何突破摩尔定律的限制，芯片产业的未来发展之路在何方成为关键命题。

面对后摩尔时代的难题诘问，目前的产业界给出了三种主流的解决路径：一是仍致力于延续摩尔定律的预测，在新的节点下继续尝试尺寸突破，即"more Moore（深度摩尔）"路线；二是利用先进封装技术，将多个芯片在三维空间立体进行集成，实现性能的提升，即"more than Moore（超越摩尔）"路线；三是在片上引入光电融合，利用光子的优势来提升传输效率。

（二）光速优势：让数据传输快如闪电

在后摩尔时代的三个主流的解决路径之中，光电融合的思路有着独特的优势。随着人工智能大模型对于芯片算力和速度要求的不断提高，相比较计算速度而言，数据传输延迟成为制约芯片性能提升的真正短板。在芯片的时序逻辑中，有 99.86% 的时间都用在等待数据传输上。因此，相较提高计算能力而言，如何提高传输效率才是芯片发展至今所面临的最主要难题。由于传统电互连受限于"电子瓶颈"，在带宽、延迟、能耗和通信距离等方面存在限制，内存需求和可提供的互连带宽之间的差距成为限制算力提升和人工智能应用的主要因素。

在此背景下，片上光互联相比电互联具有一系列优势：从带宽的视角来看，鉴于光波的频率范围远超电信号，光互联技术能够利用波分复用技术，有效支持大规模的数据并行传输，充分满足当前及未来不断增长的带宽需求。从延迟的层面分析，光信号在光纤中的

传播速度接近真空的光速，这一高速传播特性显著缩短了数据包在芯片内部的传输时间，进而优化了系统的整体响应速度。因此，光互联展现出更低的延迟特性，在实时数据处理等关键应用场景中展现出更强的响应能力。从能耗的角度审视，光信号在远距离传输过程中功率损耗很小，减少了信号放大所需的能耗。相比之下，电信号在高频运行时需额外消耗能量以补充链路中的能量损失。就串扰问题而言，光互联技术几乎不存在电磁干扰的困扰，从而显著提升了数据传输的稳定性和可靠性。

（三）北大"追光人"的寻梦之路

在过去的20年里，北京大学光子芯片的研究者秉持着脚踏实地、潜心钻研的科学精神，经过不懈努力与科研攻关，成功将北京大学光子芯片的发展推向了国际前沿，使其达到了国际先进水平。"科研是一个人的长征，更是一群人的长征"，从王兴军教授回国初期课题组仅有三五个人的小团队，到如今研究领域遍及硅基光电子学不同方向的科研大家庭；从集成光电子技术的学习者与追赶者，到光子芯片前沿技术的开拓者，北大光电子人秉持着"1+1>2"的科研观念，通力合作，各显其能。正是这样一个个拧成拳头的研究团队，构成了北京大学信息科学研究的蓬勃力量，也实打实地肩负起了科技强国的宏图伟任。

六、未来已来：光子科技引领新时代

在集成电路产业迈入后摩尔时代的学科大背景之下，信息时代在下一个10年的发展亟须找到尺寸微缩之外的动力引擎，光子芯片应运而生，为片上电路系统引入了更高速度、更低能耗、更具潜力的互联方案。在光电融合的思路引领下，新一代光子芯片成为备受瞩目的"潜力股"。

时至今日，光子芯片已经步入产业化阶段：英特尔、台积电、博通等企业纷纷入局光电产业，抢占半导体行业未来发展高地。可以毫不犹豫地讲，光子芯片是集成电路未来发展的重要驱动引擎，这一点已经成为国内外先进研究者们的共识。

2024年10月13日，美国SpaceX公司向全世界展示了最新的超重火箭助推器回收试验，在这如同倒放一般充满视觉冲击力的航空技术背后，正是光子芯片和光通信的助力，使得超高速互联成为可能。站在21世纪的今天，以光子芯片技术为代表的信息科学技术产业已然成为解决人类发展问题的最重要支柱技术之一，以科技赋能发展已经成为时代的主基调。

作为新时代的有志青年，我们应以信息科学武装头脑，在创新实践中增长本领，树立科技强国、报效国家之志，这也是新一代年轻研究者们责无旁贷的时代使命。

思考

1. 光子芯片的发展融合了物理学、材料科学和信息科学等多学科知识。除了文中提到的学科外，你认为哪些看似不相关的学科领域也可能对光子芯片的未来发展产生重大影响？为什么？

2. 随着光子芯片等信息技术的发展，计算机的计算能力呈指数级增长。当未来出现足以模拟人类大脑全部神经元活动的超级计算机时，你认为人类应该在技术发展上设立什么样的伦理边界？为什么？

3. 如果将后摩尔时代的三种发展路径结合使用，你认为最有可能产生突破的技术交叉点在哪里？这种融合会创造出什么全新的计算模式？

智能之芯：
更强大的心脏支撑更聪明的大脑

主讲人：叶 乐

主讲人简介

  叶乐，北京大学集成电路学院副教授，博士生导师，国家杰出青年科学基金项目获得者，浙江省北大信息技术高等研究院副院长；研究领域为存算一体人工智能芯片、低功耗人工智能物联网（AIoT）芯片、模拟与数模混合芯片等领域，成功研制多颗突破当时世界纪录的芯片成果：在国际固态电路年度会议（ISSCC）上发表10余篇论文，荣获ISSCC 2023年度"最佳技术论文奖"，是中国首次且唯一获奖者；荣获2021年度"中国半导体十大研究进展"等奖项；担任"十三五"和"十四五"国家重点研发计划的项目首席科学家、国家自然科学基金委员会"后摩尔时代新器件基础研究重大研究计划"（重大）项目负责人、"十四五"国家重点研发计划"微纳电子技术"重点专项的专家组副组长等，担任中国电子学会电路与系统分会委员、《半导体学报》集成电路方向编委、《电子与信息学报》编委等。

协作撰稿人

  何梓源，北京大学元培学院"通班"2023级本科生。

当我们惊叹于人工智能的神奇时，很少有人会想到，支撑起整个人工智能时代的其实是一个个小小的芯片。这个仅有指甲盖大小的芯片，却要同时处理数以亿计的运算。人工智能算法的实施需要大规模计算，那么为什么传统的中央处理器（CPU）已经不能满足人工智能时代的需求？为什么要发展专门的人工智能芯片？从冯·诺依曼架构到类脑计算，从单个晶体管到数十亿个晶体管的集成，芯片的进化之路揭示了人类如何在微观世界突破极限。面对摩尔定律逐渐逼近物理极限的挑战，芯片技术正在寻找新的突破。让我们走进芯片的世界，看看这个改变人类文明进程的"超级大脑"是如何工作的，也一起思考它将如何引领我们驶向智能时代的新征程。

一、智能时代的引擎

每个时代都有属于自己的变革，每个时代都有它对文明何去何从的看法与期待。纵观人类历史上已经完成的三次工业革命：蒸汽机的轰鸣宣告了工业时代的开幕，电与磁的交织汇成了电气时代的宏图，计算机的诞生开启了信息时代的无限可能。

如今，人工智能技术的突破性进展，让我们再次窥见未来的曙光：一个从信息化逐步迈向智能化的世界。大语言模型的出现，标志着机器开始具备协助人类完成复杂脑力劳动的能力。尤其是在数据处理、分析和推理方面，机器展现出了前所未有的潜力。这一切依赖的正是强大的机器之"心"——芯片的计算能力。芯片作为计算能力的核心，正在引领着整个技术生态的进化。从传统的CPU到图形处理器（GPU），再到专门为深度学习设计的人工智能专用芯片，这些硬件架构的革新为复杂模型的训练和推理提供了坚实的基础。

芯片是现代计算机技术的核心，素来有现代工业的"粮食"之称。近年来，全球芯片产业面临着产能紧张、供应链断裂等问题，席卷全球的"芯片危机"仍在继续。美国作为芯片产业的发源地，拥有英特尔、超威半导体、高通、英伟达等全球领先的芯片研发与制造企业。我国作为全球最大的芯片消费市场，由于在半导体行业的研发时间较短，芯片制造能力还有所欠缺。当下，国际形势波诡云谲，受政治因素的影响，美国对我国集成电路科技企业进行了严格的打压，造成了供需关系日趋紧张的局面。我国亟须国产芯片在制造端各个层面的突破创新。

正是在这样一个局势之下，人工智能取得了突破性进展，全球对人工智能芯片的需求急剧增加。什么是人工智能芯片呢？其实，我们日常电脑中的显卡就是其中一类，从图形渲染到光影计算，人工智能芯片为我们的电脑提供了强大的视觉展示效果。在人工智能领域，尤其是随着深度学习和大模型的兴起，传统的芯片已经无法满足日益增长的计算需求，人工智能芯片也就成为信息技术领域取得进展的关键资源。

二、芯片作为时代引擎的底层逻辑

（一）从冯·诺依曼到现代计算

首先，我们需要理解，一块芯片是如何完成我们需要它完成的目标任务的。

当代计算机主要遵循冯·诺依曼架构，这一经典架构将计算机划分为运算器（Arithmetic Unit）、控制器（Control Unit）、存储器（Memory）、输入设备、输出设备（如图1所示）。那么，这一架构背后隐藏着什么样的思想呢？回想一下，我们小时候学习数学时，是不是从加减乘除这些基本运算开始的。这些基本运算就类似于计算机中的运算器，它负责执行各种算术运算和逻辑运算。随着计算难度的增加，我们可能需要列竖式计算，这时我们会在草稿纸上暂时存储中间结果。这个存储过程就像计算机中的存储器，它用来保存数据，以便后续计算时直接调用。而我们的大脑决定了整个计算的流程，例如先算哪一步、再算哪一步，遵循一定的规则进行操作。这就类似于计算机中的控制器，它负责指挥整个计算过程，确保数据按照正确的顺序流动，使运算器和存储器协同工作。按照这样的逻辑范式，理论上任何复杂的计算都可以通过展开而转化为能够在运算器与存储器之间不断传输的数据，并通过特定的指令控制序列来完成。

根据冯·诺依曼架构，整个计算的处理流程可以分为计算、传递、存储等几个抽象阶段，而这正映射着在人工智能时代，我们期望芯片所需要具备的处理能力，即算力、运力、存力。算力是指芯片处理数据、执行计算任务的核心能力，直接决定了设备完成复杂运算的效率和性能上限；运力是指在存储与计算之间快速传输数据的能力；存力是指存储与读取的速度和体量。三者之中最为核心的是算力。

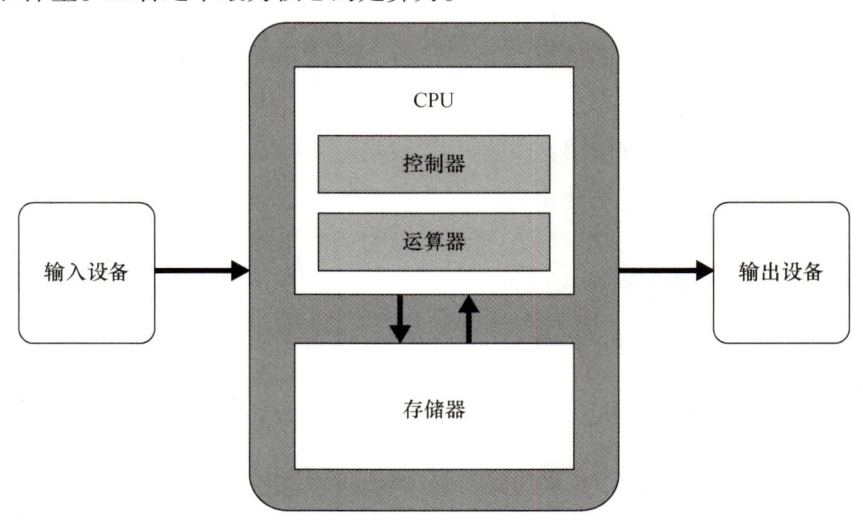

图1　冯·诺依曼架构

（二）并行计算的力量

人工智能的计算量需求非常大。我们一定知道标量（Scalar）和向量（Vector），人工

智能领域进行的主要计算并非对前两者的计算，而是张量（Tensor）计算。张量是一个多维的数据结构，可以看作是标量、向量、矩阵的高阶推广。在深度学习中，图像、语音、视频等复杂的数据形式通常通过高维张量进行表示和处理，这要求计算机不仅要处理庞大的数据量，还要在极短时间内完成大量的张量计算。

单一的 CPU 虽然在处理通用计算任务上表现出色，但在面对大规模并行计算时，其性能已无法满足需求。正是在这种背景下，GPU 的出现提供了解决方案。GPU 作为专为大规模并行计算设计的硬件，能够在同一时间内进行成千上万的操作，特别适用于需要同时处理大量相似计算任务的场景，如深度学习中的前向传播和反向传播过程。与传统的 CPU 相比，GPU 的结构允许它同时执行多个线程，从而大幅度提升了深度学习模型的训练速度。

> **知识窗口：张量**
>
> 比起我们熟悉的标量（如单个数字）和向量（如一串数字），张量是更高维度的数学对象。我们可以将它看作一个多维数组，就像把多个表格叠加在一起。在人工智能领域，张量被用来表示和处理复杂的数据结构，例如一张彩色图片就可以用一个三维张量来表示：长度、宽度和 RGB 三个颜色通道。

（三）摩尔定律的挑战

我们平常所说的芯片，本质上就是半导体超大规模集成电路（Very Large-Scale Integration，VLSI），它在仅有指甲盖大小的面积上集成了上千亿个元器件。这种高集成度使得现代芯片可以执行复杂的计算任务，并为设备提供强大的功能和性能。

随着晶体管尺寸逐渐缩小至纳米级别，物质在原子层级的性质变得不再稳定。当前，晶体管的特征尺寸已接近物理极限，这使得芯片的进一步提升面临着多重瓶颈：功耗控制、集成密度提升和算力突破。这些使得传统的芯片设计和制造流程受到限制，制约了技术的进步和设备性能的提升。

（四）算力需求的爆炸

当前人工智能领域发展快速，人工智能模型的参数量和运算量在每 3～4 个月都可能发生倍增。这意味着，即使摩尔定律并未失效，我们能够依靠传统技术路径进行算力的迭代，当前最前沿的芯片也依然无法满足日益增长的应用需求。深度学习模型在处理大数据时，往往需要巨大的计算资源来实现实时响应和高效分析。传统的芯片在面对这种急剧增长的算力需求时显得捉襟见肘，生产力和算力之间的差距只会愈发明显。

因此，从技术进步和应用需求的双重维度来看，人工智能芯片已然成为开启智能时代的关键钥匙。为了应对未来的挑战，我们需要积极探索新型芯片架构，例如专用集成电路（Application-Specific Integrated Circuit，ASIC）、现场可编程门阵列（Field-Programmable Gate Array，FPGA）及新型的神经网络处理单元（Neural Processing Unit，NPU）。这些新兴技术旨在打破传统的性能限制，为人工智能计算提供更高效、更灵活的解决方案。

三、人工智能芯片的应用与制造

要全面理解人工智能芯片的研发与应用，我们可以从横向的应用和纵向的制造两个层面进行分析。

（一）横向的应用：芯片的多元化

从横向的应用来看，我们可以从多种不同的角度对芯片进行分类。

根据处理信号的类型，我们可以将芯片分为以下两大类：

（1）数字芯片：数字芯片主要用于处理数字信号，包括 CPU 和 GPU。这类芯片专注于执行复杂的计算任务，负责数字信息的运算和处理。它们在现代计算环境中发挥着核心作用，支撑着从个人计算机到超级计算机的各类应用。

（2）模拟芯片：模拟芯片负责处理模拟信号，如各种传感器芯片。这类芯片能够将真实物理世界的各种传感器的信号转化为计算机能够存储与处理的二进制数据。例如，对连续变化的量（如温度、压力、光照等）通过采样、放大和滤波等处理流程转化为二进制数据。它们在实现物理世界与信息系统之间的交互中扮演着关键角色，被广泛应用于自动化控制、环境监测和医疗设备等领域。

根据用途，除了计算芯片（数字芯片中的主要类别）、传感芯片（模拟芯片中的主要类别）以外，还有以下三种大类：

（1）传输芯片：传输芯片专门负责信号通信，例如网络接口芯片、蓝牙芯片和 Wi-Fi 模块等。这类芯片能够确保数据在设备之间高效、稳定传输，支撑着物联网和智能家居等应用的发展。

（2）存储芯片：存储芯片主要用于数据存储，包括闪存［如固态硬盘（Solid State Disk，SSD）］、动态随机存取存储器（Dynamic Random Access Memory，DRAM）等。存储芯片在数据处理和计算中起着至关重要的作用，为信息的高效存取和持久保存提供保障。

（3）电源芯片：电源芯片负责电源管理和稳压，例如开关电源芯片和线性稳压器。电源芯片能够确保其他组件在稳定的电压和电流下运行，从而提高系统的整体性能和可靠性。

（二）纵向的制造：芯片制造的过程与难点

芯片的基本单元被称为元器件，通常以晶体管（特别是金属氧化物半导体场效应晶体管）的形式存在。整个芯片是由无数个 P 型和 N 型晶体管通过精确的排列组合而成。因此，制造芯片的第一项关键任务就是将晶体管做得尽可能小。当前世界上最先进的晶体管特征尺寸已缩小至几纳米，这使得晶体管能够在更小的单位面积内有更好的能效表现。然而，进一步提升的难度非常大，面临材料、量子效应等多方面的挑战。

在单个晶体管达到微小尺寸后，接下来的挑战是如何将上百亿个晶体管整合到一个指

甲盖大小的硅片上。这种整合过程就像微型层面的城市建设，每个晶体管都是城市中的功能单元，彼此之间需要通过"道路""高架"和"地铁"等不同层面的连接进行联通。这些连接包括电路的互联和信号的传递，任何一个连接出现问题都可能导致整个芯片无法正常运行。因此，在设计和制造过程中，必须确保每一个连接的可靠性与效率。

在制造过程中，设计环节同样至关重要。就像城市建设需要长远的全局统筹规划，上百亿个晶体管在不同的芯片设计方式下会有截然不同的处理能力和效果。例如，芯片的架构设计、信号路径规划、功耗管理等都将直接影响最终产品的性能和效率。在现代芯片设计过程中，工程师通常会使用复杂的计算机辅助设计（CAD）软件，在设计阶段进行仿真与优化，确保芯片在实际制成后能达到预期的功能和性能。

芯片制造的最后一个环节就是封装和测试。这个环节不仅是制造流程的收尾，也是确保芯片质量和实用性的关键步骤。封装是指通过封闭的"盒子"，将制造完成的芯片与外部环境进行隔离，以保护其免受物理损伤（如撞击、震动）和环境影响（如潮湿、尘埃），同时使用金属引线提供外部与芯片内部的连接通路。测试是指验证芯片的功能和性能是否达到设计要求，避免其在实际应用中出现故障。封装和测试直接关系到芯片的最终质量、市场竞争力以及用户体验。以上的一个链条串起了芯片制造行业的完整流程。

同时，芯片制造依赖一系列高端设备和技术的支持，如光刻机。光刻机用于将芯片设计图案转移到硅片上，通常涉及复杂的光学系统和高精度的对准技术。当前市场上最先进的光刻机如极紫外（Extreme Ultra-violet，EUV）光刻机，能够以极高的分辨率在芯片上印刷出纳米级别的图案，这对实现现代芯片的高集成度至关重要。目前最先进的 EUV 光刻机使用 13.5 nm 波长光源，可实现 3 nm 以下制程，主要由荷兰 ASML 公司垄断。

统计时下的人工智能芯片市场，我们会发现英伟达公司作为人工智能领域的领导者，已经占据了接近 90% 的市场份额。尽管面临着技术封锁和市场垄断的挑战，我国在人工智能芯片领域的自主研发和创新方面也取得了一系列突破。近年来，我国积极推动国产人工智能芯片的研发与应用，例如，华为推出的昇腾（Ascend）系列芯片、寒武纪推出的思元系列芯片在计算领域展现出强大的性能。此外，DeepSeek 等人工智能大模型在技术上展示了与国际巨头抗衡的能力。同时，应用端和产业界也积极寻求国产替代方案，以减少对外国技术的依赖。尽管如此，我国在人工智能芯片领域仍面临巨大挑战。因此，我国急需拥有原创技术产权的"中国芯"，增强自主研发能力。

四、智能芯片的进化史

人工智能芯片的发展可追溯到芯片技术的演进，这一过程经历了从微型管、晶体管、集成电路到大规模集成电路的时代变迁。在大规模集成电路时代，芯片的发展大致可以分为三个重要阶段：CPU、GPU 和专用人工智能芯片。

（一）CPU：通用计算的基础

CPU 是计算机的核心部件，负责执行计算、控制指令和处理数据。CPU 基于经典的冯·诺依曼架构设计，这一架构将程序指令和数据存储在同一内存中，采用顺序执行的方式来处理任务。

CPU 在处理复杂的指令集和逻辑运算时表现出色，尤其擅长标量运算，即逐个处理数据。这使得 CPU 在大多数日常计算任务中表现稳定。然而，CPU 的并行计算能力相对较弱，这限制了其在高并发和大规模数据处理场景中的应用。

（二）GPU：并行计算的先锋

随着对图形和计算能力需求的增加，GPU 应运而生。GPU 最初是为图像处理而设计的，它能够快速渲染图形、生成场景，并进行实时图像处理。GPU 的架构与 CPU 有显著不同，前者强调并行计算能力，后者更关注控制逻辑。

GPU 包含成百上千个小处理单元，能够同时执行大量独立的操作。这种高度并行化的设计使得 GPU 在处理大规模数据时表现出色，尤其适合于矩阵运算和矢量计算，这些都是深度学习算法的核心操作。正因为如此，GPU 迅速成为机器学习和深度学习领域的原动力。

（三）人工智能芯片：智能时代的专用产品

进入人工智能芯片阶段，技术的发展并非完全的革命，而是对现有计算架构进行专用化改进，于是专用的人工智能芯片应运而生。例如，谷歌的张量处理器（TPU）和其他 NPU，旨在高效处理深度学习和其他复杂的人工智能任务。人们在设计这些芯片时，针对神经网络的特定运算进行了优化，主要包括硬件加速的矩阵乘法和激活函数计算。

具体来说，TPU 通过使用定制的张量运算单元，能够高效执行大规模矩阵运算，这是深度学习中最常见的计算任务。这些芯片采用了大量的并行计算单元，使得在处理大规模数据时能够显著提高计算速度。例如，TPU 在执行矩阵乘法时，可以同时处理多个数据通道，从而将计算时间缩短至传统 CPU 和 GPU 的几分之一。

此外，专用人工智能芯片通常在能耗上也进行了优化，能够在执行相同任务时消耗更少的电力。例如，TPU 采用了高效的电源管理设计，利用动态电压和频率调整技术，进一步降低功耗。这种设计使得 TPU 在进行人工智能训练和推理时，不仅能达到较高的性能，还能保持较低的能耗，这在大规模应用时尤为重要。

专用人工智能芯片的一大优势就是在终端的落地，高效能的芯片使得复杂的人工智能模型在嵌入式设备和移动终端上实现实时处理成为可能，进而推动智能家居、自动驾驶、医疗影像分析等应用的发展。

五、智能芯片的新范式

（一）存算一体芯片：突破存储墙的新架构

冯·诺依曼架构由于具有优越的可编程性和通用性，在过去几十年成为通用计算应用的主流架构。随着人工智能时代的到来，传统的冯·诺依曼架构由于存储部件和计算部件分离，存储与计算之间频繁的数据搬运成为计算性能进一步提升的主要瓶颈，也是功耗控

制的主要瓶颈，这就是"存储墙"和"功耗墙"问题。

存算一体芯片旨在将存储部件与计算部件在细颗粒度上融合在一起，显著拉近存储部件与计算部件之间的距离，从而显著缓解"存储墙"与"功耗墙"问题。基于存算一体架构的人工智能芯片有望成为人工智能计算的主流芯片之一。但是，当前存算一体芯片仍然面临诸多挑战，包括：器件层级的可靠性、耐久性、一致性、规模容量等问题，电路层级的稳定性、鲁棒性、高精度、可测性设计等问题，架构层级的计算完备性、规模拓展等问题，以及软硬件生态等问题。

（二）类脑芯片：向人脑学习

发展人工智能，要从硬件和软件两个角度同步考虑。具体而言，发展人工智能既需要芯片提供硬件方面的各种基础能力的支持，也需要算法侧或软件侧在芯片上实现强大的落地应用。举一个形象的例子，大象有着远大于人类的脑容量和远多于人类的神经元数量，但是由于缺乏硬件的质量而没有人类的智力，反过来人类自身有着强大的神经硬件条件，如果不加以后天的训练来构建一个高效的上层建筑，也就不会有强大的软性能力。

神经元是人脑计算的基本单元，它通过离散动作电位（Discrete Action Potentials）或脉冲交换和传递信息。突触（Synapses）是记忆和学习的基本存储元素。人脑拥有数十亿个神经元网络，通过数万亿个突触相互连接。基于脉冲的时间处理机制使得稀疏而有效的信息在人脑中传递。

目前，最先进的人工智能技术主要基于受到人脑层次结构和神经突触框架启发的神经网络。传统的大模型已具备完成多种任务的能力，尤其是在重复性脑力活动中已能够达到或超过人类的平均水平。然而，我们也必须注意到这些大模型存在明显的缺陷：一是它们在解决创新性问题上表现不佳，无法有效应对需要新颖思维和独特解决方案的挑战；二是它们缺乏自主价值驱动的行为，即它们并没有真正实现智能的本质特征，无法设定自主目标或形成内在动机。

造成这种情况的可能原因是，虽然现代深度学习网络在软件层面模仿了人脑的层级结构，将多个层级通过权重和偏置相连来表征深度特征，但这仍与人脑的实际运作方式存在本质的区别。人脑的复杂性和灵活性使其在处理信息时具有独特优势，而现有的大模型仍显得相对简单。

此外，大模型对资源的需求极大，在大模型训练过程中，需要消耗大量能量和计算资源，导致成本高昂。例如，在一个典型的 2.1 Wh 电池供能的嵌入式智能处理器上运行深度网络，该处理器可能在短短 25 分钟内就耗尽电池电量。高功耗限制了大模型的实际应用，这就要求我们在算法、硬件设计和能效优化等方面进行更深入的研究，以寻求更高效和可持续的人工智能解决方案。

在这一背景下，人工智能芯片中就有这样一个分支——类脑芯片。这一芯片通过模拟大脑的神经活动，构建更加接近人类智能的计算模式。与传统的冯·诺依曼架构不同，类脑芯片通过模仿大脑神经元之间脉冲式的信号传递机制，构建了脉冲神经网络（SNN）。

神经形态计算不同于传统神经网络的连续信号处理，而是采用类似大脑神经元的活动方式——离散的脉冲传递。在 SNN 中，神经元只有在接收到足够多的输入刺激时才会发出脉冲，这种特性使得网络在信息处理过程中更加高效，因为只有在必要时才会产生计算。神经形态计算本质上是一种软硬件协同设计的创新，它在硬件层面力图突破传统数字计算的瓶颈，通过类脑芯片来进行模拟计算，这种稀疏化的计算方式在硬件上可以极大地节省能量，从而使 SNN 非常适合应用于低功耗、实时响应的任务中。

随着类脑芯片和 SNN 算法的不断发展，未来有望大幅提升人工智能系统的效率和智能水平，为创造更加接近人类智能的机器奠定基础。

（三）AIoT 芯片：实现万物互联

在大数据驱动的信息革命的浪潮中，物联网（Internet of Things，IoT）应运而生。物联网是一个将万物相连的互联网，实际上是互联网的延伸。通过局部网络或互联网等通信技术，物联网将传感器、控制器、机器、人员和物体等通过新的方式连接起来，实现人与物、物与物之间的紧密联系，从而实现信息化和远程管理控制。

随着物联网设备的快速增长和数据量的爆炸式增加，传统的物联网系统在处理和分析这些海量数据时面临着巨大的挑战。如何从这些数据中提取有价值的信息，并实现更智能的决策和控制，成为物联网发展的一个重要方向。人工智能技术的出现，为解决这一问题提供了新的途径。人工智能技术与物联网相结合便形成了人工智能物联网（Artificial Intelligence of Things，AIoT）。AIoT 利用人工智能的强大计算能力和学习能力，对物联网设备产生的数据进行深度分析和处理，进一步推动了物联网的发展和应用。

那么，什么是 AIoT 芯片呢？其实这并不是一个单独的芯片门类，而可以看作一个由各类芯片集成的综合体环境。一个机器人的完整控制流可以分为：感知、计算、存储、传输、执行几个阶段。对于 AIoT 体系而言，其中的每个阶段都可能需要不同应用、不同特性的专用芯片，再进一步通过芯片集群的控制传递、信息交互实现一个万物互联的智能世界。

1."云端、边端、终端"协同的三层架构

当前的 AIoT 信息系统架构可以分为三个层级：云端、边端和终端。

（1）云端：远程数据中心或云服务器，可被视为一个大型的计算机集群。云端提供强大的计算和存储资源，支持海量数据的处理和分析，并为边端设备和终端设备提供服务。通过云计算，用户可以灵活地存取数据和应用程序，降低了本地设备的负担。

（2）边端：在离数据源较近的地方进行数据处理的设备。边端能够执行一定程度的计算和数据处理，不仅能降低延迟，还能减轻云端的负担。它作为云端与终端之间的中枢，负责协调数据的交互和处理，确保信息在网络中高效流动。

（3）终端：终端就是我们最熟悉的一些设备，如手机、智能家居、可穿戴设备等。终端是信息网络的叶子节点，负责实时收集和处理数据，并将处理结果反馈给用户。它们通过传感器获取环境信息，并将其传输至边端或云端，供云端和边端进行分析和决策。

简而言之，终端通过传感器采集数据，边端就近处理数据并减少延迟，云端提供强大计算资源支持全局分析。通过 AIoT，数据在这三层之间高效流动，实现智能化的响应和决策。

2. AIoT 芯片：人工智能与物联网的结合

人工智能通过学习和决策模拟人类智能，而 AIoT 则将物理设备连接到互联网，实现数据的收集和交换。随着技术的不断进步，AIoT 将为我们带来更多便利和智能化体验。人工智能与 AIoT 的结合正在改变我们的生活方式。人工智能可以实时分析 AIoT 设备生成的数据，并根据分析结果自主调整操作。这种能力减少了人工干预，大幅提高了工作效率。

以扫地机器人为例，传统的扫地机器人可能会按照固定的 Z 形或其他既定路线进行清扫，但当结合了强化学习技术后，这些机器人能够通过与具体家具环境的互动，不断优化自身的路线规划，从而提高清扫效率。例如，扫地机器人可以识别房间中的障碍物和不同的地面材料，调整其清扫策略以适应不同的环境条件。

在制造业领域，机器人已经深度应用于生产线，实现自动化和高效的生产。随着人工智能技术的发展，具身智能将越来越多地渗透到我们的日常生活中，从智能家居到智能城市，AIoT 的应用前景广阔。

六、未来展望

集成电路方向与纯理科研究的区别在于，前者不仅重视科学发现，更强调实践中的应用与创新。纯理科研究可能侧重于新现象的发现或新理论的推导，而集成电路则依赖于物理世界的基础理论，将这些已知理论转化为实际应用，形成突破性的发明创造。这包括开发新的材料体系、创新电路拓扑结构以及设计高效的芯片架构等。人工智能芯片则是一个更加复杂的交叉领域，融合了计算机科学、电子学、材料学、数学和化学等多个学科。

科学探索是否定之否定、不断证伪的过程，科学研究与工程实践需要正确的方法论来指导。

首先，要明确主要矛盾，聚焦于最重要的问题，以避免资源分散。面对像集成电路这样的复杂领域，由于时间和资源有限，首要目标就是选择一个能够持续迭代的技术路线。例如，最早在选择计算机进制时，二进制因其在电子元件（如二极管和晶体管）的实现上具有天然的优势而成为主流；而三进制虽然在理论上有更高的效率，却因缺乏成熟的硬件基础而未能普及。这就像在策略游戏中，玩家需要明确胜利的关键，将资源分配到核心的领域，这种选择强调了对未来潜在主流技术路线的关注，而不是仅仅停留在当前的技术热点上。类似地，在规模化法则（Scaling Law）的框架下，技术的迭代和发展需要适应不断变化的需求和资源限制。这意味着研究者也要关注主要矛盾与次要矛盾的动态变化，具有灵活应变的能力，需要定期审视自己的技术路径，及时调整策略。

> **知识窗口：规模化法则**
>
> 规模化法则是人工智能、集成电路等科技产业领域的一个基本规律：人工智能模型性能的提升与参数量呈幂律关系，即更大的模型通常意味着更好的性能。但规模增长也带来了挑战：训练大模型需要的计算资源会呈指数级增长。这就解释了为什么文章强调，即使现有芯片技术持续进步，也可能无法满足人工智能发展对算力的需求。规模化法则因此成为预测人工智能技术走向和评估未来硬件需求的重要产业规律。

其次，要保持实事求是的态度。科学研究应以数据和逻辑为基础，而不是仅凭主观情绪和个人偏见，通过逻辑推理、实验数据和理论的一致性，判断研究的有效性和方向。研究者需要具备批判性思维，勇于面对可能的错误，并及时调整方向，更要保持开放的心态，接受新证据和不同观点，以确保研究结果的客观性和准确性。

最后，在集成电路领域，扎实的数理基础是不可或缺的，但同样重要的是要具备跨学科的开阔视野。此外，严谨的逻辑思考和分析能力是解决复杂问题的基础。

综上，要在半导体行业的各个领域、各个层面取得突破性进展，实现芯片工业的自主化制造，"中国芯"任重而道远。

思考

1. 文章中提到"云端、边端、终端"三层架构，随着终端设备计算能力的提升，越来越多的人工智能任务可以在边端设备上完成。请设计一个创新的边端人工智能应用场景，并分析其对芯片设计提出的特殊需求。

2. 如果不考虑当前的物理和工艺限制，设想一款 2050 年可能出现的"超级芯片"。它的架构会是什么样的？它会采用什么材料？它可能具备哪些能力？请发挥你的想象力，但要基于科学可能性进行合理推测。

3. 文章提到，现代人工智能模型训练需要巨大的计算资源和能源消耗，甚至在嵌入式设备上可能很快耗尽电池电量。如果按照人工智能发展的规模化法则，假设模型规模每 3~4 个月翻倍，请你思考：在未来 10 年，我们应如何平衡人工智能发展与能源可持续性的关系？是否存在突破这一矛盾的创新思路？

又好又快：
敏捷——芯片设计的新维度

主讲人：梁 云

主讲人简介

梁云，北京大学集成电路学院长聘教授，博雅特聘教授，博士生导师，北京大学教学卓越奖获得者。主要研究方向为集成电路设计自动化、软硬件协同设计、计算机体系结构。在相关领域的国际顶级会议和期刊等发表论文100余篇，担任多个国际顶级会议和期刊的编委和技术委员会委员。

协作撰稿人

蔡知行，北京大学信息科学技术学院2022级本科生。

又好又快：敏捷——芯片设计的新维度

当我们谈论技术创新时，人们往往关注最终的产品——更快的处理器、更智能的算法、更强大的功能。但鲜为人知的是，这些闪耀的成果背后是设计方法的革命性突破。想一想，在1971年，工程师们还在手工绘制电路图，一个处理器只有2300个晶体管；而今天，一颗先进芯片集成了数百亿个晶体管，工程师们如何应对这种惊人的复杂度增长？这不仅是规模的变化，更是方法论的革命。从手工设计到自动化工具，从底层编程到高级抽象，工程师们正在开创全新的设计范式。在人工智能时代，我们不仅要追求性能和效率，更要思考如何让设计过程本身变得更加智能和敏捷。

人类文明的演进历程，实质上是一部工具开发、应用与创新的壮丽史诗。从石器时代、铁器时代到电气时代直至信息化时代，每一次工具技术的飞跃均促进了生产力的爆发性增长，驱动了生产关系乃至社会结构的深刻变革。作为信息化时代的核心驱动力，芯片的设计工具及其方法的先进性，直接决定了芯片发展潜能的上限。随着晶体管数量的持续激增，更智能化、敏捷化、高效化的芯片设计工具与语言，已成为信息时代研究领域中的关键课题之一。

一、敏捷芯片设计："十亿"时代的必然要求

（一）芯片设计成果的最前沿

审视当前国际芯片市场的格局，除了通用处理器和系统级芯片（System on Chip，SoC）外，从应用领域的视角审视，三类主流芯片类型尤为引人瞩目：第一类是多功能芯片，英伟达公司和超威半导体公司的图形处理器（GPU）展现了国际领先的技术水平，尤其在游戏图像渲染、大型模型加速等备受瞩目的应用场合，它们提供了卓越的性能。第二类是面向特定应用领域的芯片，例如，专为深度学习或机器学习设计的处理器，国际上的代表包括谷歌的张量处理器（TPU）；我国的华为和寒武纪也在这一领域迅速崛起，其芯片性能与能效逐渐达到国际先进水平。第三类是面向特定计算需求的专用芯片，即与具体应用场景紧密相关的专用加速器，其应用价值同样不容忽视。

> **知识窗口：SoC**
>
> SoC是将计算机或其他电子系统的核心组件集成在单个芯片上的技术。一个典型的SoC可能包含CPU、GPU、内存、数字信号处理器、通信模块等多个功能单元。手机处理器就是SoC的典型代表：以苹果的A16处理器为例，它集成了CPU、GPU、神经网络引擎等多个组件，使手机能够在有限的空间内实现复杂的功能。SoC的集成化设计大大降低了产品的体积和功耗，是现代便携式电子设备的核心技术。

从芯片设计的规模维度分析，先进的芯片技术已突破至数十亿个晶体管的水平。例如，苹果公司的 A11 处理器已集成 40 亿个晶体管，英特尔的 Xeon E5 系列产品大约包含 70 亿个晶体管，IBM 的 Power9 芯片则拥有 80 亿个晶体管。英伟达的 V100，曾广泛应用于深度学习训练领域，其晶体管数量约为 210 亿个。时至今日，美国初创企业 Cerebras 推出了一款**晶圆级芯片**（Wafer-Scale Chip），晶体管数量高达 2.6 万亿个，这标志着芯片规模设计正从"十亿"（Billion）时代继续迈向"万亿"（Trillion）时代。

> **知识窗口：晶圆级芯片**
>
> 晶圆级芯片是一种将整片晶圆都用作单一芯片的设计方案。在传统芯片制造过程中，一片直径为 300 mm 的晶圆通常会被切割成数百个独立的芯片。而晶圆级芯片则保持晶圆的完整性，将其作为一个超大规模集成电路。这种设计使得信号不需要在不同芯片之间进行传输，进而显著提升了芯片的计算能力和内部通信效率。然而，晶圆级芯片也在良品率、散热和信号同步等方面面临巨大的工艺挑战。

（二）设计的敏捷性：芯片进步的关键一环

从传统芯片设计的视角出发，工程师们主要关注三个核心要素：性能（Performance）、功耗（Power）和面积（Area），统称为 PPA。然而，在现代大规模芯片设计的背景下，除了传统的 PPA 之外，我们还需考虑一个额外的维度——敏捷性。对敏捷性的评估可以从以下四个层面进行：

首先，芯片设计的抽象层次（Abstraction）至关重要，需要明确在何种抽象层面上进行芯片设计。通常而言，芯片设计的抽象层次越高，设计过程就越简便。其次，芯片设计代码的长度与复杂度（Programing Size）也是关键，我们追求在实现相同功能的前提下，代码具有更低的复杂度和更短的长度。再次，我们所编写的硬件描述代码应具备一些高级语言的特性（Advanced Features），如参数化特性和类型系统等。最后，生产力也是设计过程中不可忽视的一环，它涉及设计所需时间、成本、调试的便捷性以及代码的可复用性等方面。

（三）具有敏捷性的硬件开发工具

在软件开发领域，我们通常不会特别强调生产力和敏捷性，因为软件开发过程天然地蕴含着高效性。这种高效性主要得益于我们能够轻松获取并应用各种开源软件，从而迅速构建起开发的初始平台。然而，在硬件设计领域，尤其是芯片设计方面，我们却面临着生产力和敏捷性提升工具显著匮乏的问题。与软件设计的短、平、快特性不同，硬件设计需要经历设计、仿真、验证和测试等多个环节，这导致了其设计周期往往更为漫长。

硬件设计的核心工具是电子设计自动化（Electronic Design Automation，EDA）工具。在芯片制造领域诸多瓶颈中，EDA 工具的缺失尤为关键。

EDA 工具是一种通用的方法论，它能够将程序员的高层描述逐步转化为底层硬件实现。

在问题分解过程中，EDA 工具要求对每个层面进行建模、综合仿真和验证。EDA 的整个流程可以分为前端和后端两个部分：前端涉及更高层次的设计，包括系统设计、架构/寄存器传输级设计；后端则涉及更底层的设计，包括逻辑和物理层面设计、测试和验证以及制造和封装等。前端和后端共同构成了 EDA 的完整流程。

为何 EDA 工具如此重要呢？加利福尼亚大学伯克利分校教授、EDA 领域的创始人之一阿尔伯特·桑乔瓦尼·温琴泰利曾强调：随着芯片设计规模的指数级增长，我们需要新的设计方法论，而 EDA 工具正是这种需求的体现。

在芯片发展的初级阶段，如 1971 年英特尔推出的 4004 处理器，其制程约为 10 μm（即 10000 nm），晶体管数量仅为 2300 个，芯片主频（Clock Frequency）为 108 Hz。在这样的晶体管规模和工艺参数下，芯片设计工程师完全可以通过手动方式完成晶体管的布局。而 2021 年苹果公司推出的 M1 芯片，其制程已缩减至 5 nm，晶体管数量达到数十亿个，芯片主频高达 3.2 GHz。在如此庞大的芯片设计规模面前，手动布局已不再可行，因此，更加自动化的工具和先进的设计方法成为迫切的需求。

> **知识窗口：芯片主频**
>
> 芯片主频是衡量处理器工作速度的基本参数，表示处理器内部时钟信号震荡的频率，单位是 Hz。芯片主频决定了处理器每秒能执行的基本时钟周期数。例如，3.2 GHz 的主频意味着处理器每秒执行 32 亿个时钟周期。过去 20 年，由于功耗和散热限制，处理器的主频增长已经趋于平缓，芯片设计更多地转向通过优化微架构和增加核心数量来提升性能。

（四）利用敏捷性专用硬件设计摆脱能耗危机

审视芯片技术的发展历程，可以清晰地发现，在 2005 年之前，单核设计是芯片设计的主流。然而，自 2005 年起，由于唐纳德缩放定律（Dennard Scaling）的失效，芯片设计领域迎来了多核与众核方案的兴起。通过多核处理器和众核处理器设计，我们能够在单核频率保持不变的条件下持续提供增长的计算能力。

> **知识窗口：唐纳德缩放定律**
>
> 唐纳德缩放定律是集成电路发展的重要理论，它指出：随着晶体管尺寸的缩小，其功耗也会相应减少。这一规律在 2005 年之前一直有效，但在 2005 年后，随着工艺节点降至 90 nm 以下，由于量子效应和漏电流的影响，该定律开始失效，导致频率提升带来的功耗激增成为芯片设计的瓶颈。

但通用计算方法依然面临许多效率低下的问题。具体来讲，每当我们将 10 单位的能量投入计算过程时，实际上只有 1 单位的能量运用在有效的乘法、加法和除法等操作上，其余 9 单位的能量都用于准备数据。与此同时，为了进行 10 单位能量的计算，我们往往还需要消耗 70 单位的能量来获取计算指令，以及 50 单位左右的能量来获取数据，从而导致了巨大的能耗浪费和显著的低效性。统计数据显示，仅有 59% 的指令与实际计算相关，其余的都是辅助性指令。以嵌入式处理器设计为例，与计算直接相关的功能能耗仅占 6%，而辅助指令的能耗占比高达 94%。

在此背景下，图灵奖得主大卫·帕特森指出，设计更专用的硬件和协同软件是提升能效的关键。这种设计理念已经在现代计算机和智能手机中得到广泛应用，例如，苹果的 A14 芯片中集成了多种专用硬件，分别被用于特定的视频编解码和加密解密等任务之中。

在人工智能领域，专用硬件的应用极为广泛，包括从基础的微控制器到高端的 GPU 或神经网络处理单元（NPU），从边缘计算到云计算的各个场景。以英伟达的 GPU 为例，其搭载了一款名为 TensorCore 的专用硬件。从 2017 年的 VOLTA，到 2018 年的 TURING，再到 2020 年的 AMPERE，TensorCore 经历了持续的技术演进。2017 年，TensorCore 具备 640 个核心，仅能执行一种计算任务（即稠密的矩阵乘法），且仅限于浮点类型的 16 比特矩阵乘法；随着人工智能算法的不断进步，2018 年的 TensorCore 已能够处理更多种类的数据类型；至 2020 年，TensorCore 不仅能够处理更多种类的数据类型，还能执行稠密和稀疏的矩阵乘法。目前，TensorCore 成为英伟达的 GPU 在深度学习领域的关键优势。

二、重剑无锋：芯片设计的方法

（一）设计方法概述

图 1 呈现的是芯片设计领域几种主要的设计方法，纵轴代表设计方法的生产力，而横轴代表设计方法所处的层次。

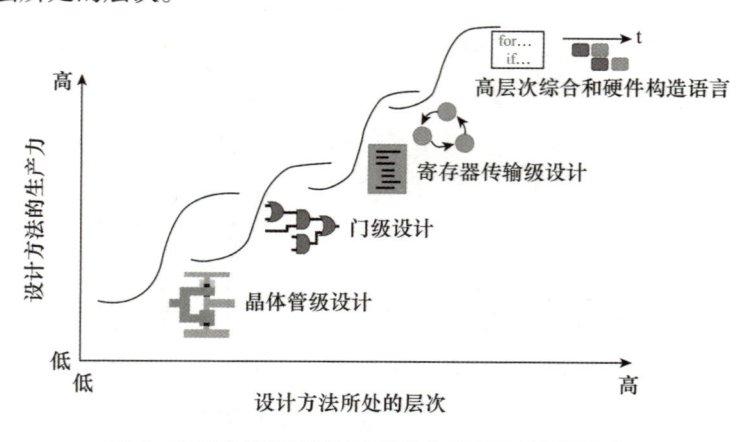

图 1 各种主流芯片设计方法的生产力和所处的层次

在芯片设计的发展初期，晶体管级设计是主流设计方法，这种方法需要程序员手动进行晶体管的布局。随着晶体管数量的增加，设计方法逐渐演进至门级设计，门级电路的数量相较于晶体管级别的数量大幅减少，从而为设计工作提供了更大的便利。当门级电路的数量增长至数百万时，超出了程序员的处理能力，此时我们通过编写硬件程序来解决芯片设计的问题，这也被称为寄存器传输级设计。直至今日，最先进的芯片设计通常采用更高层次的设计方法，其中主流的方法包括高层次综合和硬件构造语言。

（二）三种主流的设计方法介绍

1. 寄存器传输级设计

寄存器传输级设计亦称硬件描述语言，是工业界广泛采用的芯片设计技术。其发展历程始于 1984 年，以 VHDL 语言和 Verilog 语言为两大主要语言。VHDL 语言和 Verilog 语言诞生于 1983—1984 年间，并非专为芯片设计而生，而是用于芯片仿真与验证的。直至 20 世纪 90 年代末，EDA 领域的一项重大技术突破——逻辑综合工具的问世，极大地推动了芯片设计技术的发展，使得原本用于仿真和验证的语言得以广泛应用于芯片设计。进入 21 世纪后，Verilog-2005 和 VHDL-2008 等版本相继推出，它们在传统语言基础上引入了新的语法特性，例如高级语言 C 语言的特性。2009 年，新一代硬件设计语言 SystemVerilog 在原来的基础上进一步增强了面向对象的编程特性。

简而言之，寄存器传输级设计的核心优势在于其多层面建模能力，涵盖门级、数据流级和行为级，甚至支持行为与数据流的混合建模。这一方法目前占据芯片设计领域的主导地位。全球领先的芯片设计软件公司，如 ModelSim 和 XILINX，均提供了先进的寄存器传输级设计工具，以支持这一主流设计方法。

2. 硬件构造语言

硬件构造语言的发展相对较晚。2004 年，研究者们首次提出了基于 Python 的硬件构造语言 MyHDL，这标志着硬件构造语言设计方法的发端。2009 年，荷兰特文特大学的研究团队引入了基于 Haskell 语言的硬件构造语言设计，称之为 Clash。2012 年，最具影响力且至今广泛使用的硬件构造语言软件系统 Chisel 由美国加利福尼亚大学伯克利分校的研究者开发。2014 年，美国康奈尔大学的研究者提出了 PyMTL。2017 年，来自加利福尼亚大学圣巴巴拉分校的研究者又推出了另一种基于 Python 的 PyMTL 工具。

该芯片设计方法的核心理念是避免构建新的硬件构造语言，可将现有的硬件设计集成至成熟的软件编程语言之中。这一策略的优势显而易见：可以充分利用成熟的编程语言已有的特性，避免了从零开始设计语言的繁琐过程，从而实现了对现有工具（包括解析器、调试器和类型检查器等）的复用。设计者因此能够集中精力于现有语言特性的开发，特别是针对硬件设计所需的语法特性。

以最具代表性的 Chisel 系统为例：整套硬件构造语言系统嵌入在软件编程语言 Scala 之中。Scala 的主要特点是面向对象，且支持函数式设计。基于 Scala，Chisel 系统可以便捷地使用现有的软件，并且在此基础上扩充硬件设计所需的抽象元素，包括寄存器、线网、先进先出的队列（First Input First Output，FIFO），然后将其与软件语言捆绑在一起形成

硬件构造语言。

3. 高层次综合

高层次综合的发展历史更为久远。早在 1980 年，学术界便提出了基于力导向（Force-directed）的调度方法，该方法实现了将高级语言自动转换为硬件构造语言的壮举。至 20 世纪 90 年代，此方法已演变为商业工具，各 EDA 公司纷纷尝试提供此类解决方案。2004 年，Mentor Graphics 公司推出了创新产品 Catapult C，该产品能够智能地为不同的芯片设计场景提供定制化的解决方案。2011 年，加拿大多伦多大学的研究者推出了一款名为 LegUp 的工具。而 2012 年，XILINX 公司紧随其后推出了 Vivado HLS，进一步推动了该领域的发展。

高层次综合工具的本质是避免程序员直接处理繁杂的电路和硬件描述层级的工具，程序员只需要在高级语言层面给出软件功能的描述，此类工具即可自动映射为可实现的硬件结果。例如，在矩阵乘法的实现中，程序员只需写出软件程序，此类工具就可自动生成矩阵乘法芯片硬件。高层次综合工具大幅降低了芯片设计的门槛和时间成本。

高层次综合工具是如何实现从软件语言到硬件语言的转换呢？下面以矩阵乘法为例进行讲解。

本映射流程的起点为任务的要求，涵盖了高级语言描述（如矩阵乘法）和硬件限制条件（如硬件资源的种类及可用规模）。基于这两个前提条件，整个实现过程在高层次综合工具中被细分为若干步骤（如图 2 所示）：首先是将高级语言编译成中间表示形式。然后是资源分配阶段，例如，为了执行 1 次矩阵乘法，系统配置了 1 个加法器、2 个乘法器和 1 个寄存器。紧接着，在硬件限制条件下，进行一系列的调度工作。调度涉及运算的执行顺序以及每个运算的具体启动时间等关键问题。完成调度后，每一步运算与实际存在的硬件资源进行对应，明确每个加法运算在特定加法器中执行，确定每个乘法运算在指定乘法器中执行。最后是硬件语言生成阶段，高层次综合工具会自动生成可以直接用于芯片制造的硬件语言。

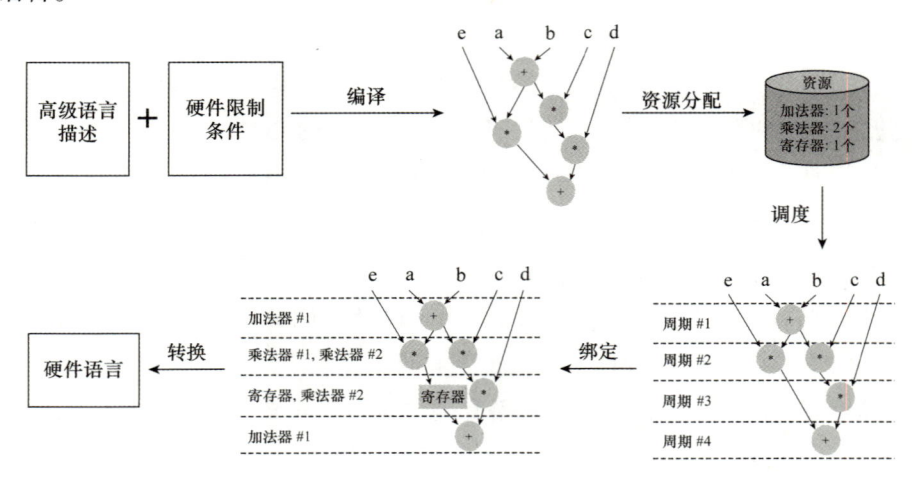

图 2　高层次综合工具从软件语言到硬件语言的转换流程（以矩阵乘法为例）

（三）三种主流芯片设计方法的对比

下面我们将从设计方法的性能和生产力两个维度对寄存器传输级设计、高层次综合和硬件构造语言三种在现代芯片设计领域广泛采用的设计方法进行对比分析（如图3所示）。

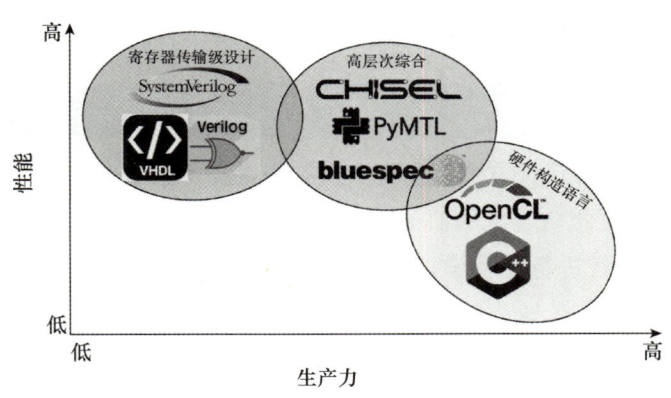

图3　三种主流芯片设计方法的性能和生产力比较

（1）寄存器传输级设计方法以其卓越的性能优势脱颖而出，然而其生产力相对较低，这使得它通常适用于那些对芯片性能有着极端要求的设计项目。

（2）高层次综合方法采用了一种创新的解决策略，即通过自动化工具将高级语言代码转换为寄存器级别和门级别的具体实现。这种方法通过编写高级程序来定义电路功能，显著提高了生产力，但相较于手动设计，其性能表现略显逊色。

（3）硬件构造语言可以被视为寄存器传输级设计方法和高层次综合方法的折衷与平衡。因此，在性能和效率方面，硬件构造语言展现出中等水平的表现。

为了进一步理解三种设计方法之间的具体差异，我们以编写一个8位计数器的基础程序为例进行介绍。图4左侧展示的是采用寄存器传输级设计语言编写的底层程序，计数器的实现大约耗费了15行代码。若采用高层次综合方法，通过特定工具将高级语言自动转

```
module dut(rst, clk q);
  input rst;
  input clk;
  output q;
  reg [7:0] c;

  always @ (posedge clk)
  begin
    if (rst == 1b'1) begin
      c <= 8'b00000000;
    end
    else bgin
      c <= c + 1;
    end
  assign q = c;
endmodule
```

```
uint8 dut() {
  static uint8 c;
  c+=1;
}
```

```
class dut
extends Module {
  val q = IO(
    Output(UInt(8.W)
  val c = RegInti(0.U(8.W))
  c := c + 1.U
}
```

寄存器传输级设计　　　　8位计数器

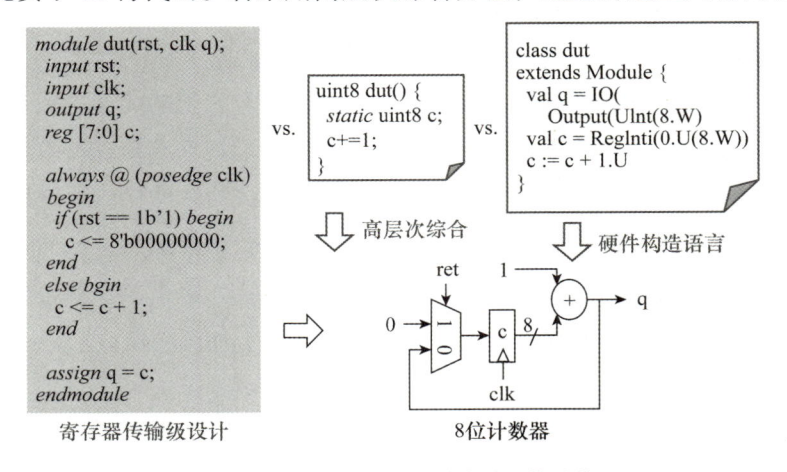

图4　采用三种不同设计方法实现8位计数器

换为硬件语言，如图4中间所示，仅需3行代码，相较于寄存器传输级设计语言编写的底层程序，其简洁性显而易见。图4最右侧的程序采用硬件构造语言编写，其程序规模约为7~8行，其简洁性介于前述两种方法之间。因此，这三种方法的主要差异体现在抽象层次和代码量上，虽然它们能实现相似的功能，但是对于具体的硬件实现有着不同详细程度的约束与限制，进而导致最终生成的硬件性能存在差异。

三、各显其能：芯片设计方法的前沿成果

近年来，主要的芯片设计方法都涌现出众多先进技术和研究成果：以硬件构造语言为例，北京大学梁云教授团队开发的Cement这一创新成果的推出标志着突破性的进展，它采用Rust这一软件语言进行芯片设计；而在高层次综合方法中，北京大学梁云教授团队开发的Hesita不仅继承了传统高层次综合的优势，还增添了调试功能。

此外，将大语言模型应用于硬件芯片设计领域成为另一备受关注的科研方向。近期，利用在人工智能领域广泛应用的大型语言模型，来辅助芯片设计的思路受到了关注。该方法依赖于自然语言处理技术，例如高效地将中文翻译成英文，或把文本转换为图像，从而实现文字到图片的转换。相关研究者正在探索是否可以利用现有的自然语言处理技术，通过向模型明确表述芯片设计的需求，从而实现芯片设计的自动化。目前，北京大学的梁云教授正在这一技术路径上进行开创性的研究。

接下来，我们将简要介绍在芯片设计方面国际上最前沿的关注领域及进展。

（一）人工智能芯片设计

在探讨人工智能芯片时，我们注意到其设计往往呈现出高度的规整性。鉴于当前人工智能计算主要依赖于矩阵乘法运算和卷积运算等规律性极强的运算，我们可以为其量身定制一套专用的芯片设计流程。具体而言，程序员仅需明确指出所需执行的计算类型（如矩阵乘法运算、卷积运算，或两者的结合），基于这些信息，自动化工具能够自动执行数据分析，并据此自动生成底层硬件描述语言。这种方法的优势在于，程序员无须深入编写底层代码，仅需撰写高层描述，就能够实现高性能硬件的自动生成。

（二）高层次综合调试工具

在探讨高层次综合领域的最新国际进展时，一个不容忽视的关键挑战在于硬件设计验证与调试的固有复杂性。硬件设计的验证往往依赖于波形观察，缺乏有效的软硬件协同工具。为解决这一问题，Hestia的调试功能实现了硬件调试的软件化。通过该工具，用户能够设置断点、配置窗口，并利用命令行实时监控变量值及事件触发，从而极大地提高了调试的精确性和效率。此外，与传统的硬件传输级仿真相比，该工具在执行层面的仿真速度显著提升，速度可达到前者的数倍至数百倍，显著缩短了开发周期。

（三）硬件仿真研究

硬件仿真面临的主要挑战在于其速度的缓慢。以一个实例来说明，当我们试图仿真一系列硬件时，我们个人电脑的处理器速度通常达到数吉赫（GHz）量级（1 GHz的处

理器每秒运行约 10 亿个周期），而仿真的速率大约仅为每秒数百个周期，可见仿真速率与实际电脑的工作频率存在显著的差距。也就是说，假设我们打算仿真 1 GHz 的芯片，真实芯片运行 1 秒的计算，在仿真环境下可能需要超过 20 天才能完成。以仿真阿里巴巴开源设计的玄铁 C910 为例，仅仿真 1 G 个周期数就需要大约 25 天的时间。

在细致审视仿真流程时，我们发现仿存操作是导致性能瓶颈的关键因素。仿真过程中频繁的仿存操作显著降低了整体效率。针对这一问题，我们聚焦优化方向——减少这些操作，以期提高仿真速度。进一步分析显示，仿真指令约占据了总执行时间的 45%，这促使我们思考如何进一步优化仿真效率。当前仿真器采用逐周期执行的策略，例如，在仿真周期的开始，将信号值存入存储器；而在下一个周期，再从存储器中读取这些数据。这种做法虽然符合逻辑，但在某些情况下却显得效率低下。具体来说，在一个周期内写入的数据，在下一个周期中若未发生变化，却仍被读取，这无疑是一种资源浪费。因此，我们提出了一种创新的思路：通过巧妙地调整仿真的调度，可以有效避免对那些不必要的信号进行读写操作。

（四）基于大语言模型的芯片设计

近年来，大语言模型无疑已成为人们关注的焦点，也已经在软件开发领域发挥作用。那么，大语言模型在软件开发中的实际效果如何呢？在 2021 年之前，没有大语言模型的辅助，研究者们尝试运用人工智能技术进行软件开发，但效果并不理想，正确率大约仅为 30%。然而，随着大语言模型的引入，情况发生了显著变化。目前，程序的正确率大幅提升，甚至在某些测试集上的正确率能够达到 100%。以 Copilot 编程助手为例，这款工具不仅能够协助程序员自动完成代码编写，还能与他们进行互动交流。例如，当程序员需要编写测试用例时，大语言模型能够自动提供相应的程序设计支持。

目前，许多研究者正积极探索大语言模型在硬件芯片设计领域的应用潜力。在国内，以 DeepSeek 开源大模型为基础的芯片设计模型正在融入硬件编程数据进行训练：DeepSeek 的模型原为通用型，通过加入硬件编程数据，其性能得到进一步提升。通过向大语言模型提供错误代码样本及其纠错方法后，北京大学梁云教授团队成功训练出了纠错模型，该模型可以帮助程序员识别并纠正编程错误。在实际应用中，程序员可输入自然语言描述，大模型将自动尝试将其转化为硬件设计。生成硬件设计后，验证其正确性是至关重要的一步。验证流程分为两个阶段：首先检查设计的语法正确性，确认无误后，再进一步评估其功能的正确性。若发现语法错误，如遗漏分号或变量名错误，纠错模型将被自动启用，向程序员指出错误所在。程序员在模型提示的基础上进行迭代纠错，直至设计既通过语法测试又通过功能性测试，最终确保生成正确的芯片设计。

四、结语

工具的演进是推动行业发展的根本动力，在集成电路及芯片设计领域这一点尤为明显。为了在更微小的制程节点、更高的集成度以及更紧凑的封装尺寸中实现卓越的性能，我们

必须借助功能更加强大、对设计人员更为友好的辅助工具，以助力我们披荆斩棘，获取至臻的成果。集成电路芯片设计领域是一门前沿的综合性科学，它要求来自不同学科背景的年轻学者们携手合作，致力于辛勤的研究工作，为解决国家乃至全人类未来发展的关键性挑战贡献新的智慧与力量。

思考

1. 目前大规模数字芯片的晶体管规模有多大？
2. 如何评价一个芯片设计的好与坏？
3. 三种主流的芯片设计方法的优劣势分别是什么？

不止存储：
从结绳记事到存算一体的存储革命

主讲人：蔡一茂

主讲人简介

蔡一茂，北京大学博雅特聘教授、集成电路学院院长、集成电路高精尖创新中心执行主任，国家杰出青年科学基金项目和国务院政府特殊津贴获得者；长期从事先进半导体器件与集成、存储器及智能芯片技术等关键技术研究；主持包括国家重点研发计划以及国家自然科学基金重点在内的多项国家级项目，在本领域顶级会议和知名期刊发表论文100余篇，获得50多项中国专利授权、30多项美国专利授权；担任中国半导体行业协会专家委员会委员兼秘书长，工业和信息化部、商务部等部委的专业领域咨询专家、北京市人工智能战略咨询专家委员会委员、中关村标准化协会集成电路技术委员会主任委员、北京超弦存储器研究院副理事长以及《电子学报》、*Integrated Circuits and Systems*、*Chip* 等期刊编委等。

协作撰稿人

蔡知行，北京大学信息技术学院2022级本科生。

若要以两个术语精炼概括信息时代数据处理的核心操作，"计算"与"存储"无疑是最为贴切的。在信息爆炸的今天，从千字节（KB）量级的文本文件到太字节（TB）量级的高清视频，从个人照片到国家数据库，海量信息如何被有序地记录、保存并随时调用？尽管全球焦点逐渐转向计算能力迅猛提升的芯片处理器，但是存储技术始终为信息时代的进步提供着不可或缺的基础支撑。事实上，存储技术的每一次飞跃都在重塑我们与信息交互的方式，而在全球半导体市场中，存储器也始终占据着显著地位。下面让我们一同探索这些"数字保险箱"如何成为人类文明的忠实记录者，以及新型存储技术如何重塑我们的世界。

一、存储：人类文明发展的忠实记录者

（一）历史上的"存储"

人类对存储能力的需求由来已久，随着文明传承的演进，这一需求愈发凸显。

在石器时代，结绳记事成为传承生存经验和对世界朴素认识的原始方式。文字的诞生则标志着存储需求的第一次飞跃，人们利用竹简和皮革作为信息载体，以笔墨记录东西方先贤的智慧成果。随后，造纸术的精进和印刷技术的进步，使人类获得了前所未有的记述、存储与传播信息的能力，知识得以广泛传播，文明迈入新阶段。进入信息化社会，计算机的出现则将多样化的存储形式统一为二进制编码，实现了以高密度、高效率的方式进行稳定存储。

显然，存储技术的发展在各个时代都推动着信息的传播，为组织规模化、秩序化的社会提供可能；正是有了存储技术的赋能，人类的智慧才得以穿过不同的时代，顺利传承与发扬，每个社会的发展才得以站在前人的肩膀上，而非一次次从零开始。

（二）现代存储器的前世今生

1. 磁性存储器：现代存储器的先驱

现代存储器的发展可以追溯至 20 世纪初期。早期的存储介质主要依赖机械设备和磁性材料，随着电子计算机的问世，存储需求迅速增长。在这一时期，一系列基于磁性材料的存储方案逐渐成为主流，担负起计算机存储功能的重任。

进入 20 世纪 40 年代，磁鼓存储器采用了领先的磁性存储技术。这种存储器由涂覆磁性材料的圆柱形金属鼓构成，数据通过电磁技术读写。尽管磁鼓存储器在存取速度上表现出色，但受限于容量与稳定性，且因机械部件复杂、维护成本较高，逐渐退出了主流应用舞台。

到了 20 世纪 50 年代，磁带和磁盘开始崭露头角，逐渐成为主要的外部存储介质。IBM 公司推出的首款商用磁带机确立了磁带在早期计算机存储中的地位。磁带虽容量优势显著，但数据读取速度较慢，更适用于大规模数据备份而非快速数据访问。与此同时，磁盘存储技术在 1956 年迎来突破，IBM 公司推出的首台商用硬盘——IBM 305 RAMAC，彰显了硬盘在读写速度上的优势，使其成为计算机主要存储设备之一。

在继承传统磁性存储技术的基础上，硬盘技术的持续进步推动了磁存储领域技术与性

能的革新。

20世纪70年代末期，硬盘技术突破了发展瓶颈，IBM公司推出了世界上首款转速达到3600 r/min的硬盘，存储容量和性能显著提升。至90年代，硬盘容量实现了从数十兆字节到千兆字节级别的飞跃。

2. 半导体存储器：电子时代的后起之秀

早期磁性存储技术在存储密度和存取速度方面存在瓶颈。20世纪下半叶，随着集成电路和半导体技术的突破性发展，催生了存储器领域的革命——半导体存储器闪亮登场，它不仅体积更小、存取速度更快，而且性能更可靠。

20世纪60年代，只读存储器（Read-Only Memory，ROM）诞生。这种仅支持读取操作的介质，使程序与数据的永久存储成为可能。ROM的普及为计算机启动程序和基本输入输出系统（Basic Input Output System，BIOS）提供了稳定可靠的存储方案。

与此同时，随机存取存储器（Random Access Memory，RAM）的出现则赋予了计算机在运行过程中实时进行高效存储和访问临时数据的能力。其核心包含两种技术：动态随机存取存储器（Dynamic Random Access Memory，DRAM）与静态随机存取存储器（Static Random Access Memory，SRAM）。其中，DRAM的每个存储单元结构简单（仅包含1个晶体管和1个电容），成本低廉，逐渐成为主流内存。但它的缺点在于，电容的电荷易流失，所以数据需频繁刷新，总体速度较慢；相比之下，SRAM无须刷新，速度更快，但每个存储单元需要更多晶体管，因而成本高昂，多用于对性能需求高的场景。

为了弥合主存储器与处理器之间的速度差异，高速缓存（Cache）应运而生。这一技术基于程序访问的局部性原理，在处理器旁设置一个速度极快的小容量临时存储区。随着计算机架构的迭代，多级缓存设计逐渐成熟，成为现代计算机系统中的核心组件。

知识窗口：局部性原理

局部性原理是计算机科学中的基本理论，它揭示了程序执行时访问数据和指令的规律模式。这一原理主要包含两个方面：

（1）时间局部性：如果某个数据被访问，那么它近期很可能再次被访问。例如，循环中的变量会在短时间内反复被使用。

（2）空间局部性：如果某个数据被访问，那么邻近数据通常也会被访问。例如，程序通常按顺序执行指令，数组元素也常被连续处理。

局部性原理是高速缓存、虚拟内存等技术的理论基础。缓存系统通过预存可能被频繁访问的数据，将其从主存提前加载至高速存储介质，从而显著提升系统性能。现代编译器和处理器还通过指令优化、循环展开等技术强化程序局部性，进一步提升执行效率。

3. 新型存储技术：跨越物理极限的探索

1971年，华裔物理学家蔡绍棠提出了"忆阻器"（Memristor）的概念，这一创见拉开了存储技术新时代的序幕。

在蔡绍棠开创性的论文 Memristor——The Missing Circuit Element（《忆阻器——下落不明的电路元件》）中，他通过数学推导，论证了电路中应存在一种能够记录电流历史的元件。忆阻器揭示了电压与电流间特殊的依赖关系，这种关系与电荷累积紧密相关。简言之，忆阻器是一种电阻值随电流历史而变化的元件。其核心特性在于，电阻会根据电流大小和方向改变，并且这种变化能够被记忆，直至下一次改变发生。

蔡绍棠在其论文中指出，尽管电路中已经存在电阻器（Resistor）、电容器（Capacitor）和电感器（Inductor）三种基本元件，但还缺少一种能够根据电流历史调整电阻的元件。其中，电阻器实现电流和电压的转换，电容器实现电压与电荷的转换，电感器实现电流与通量的转换。基于电路理论的基本定律和数学公式，蔡绍棠推导出存在这样一种元件，它能够通过电荷积累记忆历史，并影响电流流动。他的这一理论为忆阻器的发现奠定了理论基础。尽管受限于当时的实验技术和认识水平，这一理论并未被及时地关注和验证，但随着时间的推移，科学界逐渐认识到忆阻器在存储和计算领域的巨大潜力。

如今，基于"忆阻"与"阻变"机制的新型存储器件已经成为存储器未来发展的潜力股。其中，磁性随机存取存储器（Magnetoresistive Random Access Memory，MRAM）、阻变式存储器（Resistive Random Access Memory，RRAM）和相变存储器（Phase Change Memory，PCM）最具代表性。

（1）MRAM

MRAM的核心工作原理是磁阻效应，它利用磁性材料的磁化方向变化存储数据。典型的MRAM存储单元由两个磁性层夹着绝缘层构成，其中一个磁性层的磁化方向固定，而另一个可通过外部控制改变。数据的存储通过操控可变磁性层的磁化方向实现。这种效应与忆阻器的效应相似，即MRAM的存储特性具有历史依赖性——一旦磁化方向改变，它将保持该状态直至下一次操作。

（2）RRAM

RRAM的工作原理基于电阻的可调节性，通常采用氧化物等薄膜材料作为电介质。在施加电压的作用下，材料内部的氧空位或其他缺陷引发电导率的可逆变化，从而实现数据存储。数据表示依赖于材料的电阻状态（高阻态或低阻态）。

RRAM的操作机制与忆阻器的定义高度一致，因为它通过直接改变电阻状态来存储信息，且电阻值会根据电流历史累积而变化。

（3）PCM

PCM的工作机制涉及利用电流脉冲操控材料（如锗-锑-碲合金）的相态转换，以实现信息存储。该材料在无定形态与结晶态间转换时，其电阻率会发生显著变化。这种相态的切换是通过精确控制电流脉冲来实现的，且一旦相态被改变，材料将稳定保持该状态，直至下一次脉冲作用。尽管 PCM 的运作原理与电阻变化紧密相关，但其核心优势在于相变材料的独特物理特性，而非单一的电阻记忆效应。

二、何以为好：传统存储器性能指标

我们将从存储容量（存储密度）、稳定性、存储速度和存储成本四个主要维度入手，介绍衡量存储器性能高低的关键指标。

（一）容纳之力：空间的极致利用

与消费者关注汽车、住房的空间利用率类似，存储器的容量密度同样是关键指标。大容量存储始终是技术发展的核心方向。

存储器的容量与密度实际上互为表里，即"存储密度"这一概念就是单位面积/芯片可存储的比特数。当面积一定时，其容量取决于存储密度。

那么，存储密度又是由什么指标决定的呢？首先，大规模的存储阵列总是由一个个最基础的存储单元堆叠形成的，而每个存储单元存储 1 bit 二进制数，因此每个存储单元的面积直接决定存储密度的上限。其次，存储芯片中的外围控制电路（如读写模块、译码器等）等模块的集成度也影响最终密度。当前，NAND 型闪存凭借 TB 级的单芯片容量，在存储密度指标上保持行业领先，在商业应用中占据主导地位。

> **知识窗口：NAND 型闪存**
>
> 闪存（Flash Memory）是现代数字设备中最常见的存储技术，因其擦除过程类似"闪电"般迅速而得名。它的特点是断电后数据不丢失，无机械部件所以抗震性强。闪存就像一个能记住电子的"陷阱"，通过浮栅晶体管捕获电子记录信息，这种状态变化可保持数 10 年而不需要持续供电。闪存主要分为 NAND 型和 NOR 型，日常提及的"闪存"通常指 NAND 型。
>
> NAND 型闪存是当今最广泛使用的非易失性存储技术之一，广泛应用于固态硬盘、U 盘和 SD 卡等存储设备。尽管 NAND 型闪存读取速度快且耐用，但其写入速度相对较慢，且存在写入次数限制，需要专门的磨损平衡算法确保长期可靠性。

（二）守护之坚：数据稳定的防线

出于人们对信息安全的需求，存储的稳定性非常重要。它可以从两个维度来理解：保持能力（Retention）和耐久能力（Endurance）。

保持能力衡量存储单元中的信息随时间流逝仍能维持正确值的时长。存储器的保持时间会受外界温度影响，为了适应各类工作环境，业界要求芯片在 105 ℃乃至更高温度下仍能保持数据长时间稳定。

耐久能力是指存储器能够承受的最大"编程 – 擦写"循环的次数，这一参数直接决定

了存储器的使用寿命。

（三）响应之速：读写效率的竞技

还记得存储的核心功能吗？它需要确保我们能够随时迅速准确地访问所需信息。因此，存储器的写入与读取效率也是其性能的关键指标。存储容量如同水库总库容，读写速度则决定了泄洪与蓄水的效率。

在传统的存算分离架构中，信息处理和数据计算要经历一个完整的流程：首先，从存储器中读取源信息；其次，将其传输至处理器单元进行计算；最后，把运算结果回传至存储器保存。在这一过程中，数据要经历往返传输，这就会导致延迟。显然，存储器的读写速度在很大程度上决定这一延迟的大小，进而影响整个计算系统的数据处理效率。

> **知识窗口：存算分离与存内计算**
>
> 存算分离是传统计算架构的核心特征——计算单元（CPU）与存储单元（内存、硬盘）物理分离，数据必须在二者间频繁传输，导致"存储墙"问题：处理器速度远快于存储器访问速度，大量时间浪费在处理器等待数据的过程中。
>
> 存内计算是一种革命性架构，将运算单元嵌入存储阵列，数据无须移动即可完成计算。这种技术特别适合人工智能模型训练、实时处理大数据等数据密集型的应用场景，是突破传统架构性能瓶颈的重要途径。

（四）资源之耗：成本效益的天平

在技术发展史中，人们始终追求以最低成本实现最优性能，存储器领域亦不例外。存储器的成本可以从读写能耗与造价成本两个维度进行解析。存储器以电信号存储二进制数据，而电荷的转移必然会消耗能量。现代存储器具有高集成度，因此即使每个存储单元能耗只有极其微小的差异，在整个芯片层面，也会被放大为显著的能耗负担。因此，低功耗设计的理念非常重要。

与此同时，在当前的集成电路生产工艺下，不同的存储器结构对应着不同的制造成本。从产业视角出发，为了实现让某款存储器得到大规模的应用，需将生产成本严格控制在市场可接受区间，才能满足消费电子产品的定价需求。

三、人工智能时代：对于存储的全新要求

人工智能时代的爆炸性数据增长对存储技术提出了前所未有的要求。近年来，人工智能大模型需要处理的信息量激增千倍。指数级增长的信息处理能力意味着在单位时间内需要吞吐更大规模的信息，这直接转化为对存储空间、读写速度、成本控制及稳定性的更高需求。图1展示了2013—2023年基于transformer架构的大模型的算力需求飞速增长，其中虚线指示的是人工智能基于transformer架构的大模型对于算力的需求增长，下方的三条

实线指示的则是主流硬件结构的计算能力的增长,可见,软硬件之间、算力需求和硬件供给之间,存在着日益增大的差距。

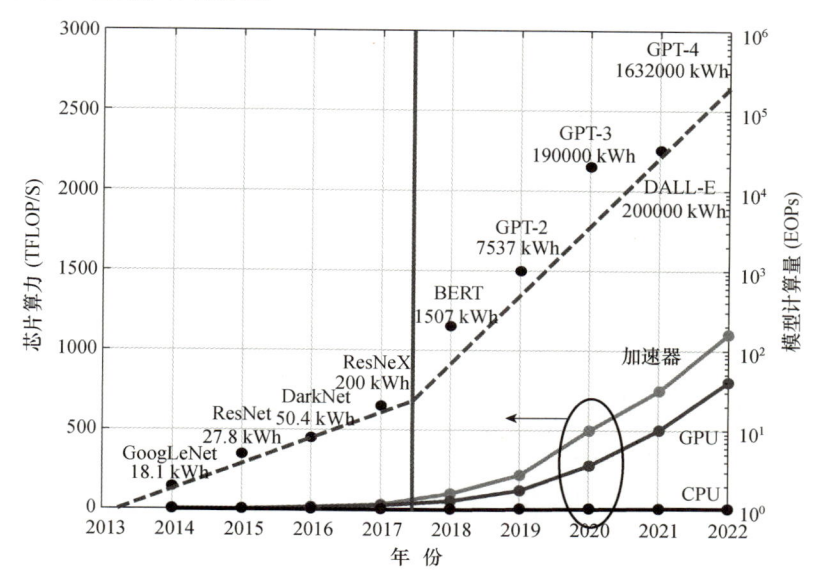

图 1 基于 Transformer 架构的大模型的算力需求飞速增长

注：图中 GPU 为 Graphics Processing Unit 的简称,即图形处理器。

（一）瓶颈之痛：冯·诺依曼架构的局限

传统的冯·诺依曼架构采用存算分离式的分层存储设计,主要由内核存储器、主存储器、外部存储器构成。

内核存储器是位于 CPU 内部的嵌入式存储结构,专门存放计算中的临时数据。为了获得最快的速度,它的造价和功耗极大,因此只有 MB 级容量。

主存储器通常采用 DRAM 技术,其速度稍慢（大约是内核存储器速度的 1/4）,但容量却大得多（GB 级）,以中等成本与功耗承担程序运行数据的存储任务。

外部存储器历经了硬盘驱动器（Hard Disk Drive, HDD）到 NAND 型闪存和 SSD 的技术迭代,虽然速度慢（内存的数百分之一）,但容量巨大,可达内存的百万倍之多（TB 级）,凭借最低成本与功耗成为长期数据的存储主力。

这种分层存储设计源于存储技术的根本矛盾——研究者的终极目标是在更小的面积上实现更大的存储容量,同时要有更快的读取速度和更低的存储成本（能耗成本、制造成本）。然而,在现实中这些指标往往相互掣肘,例如,提升存储密度可能牺牲读写速度,降低功耗往往需增加制造成本。因此,在尚未找到完美满足所有指标的存储方案之前,分层存储就是平衡不同场景需求的必然选择。

在存算分离式的传统存储架构中,信息的计算模块和存储模块在物理空间上是分开的,这导致数据需在处理器与存储器间频繁搬运,不可避免地产生三个后果：

第一,数据搬运为系统带来巨大的功耗负担。

第二，传输延迟导致处理器空转，造成性能浪费。

第三，专用接口增加了额外的硬件成本。

而随着人工智能时代的到来，GPU 性能屡屡突破，但访存带宽已成为制约大语言模型等人工智能应用的瓶颈，而非芯片自身的计算能力。

> **知识窗口：访存带宽**
>
> 访存带宽（Memory-Processor Bandwidth）是指存储器与处理器之间数据传输的最大速率，通常以 GB/s（每秒吉字节）为单位。在冯·诺依曼架构中，处理器需不断从内存获取指令和数据，这一数据通路的带宽限制直接影响系统性能。当代高端 GPU 的算力已达数百 TFLOPS（每秒万亿次浮点运算），但内存带宽仅为 1000～2000 GB/s，形成明显瓶颈。因大语言模型需要频繁访问 TB 级参数，解决访存带宽问题已成为提升人工智能系统性能的关键。

（二）融合之道：阻变存储与存算一体

1. RRAM 基本工作原理

一些薄膜材料可以通过电激励作用实现高阻态和低阻态之间的转变，RRAM（其结构图如图 2 所示）正是基于这一原理实现数据存储。具体地说，新制备的存储器件呈现高阻态（初始态），如果向它施加足够大的正向编程电压，就能够使其转变为低阻态（逻辑"1"）；此后，若施加足够大的负向重置电压，就可以将其恢复至高阻态（逻辑"0"）。如此，只要通过编程和重置的循环操作，就可以按需向存储器写入和擦除二进制的"1"和"0"。

相比较传统存储器以及其余几个新型存储器"候选人"，RRAM 有以下优势：

（1）从集成电路生产工艺来看，RRAM 沿用与常规互补金属氧化物半导体（CMOS）工艺兼容的材料，无须引入污染性物质或专用设备，可直接集成于芯片后段金属互连层。这不仅可缩短研发和成果转化周期，还可以大幅降低研发与量产成本。

> **知识窗口：集成电路生产工艺**
>
> 集成电路生产工艺是将电路设计转化为实体芯片的制造流程，主要包括光刻、掺杂、氧化、刻蚀等工序。现代芯片制造采用前段（FEOL）和后段（BEOL）工艺划分：前段工艺制造晶体管等有源器件，工艺严苛，温度高达 1000℃ 以上；后段工艺则构建金属互连和被动元件，温度较低（<450℃）。

> **知识窗口：CMOS 工艺**
>
> CMOS 是当今主流的逻辑电路工艺，RRAM 等新型存储技术与 CMOS 工艺的兼容性至关重要。工艺兼容性表现为：材料体系无污染风险、制造温度适配、可利用现有设备、可集成于标准工艺流程中。RRAM 的优势在于可以集成在 CMOS 后段金属互连层中，不干扰前段晶体管特性，且大部分材料（如 HfO_2、TiO_2）已在现有半导体工艺中使用，技术迁移成本极低。

（2）从能量功耗的角度来看，RRAM 的操作功耗较传统存储器降低 1～2 个数量级（μA 量级），适应嵌入式应用中低功耗的需求，成本优势明显。

（3）从编写和读取速度的角度来看，一些材料的电阻转变速度可与 SRAM 相当，这使 RRAM 具有作为工作内存的潜力。

（4）从存储集成度和存储容量潜力的角度来看，RRAM 制造与逻辑工艺兼容，支持三维堆叠技术，理论存储密度很大。

TEM BF (94 kx)

图 2　透射电子显微镜下的 RRAM 结构

注：TEM BF（94 kx）表示明场成像模式，放大 94000 倍。

RRAM 具有这么多的优点，那么它是否就是完美的存储解决方案了呢？

事实上，当今存储器市场的"中流砥柱"仍是传统存储器，以 RRAM 为代表的新型存储器尚未实现大规模商用。这是因为 RRAM 也存在局限性：

（1）从器件工作机理的角度来看，在物理学领域，阻变器件工作的物理机制还存在争论，有待进一步研究。

（2）从存储器存储信息的可靠性角度来看，RRAM 的数据保持时间与商用 NAND 型闪存相当，但耐久性仅 $10^4 \sim 10^6$ 次擦写循环，远低于传统存储器的 $10^5 \sim 10^{12}$ 次。

（3）在存储单元的集成度方面，RRAM 二维集成工艺的芯片良率仍然较低，RRAM

三维集成技术的路线方案也尚不明确。

如何有效解决这些挑战成为决定 RRAM 未来发展的关键。尽管 RRAM 目前仍面临一系列技术难题，但凭借其"嵌入式"和"非易失性"等核心特性，以及二维无源阵列结构与矩阵乘法运算的高度匹配，RRAM 在通过存内计算解决人工智能时代大模型访存瓶颈的研究方向上依然展现出巨大潜力。

2. 存算一体的未来存储思路

"存算一体"这一概念的核心在于颠覆传统冯·诺依曼架构中计算与存储分离的模式，通过引入创新的存储技术，实现在单一物理单元上同步执行存储与计算任务。这种技术路径可以规避传统架构中因存储带宽限制导致的性能瓶颈和额外成本。

接下来，以利用 RRAM 阵列实现矩阵向量乘法为例，简要介绍存算一体的基本实现逻辑。在目前最主流的 Transformer 架构中，矩阵向量乘法是最核心、执行最频繁且计算开销最大的计算范式。因此，在存算阵列中高效实现矩阵向量乘法已成为存算一体领域的基石性理论之一。

图 3（a）展示了矩阵和向量进行乘法运算的基本示意图，最左边一列为输入向量，中间的方阵代表权重矩阵。图 3（b）则进一步说明了如何通过 RRAM 存算一体结构来加速这类运算。在阻变存储器十字交叉阵列中，每个行列交叉点上集成了一个 RRAM 存储单元，用于存储一个"1"或"0"的二进制信息，从而直接在阵列中保存神经网络的权重。计算过程中，左侧输入电压作为向量输入，与阵列中对应位置的电导值进行乘积运算。依据基尔霍夫电流定律，各列的计算结果以电流形式从底部读取，从而实现一次完整的矩阵向量乘法。可见，在这种存算一体结构中，存储与计算操作在同一硬件单元中进行，无须计算信息的搬运过程，实现了真正的"存算一体"理念。

(a) 矩阵向量乘法计算示意图

(b) 矩阵向量乘法利用RRAM存算一体结构加速的具体映射方案

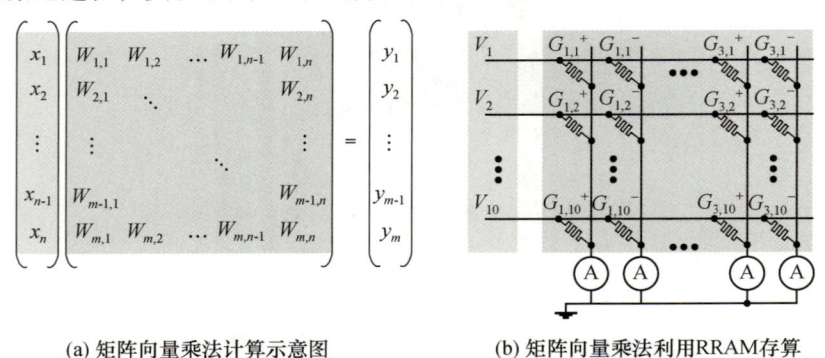

图 3　RRAM 存储网络

图片来源：喻志臻. 基于 RRAM 的高能效存内计算关键技术研究［D］. 北京：北京大学，2023.

> **知识窗口：基尔霍夫电流定律**
>
> 基尔霍夫电流定律（Kirchhoff's Current Law）就像"电路交叉路口的交通规则"，是电路分析领域的核心原理之一，它精确地阐述了电流在电路节点处的守恒特性——在电路的任一节点（或连接点），流入节点的电流之和与流出节点的电流之和相等。换言之，电流在节点处既不会凭空消失也不会无端产生，而是从一个导体转移到另一个导体。因此，节点处的电流总和恒定为零。这条定律反映了电荷守恒的自然法则，是电路设计和分析的基础。

四、加速之技：存储驱动的智能革命

在迈入人工智能时代、信息爆炸的今天，存储器已被赋予远超"忠实记录者"的更多功能与使命。在存内计算等新范式新思路的引领下，存储功能已与人工智能生成式大模型、线性代数中的矩阵向量乘法以及传统计算机的核心计算单元深度耦合，发挥着不可替代的作用。在新的发展阶段，以存储器为基础的硬件加速理论已成为推动人工智能与信息产业持续创新的必要条件与关键动力。

前文中已经提到，人工智能时代的信息量呈几何级爆炸式增长，信息总量的飙升必然转化为对存储器存储容量的更高要求。在海量信息的压力下，对硬件性能的需求也相应地需要几何式提升。在集成电路产业发展的前五六十年，业界主要通过芯片特征尺寸的持续缩减这一直接有效的方法实现硬件性能的稳步提高，从而使得器件层面的功能水平始终能够与数据需求的日益增长保持同步。然而时至今日，传统缩尺思路下的摩尔定律已接近其物理极限，由于量子效应和器件发热等根本性挑战，单纯依靠缩减特征尺寸的发展路径已经变得难以为继，利用硬件加速技术已成为不可回避的战略选择。

在众多硬件加速方案中，存内计算方法是有效解决访存带宽瓶颈的最直接手段。在传统芯片体系中，由于存算分离的基本架构，数据的访存带宽严重制约了芯片的整体性能，使得处理器性能提升所带来的优势难以充分发挥。同时，随着需要搬运的数据量呈爆炸式增长，数据搬运所消耗的能量在整体计算开销中所占比例日益攀升，数据访存已成为系统效能的主要瓶颈。由此可见，基于新型存储器的存算一体等硬件加速技术在未来极有可能成为解决硬件性能整体协同均衡发展的关键突破口。

五、存储未来：从记录者到创造者

在本文中，我们聚焦"存储"这一核心主题，首先简要回顾了人类文明不断推进过程中存储形式与能力的演进历程，存储技术始终扮演着"忠实记录者"的关键角色。步入信息时代的今天，现代存储器实现了从无到有、从小规模到大规模、从磁性存储器到半导体

存储器、从存算分离到存内计算等一系列质的飞跃，我们介绍了主流传统存储结构与几种备受瞩目的新型存储器的基本原理与工作机制。

存储器的发展过程始终追求更优的性能、更广泛的应用场景和更低的能耗与成本，这与信息时代所有技术工具的发展趋势相一致。为了更好地理解"什么是优秀的存储器"，我们从存储容量、存储稳定性、存储读写时间、存储代价等关键维度展开阐释，详细解读了衡量存储器性能与功能的核心指标。

迈入人工智能时代，新型应用需求为存储器发展带来了前所未有的期待与挑战。在传统集成电路硬件发展路径之外，新型存储器技术的蓬勃发展开辟了一系列存储器领域科学研究的创新思路与发展路径。当传统的存算分离存储架构在信息爆炸式增长的新时代面临困难与挑战时，以 RRAM 为核心的从硬件到软件的存算一体硬件加速理论为信息时代的未来发展注入了新的强心剂和助推器。

迄今为止，我国存储器行业在产业界和学术界均取得了显著的成就与突破。长江存储在 2025 年年初成功量产了 294 层堆叠集成的 NAND 型闪存，进一步巩固了其在全球闪存固态硬盘市场的领先地位。与此同时，长鑫存储亦实现了 16 nm 制程 DRAM 存储芯片的量产，打破了美光、三星、海力士等美韩企业的技术垄断，其存储器市场份额已超过 10%。

北京大学集成电路学院先进存储与智能计算实验室致力于新型存储器技术、存内计算技术以及类脑芯片技术的前沿研究。经过 10 余年的不懈探索，实验室已构建起一个从材料、器件、阵列到电路、芯片、算法的完整教学科研体系。秉承老一辈北大微电子人的科学精神，实验室坚定不移地致力于为我国集成电路产业，尤其是存储器领域的人才培养、技术创新、产业发展以及科技强国战略贡献北大力量。

思考

1. 为什么说随着文明的进步，人类对存储的需求越发强烈？
2. 查一查有哪些新型的存储器类型值得关注？
3. 从存算分离到存算一体，为什么存储和计算功能的融合可以带来更好的性能？

碳基集成电路：
下一个科技革命的曙光与挑战

主讲人：张志勇

主讲人简介

张志勇，北京大学电子学院教授、博士生导师，纳米器件物理与化学教育部重点实验室主任。获国家自然科学奖二等奖、中国青年科技奖。曾入选国家"万人计划"科技创新领军人才、国家"万人计划"青年拔尖人才、国家杰出青年科学基金项目和优秀青年科学基金。主要从事碳基纳米电子学方面的研究，探索基于碳纳米管的互补金属氧化物半导体（CMOS）集成电路、传感器和其他新型信息器件技术，并推进碳基信息器件技术的实用化发展。在 Science，Nature Electronics 等学术期刊上发表SCI论文250余篇。

协作撰稿人

蔡知行，北京大学信息技术学院2022级本科生。

北大名师开讲：信息科技如何改变世界

自 1947 年第一个晶体管发明以来，硅基半导体芯片一直遵循摩尔定律，通过不断缩小特征尺寸、提高性能和集成度，推动着电子技术的进步。然而，这一技术如今已逐渐接近物理极限。当硅基半导体芯片无法继续微缩时，我们的电子设备如何才能变得更智能、更高效呢？答案或许就在另一种元素"碳"中。作为硅的"近亲"，碳具备令人惊叹的特性。它不仅有望解决当前半导体产业面临的瓶颈，而且可能在特种芯片、柔性电子、可穿戴设备等领域展现巨大的应用潜力。碳基材料的突破性进展，正为信息技术的发展注入全新的动力。

一、碳基电子技术的发展背景与历史机遇

（一）硅基半导体技术发展瓶颈

硅基半导体技术的发展可追溯到 20 世纪初。1919 年，德国物理学家赫尔曼·斯托尔发现了硅的半导体性质。此后，科学家们开始研究如何利用半导体材料来控制电流的流动。1926 年，美国物理学家朱利安·利尔德设计出了第一个半导体放大器，这标志着半导体技术的起步。在 20 世纪 20—30 年代，人们对半导体的理解还很有限，制造工艺也非常复杂。

直到 1947 年，美国贝尔实验室的威廉·肖克利、约翰·巴丁和沃尔特·布拉顿共同发明了一种点接触型的锗晶体管。晶体管的发明使得人们能够控制电流的流动，从而实现了半导体器件的制造。

20 世纪 50 年代，半导体技术取得了重大突破。1959 年，美国贝尔实验室的研究人员又发明了金属氧化物半导体场效应晶体管（Metal-Oxide-Semiconductor Field-Effect Transistor, MOSFET）。这一发明奠定了现代集成电路的基础架构，被认为是现代电子技术的重要里程碑。

晶体管使得电子设备的体积大大缩小，功耗也大幅降低，从而推动了电子技术的快速发展。

> **知识窗口：MOSFET**
>
> 晶体管是指可以放大电信号的元器件，MOSFET 就像一个水龙头，栅极是其控制开关：当打开时，电流就可以从源极流到漏极；当关闭时，通道里就没有电流，如图 1 所示。MOSFET 根据通道类型的不同，分为 N 型和 P 型两种：N 型 MOSFET 的载流子是带负电的电子，也称为 NMOS；而 P 型 MOSFET 的载流子是带正电荷的空穴，也称为 PMOS。MOSFET 是各种电子设备的核心，例如，我们手机里的处理器就是由数十亿个 MOSFET 组成的。MOSFET 的发明为人类开启了信息时代的大门。
>
> 图 1　MOSFET 的工作原理类比示意图

20世纪60年代，集成电路的概念应运而生。集成电路通过将多个晶体管和其他电子元件集成到一块芯片上，极大地提高了集成度并缩小了芯片的体积。1965年，英特尔创始人戈登·摩尔提出了著名的摩尔定律，预测集成电路上可容纳的晶体管数量每隔18～24个月便会翻一番。这一定律在过去几十年里得到了验证，推动了半导体技术的飞速发展。紧接着，1971年，世界上第一块微处理器——英特尔4004诞生。至此，个人计算机开始迅速普及，并反过来进一步促进了半导体技术的不断升级。

目前，全球领先的技术节点已达3 nm，这些技术不仅极为成熟且高度复杂，可以说是人类历史上最为精密和复杂的工程体系之一。然后，随着晶体管尺寸接近原子级别，量子效应和热耗散等物理极限使得继续遵循摩尔定律变得极为困难。寻找突破传统硅基集成电路物理限制的新途径，将成为产业持续发展的关键突破口。

（二）半导体产业进入后摩尔时代

从2000年起，硅基晶体管的微缩难度不断增大，人们虽然引入了各种复杂的技术解决方案以迎接这一挑战，但硅基晶体管的微缩速度却在持续降低，微缩收益也在逐渐收窄，硅基集成电路更是遇到了工艺和架构上的瓶颈。随着先进技术节点的艰难推进，硅基晶体管和集成电路也逐渐接近其物理极限和工程极限，全球半导体产业步入后摩尔时代。

> **知识窗口：后摩尔时代**
>
> 后摩尔时代标志着半导体技术发展进入了一个全新阶段，就像一辆曾经疾驰的跑车遇到了三重减速带：
>
> （1）物理障碍：当晶体管尺寸突破7 nm大关后，电子开始"穿墙而过"，量子隧穿效应让传统器件设计难以为继；
>
> （2）经济障碍：制造更先进芯片的成本呈爆炸式增长，但性能提升却放缓；
>
> （3）架构障碍：传统冯·诺依曼架构中，处理器与存储器之间的数据传输瓶颈日益凸显，这也被称为"存储墙"问题。
>
> 这三重障碍共同构成了后摩尔时代半导体技术发展的新常态，迫使产业寻找创新突破口。

面对这些挑战，科技界不再仅仅追求"更小"，而是开始多方面创新：一边继续优化现有技术，一边探索全新的材料和设计思路，如专用功能芯片、模仿人脑的计算方式、新型存储技术等。这标志着半导体行业从单纯追求微缩转向更多元化的创新道路。从市场竞争角度看，随着集成电路工艺发展到14 nm制程节点，半导体产业继续向更先进的10 nm、7 nm制程节点推进时，制程节点微缩所带来的实际收益已经开始呈现边际递减的趋势。这是因为制造成本会随着制程节点微缩呈现指数级增长，而性能提升却未能同比例提高。但在商业竞争的驱动下，以台积电、三星和英特尔为代表的半导体巨头们仍在不断推进制

程工艺的发展。这种竞争态势主要源于市场竞争格局：谁能够率先掌握更先进的制程工艺，谁就能在高端芯片制造市场中占据优势地位。

当硅基技术逐渐接近物理极限时，探索新型技术路线变得愈发重要。这也促使业界开始思考：是否存在一种突破性的新技术，能够突破现有的物理限制，使集成电路的发展再次赶上摩尔定律的预测？它可能会为集成电路的发展开辟新的道路，让我们能够在后摩尔时代继续推进计算能力的提升。这不仅关乎技术创新，更是整个半导体产业持续发展的关键所在。

（三）我国半导体产业发展需求

对于我国而言，突破长期存在的技术壁垒，探索新材料和新布局，已成为必然要求。在过去几十年间，现代半导体产业体系一直由美国主导，英等西方国家参与。尽管许多美籍华人科学家在此领域做出了重要贡献，但这些发展与我国本土科技的进步并没有直接关联。到20世纪末，这种脱节现象愈加明显。当时，电子专业的相关器件和理论几乎都来自国外，自主科研与世界先进水平之间存在着不可逾越的鸿沟。随后，国内开始重视集成电路产业的发展，并不断引进国外的先进技术。到2010年前后，当美国的研发水平在45 nm到28 nm之间时，我国已能实现90 nm到65 nm工艺。到2018年，我国与国际水平的差距进一步缩小，只落后大约两到三代。但此时，中美关系发生了转折，2016年美国对我国半导体产业实施了全面围剿。由于中兴、华为等受美国制裁的公司的半导体产业体系是基于美国技术建立的，我国许多关键设备也依赖于从西方发达国家的进口，因此，美国的制裁迅速对我国半导体产业造成了严重影响。

面对这一被动局面，我国开始大力推进芯片国产化进程，涵盖设备、工业体系以及EDA工具等多个领域。2017—2024年，我国在硅基芯片领域已能稳定维持约28 nm的水平。然而，美国已掌握了成熟的7 nm技术，并开始研究5 nm技术，相比之下，我国与美国主导的先进工艺之间的差距依然在扩大。在硅基半导体领域，美国及其盟友已形成了完整的产业生态链，而我国依然处于追赶和受制约的局面。

作为该领域的学者，我们需要思考是否可能走出一条不同于美国主导体系的发展道路，寻找到一条适合我国半导体产业可持续发展的独特路径。

二、碳基电子技术的初步探索

在后摩尔时代，虽然半导体产业面临巨大的技术挑战和工程困难，但人类社会对数据计算能力和存储能力的需求却与日俱增。因此，半导体学界和业界在艰难发展硅基技术的同时，也越来越频繁地将精力放到新材料和新器件的探索上，以求从根本上延续和拓展摩尔定律。

在众多新型半导体材料中，碳纳米管由于其独特的准一维结构和优异的电学性质而受到人们的高度重视。

碳纳米管是一种由碳原子组成的微小管状结构，可以将其想象成将一张单层石墨烯（石墨的单原子层）卷成一个圆管。这些圆管直径只有 1～2 nm（头发丝约比其粗 10000 倍），却拥有令人惊叹的特性。根据卷曲方式，碳纳米管可以表现为金属性或半导体性。半导体性碳纳米管的电子移动速度约比硅快 10 倍，这意味着用它可以制造出更快的电子器件。图 2 展示了半导体性碳纳米管的截面图和侧视图。此外，它还具有出色的导热能力（散热效果好）、超强的机械强度（拉伸强度约是钢的 100 倍）和良好的化学稳定性。

国际半导体技术蓝图早在 2009 年就推荐将碳纳米管作为延续摩尔定律的未来集成电路材料选择；美国国防高级研究计划局在 2018 年启动的"电子复兴"计划中，投入高达 15 亿美元的经费，希望从系统架构、电路设计和底层器件三方面探索未来的集成电路技术，其中最大的项目就是支持相关学术团队和芯片制造企业开展碳纳米管集成电路技术的研究和产业化；很多高新技术企业的半导体研发团队近年来也在持续跟进碳纳米管电子技术的研究。学界和业界对碳纳米管这一新型半导体材料的广泛关注，源于其材料的本征优势，因而催生了一系列对材料、器件物理、加工工艺乃至集成技术的深入研究。

(a) 截面图　(b) 侧视图

图 2　半导体性碳纳米管的截面图和侧视图

自 1991 年碳纳米管被发现以来，人们就对这种天然的纳米尺度准一维材料充满了兴趣，并深入系统地研究了其材料特点。

由于只有半导体性的碳纳米管可以用作晶体管的沟道材料，下文中的碳纳米管主要指半导体性碳纳米管。从碳纳米管的基本特性出发，人们归纳了其主要的电子学材料优势：

（1）碳纳米管的准一维结构大幅减小了传输损耗，是理想的低损耗甚至无损耗材料。

（2）碳纳米管理论上可以兼容各种其他介质材料。

（3）常见的碳纳米管直径仅为 1～2 nm，与相同尺寸的其他半导体材料相比，它能够更精准地控制电流，即使元件尺寸进一步缩小，也能保证性能稳定。

（4）碳纳米管的结构对称，电子和空穴（电流的两种载体）能以相同的速度通过，因此尤其适合用来制作集成电路。

碳纳米管电子器件的发展始于 1998 年。当时，荷兰代尔夫特大学和 IBM 的研究团队分别制造出了碳纳米管场效应晶体管。这种早期器件结构简单，只是将一根碳纳米管搭在两个铂或金电极之间，用硅基底作为底栅。虽然选用了化学性质稳定的金属，但由于接触势垒问题，器件性能并不理想，远不如同期的硅基器件。

> **知识窗口：接触势垒**
>
> 接触势垒是金属与半导体接触时形成的一种能量障碍，就像是电子通行的一道"能量坡"，决定了电子能否顺利从一种材料流向另一种材料。如果这道坡很陡（即高势垒），电子就难以通过；如果这道坡很平缓（即低势垒），电子就能轻松通行。在传统硅基晶体管中，通过向硅中添加杂质（即掺杂）来降低这种势垒。而碳纳米管晶体管则采用了更"聪明"的方法——选择合适的金属作为电极。每种金属都有一个特性叫功函数（表示电子从金属表面逸出需要的能量），通过精心选择功函数合适的金属，可以为电子搭建一座"平坦的桥梁"：高功函数的钯适合制造 P 型器件，低功函数的钪适合制造 N 型器件。控制好这种接触势垒，是制造高性能碳纳米管晶体管的关键一步。

碳纳米管电子器件发展真正的突破出现在 2003 年。研究人员发现使用钯金属作为电极能与碳纳米管形成良好的接触，并成功制造出了高性能的 P 型晶体管。这种晶体管在室温下表现优异，各项性能指标都达到了理想水平。

三、碳纳米管 CMOS 器件

（一）碳基无掺杂 CMOS 器件技术

2007 年，北京大学的研究人员发现使用钪可以创造高性能的 N 型器件。这使得研究人员可以在同一根碳纳米管上，通过使用不同的金属电极来制造完整的互补金属氧化物半导体（CMOS）器件，而且无须任何掺杂过程，这就是所谓的"无掺杂"工艺。与传统的硅基技术相比，这种新型工艺具有多方面优势：首先，它避免了器件微型化过程中由于杂质带来的各种问题；其次，碳纳米管独特的结构使得 N 型和 P 型器件性能能够完美匹配；最后，整个制造过程大大简化，不需要复杂的掺杂和刻蚀工序，这不仅降低了成本，还提高了成品率。

这种创新的工艺为碳纳米管在电子器件领域开辟了新的发展方向，展现出了它在未来微电子技术中的巨大潜力。

经过这些原始探索后，以碳纳米管场效应晶体管和 CMOS 技术为核心的碳基电子技术终于开始迅速发展，在材料、器件结构、加工工艺和系统集成方面不断突破，并在数字电路、射频电子、传感探测、三维集成和特种芯片等电子学应用中充分展现了其优势与特色。碳基电子技术已经完成了丰富的早期探索、进行了系统的技术积淀、得到了大量的资助支持，成为后摩尔时代的重要技术方向，已经在逐步走向实用化和产业化。

（二）碳纳米管晶体管的微缩

在微电子技术不断发展的进程中，碳纳米管晶体管的微缩化取得了一系列重要突破。

2016年，美国加利福尼亚大学伯克利分校的研究团队开创性地将二硫化钼和碳纳米管结合，制造出了栅极长度仅 1 nm 的晶体管，这突破了传统硅晶体管的物理限制，为摩尔定律的延续提供了新的可能。

IBM 研究中心的科学家们则另辟蹊径，通过创新设计方案，使用钼金属直接与碳纳米管端部相连，并巧妙地利用多根碳纳米管组成的纳米线来增强电流传输。这种设计将晶体管的接触面积压缩到了 40 nm，达到了与 10 nm 制程的硅基器件相当的性能水平。

更令人瞩目的是北京大学研究团队的成果。他们采用石墨烯作为碳纳米管晶体管的接触电极，成功抑制了微型器件中常见的短沟道效应和隧穿问题，实现了栅极长度仅为 5 nm 的高性能晶体管（如图 3 所示）。这种器件的开关过程只需要大约一个电子参与，开关速度接近理论极限。相比同等尺寸的硅基器件，它在速度和功耗方面具有显著优势。研究团队还成功演示了世界上最小的纳米反相器电路，进一步证明了碳纳米管器件的优越性。

(a) 透射显微镜图　　　　(b) 结构图

图 3　栅极长度为 5 nm 的碳纳米管晶体管

在追求更高性能的同时，降低功耗也是一个重要课题。传统 CMOS 电路的工作电压受到物理限制，难以降到 0.64 V 以下。针对这一问题，北京大学的研究人员提出了一种创新的解决方案：利用特殊掺杂的石墨烯作为电子源，配合碳纳米管沟道，开发出了新型的狄拉克源场效应晶体管。这种器件即使在极小尺寸下也能保持优异的性能，完全满足未来低功耗集成电路的需求。更重要的是，这种设计理念具有普遍适用性，有望应用于各类半导体器件中。

（三）鳍式场效应晶体管

在当今半导体技术发展中，鳍式场效应晶体管扮演着核心角色。这种特殊构造的晶体管之所以成为行业主力，是因为它相比传统平面晶体管具有显著优势。鳍式场效应晶体管可以在很少甚至不需要掺杂的情况下工作，这避免了杂质对电子运动的干扰，使得载流子能够更快速地移动。同时，其独特的鳍状结构增强了栅极对沟道的控制能力，有效解决了微型化过程中的漏电流问题。

碳纳米管凭借其独特的结构和优异的电学性能，成为制造鳍式场效应晶体管的理想材料。韩国科学技术院的研究人员开创性地将碳纳米管应用到鳍状结构中，通过使用较薄的

栅极介质层，成功降低了晶体管的能耗并提升了性能。北京大学的研究团队则更进一步，设计出了三鳍结构的鳍式场效应晶体管（如图4所示），并使用高密度排列的碳纳米管作为导电通道的器件。理论分析显示，这种设计在速度和功耗的综合表现上较传统硅基器件提升50倍之多。最近，中国科学院金属研究所的科学家们取得了重要突破，他们成功制造出了一种创新的鳍式场效应晶体管阵列，其特别之处在于使用了只有一个原子层厚度的二维材料作为沟道，并巧妙地运用碳纳米管作为栅极材料。这种设计不仅让器件获得了优异的性能指标，而且有效解决了短沟道效应的问题。更令人瞩目的是，研究团队将沟道材料的厚度压缩到了0.6 nm这一极限水平，并实现了间距仅50 nm的规则阵列排布，为未来半导体技术的发展提供了全新思路。

这些进展清晰地展示了碳纳米管在推动半导体技术发展中的重要作用，为后摩尔时代的微电子技术开辟了新的发展方向。

图4 三鳍结构的鳍式场效应晶体管

四、碳基集成电路及其应用

（一）碳基集成电路的发展

在碳纳米管电子学领域，研究人员一直致力于开发能够媲美甚至超越传统硅基器件的碳基集成电路。这一领域的发展经历了从基础器件到复杂系统的逐步突破。

2013年，美国斯坦福大学的研究团队制造出了世界上第一台碳纳米管计算机。这台计算机采用传统的冯·诺依曼架构，在一片4 in[①] 的晶圆上集成了数百个碳纳米管晶体管。虽然它的工作频率还比较低，但这标志着碳纳米管电子学向实用化迈出了重要一步。

2014年，这个团队又取得了新的突破，他们成功开发出了一种创新的三维集成电路结构，将硅基逻辑电路、存储器和碳纳米管电路巧妙地整合在一起。这种设计大大提升了系统的性能和能效。到2018年，他们进一步展示了一个更复杂的系统，这个系统能够以极高的准确率对多种语言进行分类，其性能远超了传统硅基系统。

2019年是碳基集成电路发展史上重要的一年。美国麻省理工学院的研究团队推出了首个碳纳米管通用微处理器 RV16X-NANO。这个处理器集成了超过14000个碳纳米管晶

[①] 1 in ≈ 2.54 cm。

体管，能够执行标准的计算指令，其规模已经达到了 20 世纪 80 年代中期 Intel 80386 处理器的水平。更重要的是，这个处理器的制造完全采用了业界标准的工具和工艺，为未来的商业化应用奠定了基础。

我国的研究团队在这一领域同样取得了瞩目的成就。北京大学彭练矛 – 张志勇团队开发的碳纳米管集成电路展现出了优异的抗辐照能力，并且能够通过低温加热修复辐照损伤，这些特性使得碳纳米管电路在特殊环境下的应用前景更加广阔。

这些进展共同展示了碳纳米管电子学从实验室研究走向实用化的重要进展，为未来电子技术的发展提供了新的可能性。

（二）碳基集成电路可能应用的领域

碳纳米管是一种"神奇"的材料，其在多个领域的应用优势逐渐显现。

1. 数字集成电路领域

早期的碳纳米管研究主要集中在单根管道上进行基本的电路设计，而随着技术的进步，研究者逐渐转向利用碳纳米管阵列实现大规模集成电路的制造。这一发展为碳基集成电路的实用化奠定了基础，尤其是在提高集成度和缩小尺寸方面，碳纳米管表现出比传统硅基材料更为出色的性能。例如，碳纳米管在沟道尺寸小于 20 nm 时，已接近硅基技术的先进水平，显示出其在数字集成电路领域的巨大潜力。与此同时，碳纳米管的高迁移率和独特的物理性质，使其在射频器件和柔性电子等领域的应用也逐渐得到验证，这为碳基集成电路的未来发展打开了更广阔的空间。

不过，碳纳米管的半导体纯度一直是难题。为此，科学家们尝试了多种提纯方法，比如气体刻蚀、溶液法离心提纯等。目前，溶液法制备的高纯度碳纳米管薄膜发展最为成熟。2017 年，彭练矛 – 张志勇团队利用这种薄膜实现了高性能的中等规模集成电路（如图 5 所示），良率高达 100%。一旦碳基集成电路产业链上游的材料问题得以解决，可以快速赋能整个行业的发展，推动碳基芯片在自动驾驶、物联网和高性能计算等领域的落地应用。

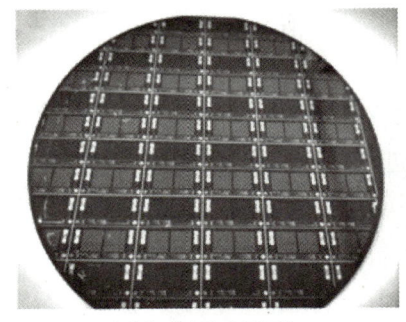

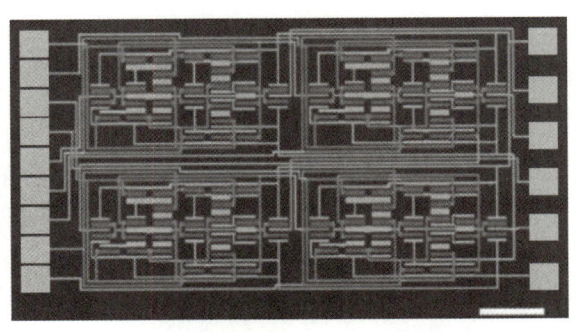

(a) 碳基集成电路晶圆图像　　(a) 基于碳管网络薄膜制作的4位加法器的显微照片

图 5　基于碳纳米管薄膜的中等规模集成电路

2. 模拟和射频电路领域

在模拟和射频电路方面，碳纳米管凭借其高迁移率、高饱和速度和小电容的特点，成为理想的射频器件材料。2006 年，法国里尔大学的研究者采用电泳沉积技术，成功制备出工作频率达 8 GHz 的碳纳米管射频器件。此后，他们不断优化工艺，将工作频率提升至 30 GHz 甚至 80 GHz。石英衬底因其低电容，成为碳纳米管射频器件的理想选择。2007 年，美国西北大学的研究者在石英衬底上实现了 0.42 GHz 的碳基射频器件，并在 2008 年组装了一个碳纳米管收音机，这是当时最复杂的碳纳米管射频电路。2009 年，他们将工作频率进一步提升至 30 GHz。北京大学彭练矛团队则利用石英衬底上的碳管阵列，开发出高性能的倍频器和混频器，工作频率可达 40 GHz。而南加利福尼亚大学的研究者通过创新性的"T 型栅极"结构设计，将碳纳米管射频器件的工作频率推高到惊人 102 GHz。最近，北京大学张志勇 – 彭练矛团队更是将碳基射频晶体管的截止频率提升到 1 THz。这些研究的落地将助力未来高速移动通信、空间通信和无损检测等领域的发展。

3. 传感领域

碳纳米管在传感领域也有着巨大的应用潜力。它具有原子级厚度、高比表面积和优异的电学性能，可以作为超灵敏传感器的材料。早在 2000 年，美国斯坦福大学的戴宏杰教授等人就发现碳纳米管的电阻对气体环境变化非常敏感，这一发现开启了碳纳米管在化学传感领域的应用。此后，科学家们通过金属修饰、半导体金属氧化物修饰和有机聚合物修饰等方式，进一步提升了碳纳米管传感器的性能。2020 年，彭练矛团队利用修饰后的碳纳米管，实现了基因筛查与癌症诊断的多功能传感平台，这一平台能帮助医生快速定位病因，实现疾病早期诊断，将癌症扼杀在萌芽阶段。

4. 柔性电子领域

柔性电子是近年来的热门领域，碳纳米管凭借其柔韧性、耐弯曲性和高迁移率等特性，成为柔性电子器件的理想材料。它可以用于制造柔性应变/压力传感器、可穿戴电子设备、柔性能源系统和透明导电薄膜等。例如，2017 年美国得克萨斯大学达拉斯分校的研究者利用碳纳米管纱线制备了 TWISTRON 传感器，可以探测人体呼吸时的胸腔起伏。2018 年，北京大学胡又凡团队制备的碳纳米管薄膜晶体管和集成电路，可以转移到多种基底上，实现多种应用场景下的功能，例如可生物降解的聚合物，植物叶子以及人体表面等，有望用于构建下一代个性化诊疗和健康监测平台，并对未来的先进医疗诊断系统产生重要的推动作用。

5. 显示驱动领域

在显示驱动领域，基于网络状碳纳米管的场效应晶体管（CNT-TFT）因其超薄、柔性、高迁移率等优势，有望满足未来显示产业的需求。2019 年，中国科学院金属研究所的孙东明等人在柔性衬底上制备了 64×64 阵列的 OLED 显示屏，产率高达 99.93%，显示出碳纳米管在显示驱动领域（如构筑柔性触摸板等产品）的巨大潜力。

6. 光电集成领域

碳纳米管在光电集成方面也有着独特的优势。2011 年，王胜 – 彭练矛团队开发了基于非对称接触的无掺杂碳纳米管光电二极管，充分发挥了碳纳米管的电学性能。2016年，他们又利用高纯度碳纳米管薄膜制备了大面积的光电探测器阵列，实现了线性光伏倍增。未来，碳纳米管有望为纳米电子和光电子电路的集成提供统一平台，推动未来光互联芯片的发展，极大提高芯片的性能和芯片间数据传输速率，满足人工智能等高性能计算的需求，推动电子学的进一步发展。

碳纳米管的研究还在不断深入，它在多个领域的应用前景令人期待。或许在不久的将来，我们就能看到碳纳米管技术在日常生活中的广泛应用，为我们的生活带来更多便利和惊喜。

五、结语：碳基电子技术的前景和挑战

碳基电子技术具有巨大的应用潜力，对集成电路产业具有重要的战略意义。因此，各国政府、军事科研机构及领军企业都在碳基集成电路领域投入大量资金进行研发。

美国国家科学基金会于2008年启动了"摩尔定律之后的科学与工程"项目。美国国家纳米技术计划已持续执行了20多年，除了通过常规途径对碳纳米材料和电子器件研究给予重点支持外，还于2011年设立了"2020年后的纳米电子学"研究专项，每年专项资金支持高达上亿美元。美国IBM公司于2014年宣布投资30亿美元用于开发新一代半导体芯片技术，特别是碳基集成电路技术。2018年，美国国防高级研究计划局宣布了其最新的"电子复兴"计划，旨在通过对碳纳米管等新兴半导体材料的基础研究振兴芯片产业。日本从20世纪90年代初就开始了对碳纳米管材料和电子器件相关研究的开展，提供国家级支持。

我国在21世纪初就开始对碳基集成电路材料和电子器件研究方向进行布局。科技部从2001年开始，通过国家重点基础研究发展计划、纳米专项计划和重点研发计划对碳基集成电路材料和电子器件进行支持。北京市科学技术委员会从2012年开始也重点布局了一系列项目推动碳基集成电路相关技术的发展。近年来，碳纳米管材料提纯技术取得了重要突破，加上过去近20年积累的碳基器件物理、器件结构和电路基础，以及国内培养的专业人才队伍，碳纳米管集成电路迎来了突破性发展的契机，已经具备条件将碳基集成电路技术向实用化推进、实现标准化制备、满足超大规模集成电路（千万门级）设计实现的基础。

尽管集成电路的材料发展已经取得重要突破，特别是在基于溶液提纯和排列技术方面的最新进展，已经初步找到了实现晶圆级集成电路应用碳纳米管材料的方法，但依然存在如下问题：

（1）集成电路用碳纳米管材料的标准和表征方法并未建立。不同的电子器件应用对碳纳米管材料会有不同的要求，即使是数字集成电路，不同技术节点的碳纳米管CMOS器件对材料也有不同标准。建立碳纳米管阵列薄膜材料的标准，并给出标准参数的测量方法、参考范围和测量仪器，是碳纳米管材料在集成电路应用的基础。

（2）晶圆级碳纳米管平行阵列均匀性问题。超大规模集成电路制备要求在整个晶圆尺寸上碳纳米管阵列薄膜具有极高的均匀性，不仅要求阵列能够全部覆盖基底，而且这些阵列的取向一致，碳纳米管的管间距一致，甚至要求每根碳管的管径都最好一致。更为重要的是，采用溶液分散碳管排列的阵列，由于碳纳米管长度有限（几个微米），会大量出现管间搭接处，特别是当晶体管尺寸微缩到几十纳米时，这些搭接点不可避免地会影响器件性能。

（3）碳纳米管的洁净度问题。基于溶液分散和排列的碳纳米管，表面包覆有大量的聚合物，这些聚合物不仅会影响晶体管的源漏接触，也会对栅介质层制备造成影响，甚至对器件和电路的工作稳定性产生不良影响。因此，如何去除碳纳米管阵列中的聚合物和其他杂质，得到完全洁净的碳纳米管阵列薄膜，也是最终实现高性能集成电路应用的必要条件。值得注意的是，从理论上来说这些问题是可以克服的，但现实是，仅仅依靠实验室的方式和力量来克服这些问题是远远不够的。增加投入，充分借鉴现有半导体材料和加工产业的设备、技术和经验，采用工程化的方式反复迭代，可能是解决问题的方式。

（4）碳基 EDA 工具也应引起足够重视。EDA 工具对集成电路的发展尤为重要，碳基集成电路的发展同样离不开碳基 EDA 平台。美国佐治亚理工学院和杜克大学团队在"电子复兴"计划支持下，配合麻省理工学院和 Skywater 公司发展的碳基 CMOS 工艺，初步发展了相应的工艺设计工具包，通过将其嵌入现有的 EDA 平台，可以完成碳基 CMOS 集成电路的设计。我国也应该抓住机遇，发展整套碳基集成电路 EDA 工具，配合在碳基器件和集成电路的发展，推进碳基电子学的快速发展。

碳基电子技术的兴起可能是我国在信息技术领域换道超车的机会。我们的科研团队已在碳纳米管晶圆级材料制备这一关键领域取得重大突破。如果抓住机遇，迅速从基础研究进入工程化推进，一直保持碳基晶圆级材料上领跑的优势，这可为我国在芯片领域崛起提供最为根本的保障。

思考

1. 在构建包含上亿个晶体管的集成电路时，为确保芯片功能稳定运行，晶体管需要满足哪些关键性能指标？

2. 要实现碳基集成电路在手机、电脑等消费电子产品中的实际应用，目前还需要克服哪些挑战？

3. 碳纳米管相对于硅的本征特性优势有哪些？从这个角度考虑，可以替代硅的半导体材料需要有哪些特性？

软件篇　代码织就的数字世界

软件工程：
构建数字世界的创梦师

主讲人：陈　钟

主讲人简介

陈钟，北京大学计算机学院教授、博士生导师、元宇宙技术研究所所长，兼任信息安全实验室主任、区块链研究中心主任；主要研究方向为面向领域的软件工程、系统软件、网络与人工智能安全、区块链技术等，主持和参加完成国家级和部委级科技重大专项课题等20余项；曾获国家科学技术进步奖二等奖2项、国家级教学成果一等奖1项，部委级科技成果和教学成果奖励多项，发表科技论文180余篇。现为中国计算机学会会士、常务理事，信息技术新工科产学研联盟副理事长，中国开源软件推进联盟副主席，中国网络空间安全协会常务理事，中国网络空间安全协会人工智能安全治理专业委员会委员；担任全国区块链和分布式记账技术标准化技术委员会、全国会计信息化标准化技术委员会委员，元宇宙技术标准工作组成员，科技部"十四五"规划区块链专家组成员等。

协作撰稿人

徐佳怡，北京大学信息科学技术学院"智班"2022级本科生。

在股市交易最繁忙的时刻，证券交易系统是如何确保当数百万投资者同时下单时，每一笔交易都能准确无误地完成？当黑客正在试图入侵一个网络系统时，工程师们又是采用什么技术来发现和阻止这些看不见的攻击？在这个数字世界中，软件工程师们正在不断探索这些问题的答案。他们像是数字世界的建筑师，不仅要确保每一个系统的稳定运行，还要让它能够适应未来技术的发展。从最基础的文字编码系统，到复杂的金融交易平台，再到守护网络安全的防护系统，软件工程正在塑造着数字世界。这些系统具体是如何被设计和构建的呢？让我们走进软件工程的世界，揭开这些数字时代谜题的答案。

在今天这个数字化的时代，软件已经渗透我们生活的方方面面。从智能手机上的聊天应用，到银行的交易系统，甚至是我们日常玩的电子游戏，每一款程序的背后都离不开一个强大的学科——软件工程。

顾名思义，软件工程是构建软件的学问。软件工程所涉及的知识不仅仅是关乎计算机代码的编写那么简单；相反，它是一门复杂而多元的学科，涉及团队协作、项目管理及多种学科的知识整合。想象一下，你正在使用的 App 的背后有一个团队在默默工作，他们既要保证代码的质量，又要让用户觉得 App 使用方便，还要能快速响应用户的需求。在这个过程中，团队里的每个成员都发挥着重要的作用，从设计师到开发工程师，再到项目经理，大家紧密合作，以确保产品的成功。

在软件工程中，团队合作是成功的关键。举个例子，对于微信、抖音之类的 App 往往需要一个庞大的开发团队来维护，这个团队一般由产品经理、用户界面（User Interface，UI）/用户体验（User Experience，UX）设计师、前端和后端开发工程师等多个成员组成。产品经理负责确定应用的功能和目标；UI/UX 设计师专注于应用的界面和用户体验；前端和后端开发工程师负责实施这些设计、编写代码，并确保所有功能都能顺利运行。

> **知识窗口：UI/UX 设计师**
>
> UI/UX 是软件设计中密不可分的两个概念。UI 设计师关注的是软件的视觉表现，包括界面布局、颜色搭配、按钮设计等外观元素，即产品的外观设计。而 UX 设计师则更关注用户使用软件时的整体感受，包括操作流程是否顺畅、功能是否易于理解、响应速度是否够快等。

此外，软件工程还需要项目管理，这是确保团队高效运作的重要部分。想象一下，如果没有良好的计划和组织，团队中的每个人可能都会朝着不同的方向努力，最终导致项目失败。因此，项目经理通常会使用一些项目管理工具和方法来追踪进度、分配任务、管理时间并确保大家朝着共同的目标前进。

更具挑战的是，软件工程往往需要跨学科的知识。除了计算机科学、心理学（以理解用户的需求）、设计学（以创造美观的界面）知识外，市场营销（以推动产品的推广）知识也是必不可少的。这也使得软件工程充满了创意与挑战。

综上所述，软件工程是一个充满活力和创造力的领域，无论是想开发一款流行的App，还是希望推动信息技术的进步，背后都离不开这位构建数字世界的"魔法师"。

一、初识软件工程

无论是App、电子商务平台，还是复杂的企业管理系统，其背后都离不开软件工程。那么，到底什么是软件工程呢？作为计算机科学与技术领域的一个重要分支，软件工程主要研究如何系统化、规范化地开发、维护和管理软件项目。软件工程可以被定义为应用工程原则和技术于软件开发过程的科学与艺术。它并非只关注编码过程，还包括软件的设计、实现、测试和维护等多个阶段。软件工程的目标是通过系统化的方法提高软件的质量和生产效率，确保软件项目能够在一定的预算和时间内交付，并且能够满足用户需求。

（一）为什么需要软件工程

软件工程是一门兼具科学性与工程性的学科。它不仅依赖于计算机科学的理论和方法，如算法、数据结构和计算复杂性等，还涉及工程管理的原则。通过科学的方法论，软件工程师能够分析问题、设计解决方案，并在软件开发过程中进行持续改进。例如，软件工程师可以运用统计学方法对软件性能进行分析，通过数据驱动的方法优化代码和架构。这种科学方法的应用，使得软件开发更具可预测性和可靠性。

随着技术的不断演进，软件工程的重要性愈发显著。高质量的软件不仅能提高工作效率，提升用户体验，还能降低维护成本。而如果软件开发缺乏规范化管理，可能导致项目延期、成本超支、软件质量下降等一系列问题。这对于企业、用户甚至社会都可能产生负面影响。因此，建立有效的软件工程流程，对确保软件项目的成功至关重要。

（二）从蓝图到竣工：软件的生命周期

软件工程关注的是整个软件生命周期的管理，这个过程通常包括几个关键阶段：

（1）需求分析：在这个初始阶段，开发团队与客户沟通，明确软件的功能需求、性能要求和用户体验。需求文档将成为项目开发的重要依据。

（2）设计：在需求明确之后，团队将进行软件架构设计，确定系统的整体结构，以及各个模块之间的交互方式。设计阶段是解决如何实现需求的关键步骤。

（3）编程实现：在设计完成后，开发工程师将开始编写代码。这个阶段不仅需要进行程序设计，还需要考虑代码的可读性、可维护性和效率。

（4）测试：完成编码后，进行软件测试以发现和修复潜在的漏洞（Bug）。不同类型的测试如单元测试、集成测试和系统测试，能够确保软件按预期工作。

（5）维护：软件在投入使用后，需定期进行维护和更新。随着用户需求的变化，软件可能需要新增功能或者进行性能优化。

与传统的计算机学科相比，软件工程更加注重构建软件这一过程本身，无论是软件接口的设计，还是团队协作和流程管理，都是软件工程所关注的主题。软件开发是一个团队活动，常常需要多个角色共同参与，如项目经理、开发工程师、测试工程师和用户体验设计师等。通过角色分工和有效沟通，团队能高效地协作，确保项目顺利进行。此外，软件工程还涉及具体的开发流程和最佳实践，例如瀑布模型、敏捷开发模型等。这些为开发团队提供了一种结构化的方法，帮助团队管理复杂的软件开发过程，提高项目的透明度与可管理性。团队还可以使用各种开发工具和平台（如版本控制系统、项目管理软件等）来优化工作流程，减少错误和重复的工作。

> **知识窗口：瀑布模型与敏捷开发模型**
>
> 软件系统开发有两种典型的模型：瀑布模型和敏捷开发模型。
>
> 传统的瀑布模型像是按图纸建造一座大楼，在瀑布模型中，开发团队必须先完成详细的设计规划，然后严格按步骤执行：需求分析→设计→编码→测试→上线。这样做的优势是，可以使项目具有清晰的阶段划分和明确的任务界定，负责每个阶段的团队只需要完成各自的任务，便于大型项目的管理和协作；然而，在瀑布模型中，每个阶段都必须等前一个阶段完成才能开始，在后期阶段，如果我们发现了疏漏，返工成本较高，这阻碍了软件架构与功能的灵活调整。瀑布模型通常用于对可靠性要求较高的软件系统的开发。
>
> 敏捷开发模型则像搭建乐高：先制作核心部件，快速组装成一个基础版本，然后不断添加新的功能模块、细化改进。例如，开发一个学习类 App，遵循敏捷开发模型的团队会先完成最基础的课程播放功能，让用户试用并收集反馈，再逐步添加练习题、学习计划、社区讨论等功能。这种方式能够快速响应用户需求的变化，降低开发风险。抖音、微信等许多流行的 App 都是采用敏捷开发模型，通过持续迭代来不断优化产品体验。

二、软件工程中的理论与实践

软件工程的内涵远不止于单纯的理论，而是一门融合了理论与实践的学科。它专注于设计、开发和维护复杂的软件系统，与我们的日常生活息息相关。根据行业报告，全球软件行业的市场价值已超过数万亿美元，支撑着从智能手机、智能家居到金融系统、医疗设备等各个领域。而开发一个典型的中等规模软件系统通常需要数百万行代码，平均开发周期可能长达数年，而开发团队的规模也可能从几个人扩展到几百人。

以我们熟知的电脑操作系统为例，Windows Vista 是微软公司投入了数千名开发人员和数十亿美元开发的操作系统，然而由于开发的复杂度和时间压力，最终版本中存在大量漏洞，导致用户反馈较差，这也成为软件开发中管理复杂项目的重要教训；与之相对，Linux 操作系统则是一个开源软件的经典成功案例，这个项目由全球数千名开发者共同协作，代码超过 2000 万行，目前已被广泛应用于服务器、超级计算机、嵌入式设备等领域，如图 1 所示。

图 1 Windows Vista 与 Linux 操作系统

为了让大家更好地理解软件工程的实际应用，这里我们将介绍三个典型的软件工程实例。

（一）操作系统中的软件工程：汉字编码

在计算机和手机的使用过程中，操作系统是确保各种应用程序能够正常运行的基础，而汉字编码则是其中一个复杂但必不可少的部分。对于普通用户来说，这个问题似乎很简单：我们输入汉字，屏幕就能正确显示出来。但其实，这背后藏着众多软件工程师所做的精细工作。

汉字的数量非常庞大，常用的汉字就有几千个，而汉字的总量则多达几万个。因此，如何将这些汉字有效地编码与解码，成为软件工程师亟须解决的关键问题。为了解决这一挑战，工程师们开发了多种汉字编码方案，例如 GB2312、GBK、UTF-8 等。GB2312 是 20 世纪 80 年代初期为了支持简体中文而制定的一种编码标准，它可以表示大约 6800 个汉字及一些常用符号，基本能满足当时的需求；之后出现的 GBK 编码在 GB2312 的基础上，增加了更多汉字，达到了 21000 多个汉字，能够同时兼容简体和繁体中文；如今，UTF-8 编码成为互联网的主流编码方式，因为它不仅支持汉字，还能表示世界上几乎所有的字符。UTF-8 的设计理念灵活，它使用 1～4 个字节来表示一个字符，这样使得大部分英文文本在存储时更加节省空间，而汉字和其他语言的字符也能够被轻松处理。

不同编码方式设计的背后，是对理论深入理解的结果，如字符集、字节流和信息存储等计算机科学原理。软件工程师们需要将许多复杂的理论转化为实际的编码和解码操作，以确保输入的汉字能够被准确存储在计算机中，同时又能在需要的时候被正确显示出来。

> **知识窗口：字节流**
>
> 网络世界中的字节流就像一套高速运行的智能物流系统。每条数据在传输时会被分割成一个个大小统一的字节，每个字节由 8 个二进制位组成，可以表示 256 种不同的状态。这些字节按照严格的顺序，像物流系统中的包裹一样，通过网络传输到目的地。例如，当你用手机给朋友发送一张照片时，这张照片会被转换成字节流：每个像素点的颜色信息都被编码成字节，依次通过网络传输。接收方的设备则负责将这些有序的字节重新组装，还原成原始图片。这个过程需要精确的传输协议来确保数据的完整性和顺序——就像快递系统需要完善的分拣和追踪机制来确保包裹被准确送达一样。

在实际应用中，汉字编码也面临着不少挑战。例如，不同的操作系统和应用软件可能使用不同的编码方式。如果一个文档是在使用 GBK 编码的环境下创建的，而另一个程序使用 UTF-8 打开它，就可能出现乱码现象。因此，软件工程师需要不断进行测试和修复，以确保各种操作系统和应用软件之间的兼容性。此外，网络中的数据传输也需要考虑汉字编码的问题。当你在发送一条中文信息时，编码方式将决定这条信息能否被准确接收和展示。如果双方的编码方式不匹配，接收方可能无法准确看到你发送的内容。这种情况在国际交流中尤其常见，因此工程师们也需要设计出灵活的编码转换工具，以保证不同设置和环境下的用户都能互通信息。

总的来说，汉字编码是软件工程在操作系统领域一个非常成功的例子，它将理论与实际结合得很好，展示了软件工程师在日常生活中如何通过技术解决复杂的问题。通过不断的探索和实践，软件工程师正在为我们创造一个更顺畅、更智能的数字世界。理解汉字编码的过程让我们意识到，身边的科技并不是凭空而来的，而是无数工程师努力的结果。未来，随着技术的不断进步，我们有理由相信，汉字编码和其他软件工程技术将会变得更加高效和完善，为更多的用户提供更好的服务。

（二）金融中的软件工程：证券交易系统

在现代社会，科技的迅猛发展与金融市场的不断演进使得软件工程在金融行业中也变得越来越重要。证券交易系统是金融行业中不可或缺的一部分，它致力于帮助投资者在短时间内进行高效、稳定的交易。作为帮助投资者在瞬息万变的市场环境中实现快速、高效和稳定交易的工具，这些系统的开发与维护不仅是软件工程师的工作内容，更是金融市场正常运作的基石。

证券交易系统是一个复杂的软件平台，致力于支持股票、债券及其他金融产品的交易。当投资者通过电脑或手机购买股票时，每笔交易的背后都离不开这套系统的高效运行。该系统的核心功能包括接收交易指令、匹配买卖双方的需求、执行交易及实时更新市场数据等。为了实现这些关键功能，软件工程师们需要设计出高效、安全的系统架构，以应对日常交易中的各种挑战与不可预知的市场变动。

当前的金融市场运作通常具有高度的实时性和并发性，尤其是在高频交易的背景下，数以千计的交易请求可能在一瞬间同时发出，这就要求系统具备极高的并发处理能力。软件工程师必须确保系统在面临高并发状况下仍能稳定运行，保持良好的响应速度。

> **知识窗口：并发**
>
> 在就餐高峰期，一家饭店往往需要安排多位服务员同时接待不同的顾客。在计算机世界中，并发能力与其类似，即系统能够同时处理多个任务的能力。就像餐厅里的服务员需要协调配合，避免菜品端错桌、两个服务员同时服务一桌等问题，计算机的并发处理也需要精密的设计来确保多个程序能够和谐共处，高效运行。现代软件系统如网上商城、游戏服务器，都需要强大的并发能力来同时服务成千上万的用户。

为了达到这一目标，工程师们往往会采用分布式系统设计理念。这意味着，交易请求会被分散到多台服务器上进行处理。这种分布式系统的好处在于，即使某一台服务器出现故障，其他服务器仍可维持正常运作，从而确保交易的连贯性和安全性。在分布式系统中，负载均衡技术的应用尤为重要。它可以通过合理地分配各个服务器的任务，有效避免单一服务器的过载问题，从而达到最佳的系统性能。此外，缓存技术的使用也可以显著提升系统的响应速度，减轻数据库的压力。一些先进的证券交易系统甚至会采用预取技术，即通过预测投资者的行为提前加载可能需要的数据，从而为用户提供更加快速的服务。

除了高并发的挑战，安全性无疑是证券交易系统必须重视的关键问题。随着网络攻击手段日益复杂，金融信息的安全性直接影响到每位投资者的资金安全和交易信心。为此，工程师们需要实施多种安全措施，例如，采用加密技术来保护交易数据的机密性；设置防火墙与入侵检测系统来抵御外部攻击；定期进行安全审计，确保系统的防护措施始终保持在有效状态。在这一过程中，风险管理也是不可或缺的一环。金融市场的波动性和复杂性使得投资者必须始终关注市场动态，以便迅速做出应对。在设计证券交易系统时，软件工程师需嵌入实时数据分析工具，通过数据模型和算法分析历史交易数据、市场走势和潜在风险，帮助投资者制定更合理的交易策略。例如，机器学习技术的引入可以使系统不断自我优化，提升市场预测的准确性。这种智能化的决策支持，不仅增强了投资者的信心，也提升了整体交易的成功率。

尽管现代软件工程已经广泛应用于实践，但扎实的理论基础依然是软件工程师成功的关键。软件工程师在设计和开发证券交易系统时，需要具备深厚的计算机科学知识，包括数据结构、算法、系统架构等。此外，对于金融市场的运行机制、相关法律法规的理解同样不可或缺。这表明，金融行业的软件工程师不仅是简单的编码者，更是金融行业的重要参与者。他们需要持续关注新技术的演进及市场的变化，以便随时在系统中进行调整和优

化。为了确保证券交易系统的高效性和安全性，软件工程师通常会引入敏捷开发模型等现代软件工程方法。这些方法能够帮助团队迅速响应市场变化，进行快速迭代和持续优化，从而确保系统始终处于最佳状态。例如，每当市场发生重大新闻或政策变化时，系统都能及时更新，以提供最新的市场数据和交易功能。此外，在证券交易系统的开发过程中，测试环节同样至关重要。严谨的测试手段不仅有助于发现代码中的潜在缺陷，也能评估系统在高负载情况下的表现。这不仅包括功能性测试，还应涵盖性能测试、安全性测试及用户体验测试，以确保系统在各种情况下都能正常运作。

证券交易系统是金融行业中一项复杂且重要的技术基础设施，它集成了高并发处理、安全保障、实时数据分析等多种技术。以此为例，我们能看到软件工程在信息时代所扮演的关键角色。未来的金融市场也将更加依赖于高效、智能和安全的软件工程设计，以满足不断变化的市场需求和投资者的期望。

（三）信息安全中的软件工程：网络安全防护系统

在信息技术飞速发展的时代，网络安全问题越来越引起人们的关注。如今，几乎每个人在日常生活中都会使用各种互联网服务，如社交媒体、在线购物及学校的在线学习平台。然而，这些便捷的网络活动都可能面临各种威胁，如黑客攻击、数据泄露、身份盗窃等。

> **案例：2021 年科洛尼尔管道运输公司遭受网络攻击事件**
>
> 　　2021 年 5 月，美国最大的燃油管道运营商科洛尼尔管道运输公司成为一次网络攻击的受害者。攻击者利用了某种恶意软件（勒索软件）入侵了该公司的系统，导致其运营被迫中断。这种攻击不仅影响了燃油输送，还引发了美国东海岸地区加油站的恐慌性抢购，造成了严重的社会影响和经济损失。攻击者随后索要价值数百万美元的比特币赎金，最终，该公司只能支付赎金以恢复系统运行。

图 2 网络安全防护系统的作用

在此背景下，网络安全防护系统的研发成为软件工程中一个重要的应用领域。网络安全防护系统的目标是通过技术手段来预防和应对网络攻击，以保护个人和组织的信息不被侵害。今天，我们就来深入了解一下，软件工程师是如何设计和开发这些系统，以保障信息安全的。

网络安全防护系统是一个综合性的技术解决方案，旨在抵御和应对各种网络攻击（如图 2 所示）。设想一下，当黑客试图侵入某公司的网络，窃取重要信息或破坏其系统运作时，网络安全防护系统就发挥了至关重要的作用。它就像一道防护墙，帮助国家和企业抵御不同形式的网络威胁，确保其信息安全。在网络安全防护系统的研发过程中，软件工程师扮演着不可或缺的角色。他们不仅需要具备扎实的计算机编程能力，还需要对网络安全有深刻且广泛的理解。为了设计出能够有效抵御各种网络攻击的系统，软件工程师必须综合考虑多个重要因素。

  首先，加密技术在信息保护中起着至关重要的作用。加密是保护信息安全的一种有效手段，通过将数据转化成无法被非授权方理解的格式，保障信息在传输过程中的安全性。软件工程师运用不同的加密算法，对重要信息进行加密处理，确保即使黑客成功入侵系统，也无法读取或理解这些数据。然而强大的加密算法也并不能保证万无一失，即使加密算法无法被破解，如果软件系统本身存在漏洞，那么黑客就能够绕过加密算法获得系统权限。大部分网络安全事故追溯其原因，往往并不是加密算法本身失效，而是因软件系统存在漏洞。因此，对于漏洞的修复和对漏洞攻击的入侵检测是网络安全防护系统中的重心所在。

  为了及时发现并阻止网络攻击，软件工程师会在网络安全防护系统中集成入侵检测系统。该系统作为网络安全防护的重要组成部分，能够实时监控网络流量，分析是否有可疑活动并及时发出警报。例如，一旦发现某个IP地址发出异常请求，入侵检测系统就会立即通知系统管理员，采取必要的应对措施。此外，安全信息和事件管理系统同样在网络安全防护系统中扮演了重要角色。安全信息和事件管理系统的功能在于收集和分析来自不同设备的安全事件，提供集中管理的视角，帮助安全团队有效识别和响应潜在的网络安全事件。

> **知识窗口：入侵检测系统**
>
>   入侵检测系统就像是数字世界的"免疫系统"。正如人体的免疫系统能识别和防御入侵的病毒，入侵检测系统能够通过分析网络流量发现异常行为。例如，当某个IP地址在短时间内发起大量不正常的访问请求，或者数据传输的特征与已知的攻击模式相似时，入侵检测系统就会发出警报。有些先进的入侵检测系统甚至能学习新的攻击模式，不断提升自己的防护能力，就像人体在接触新的病毒后会产生相应的抗体一样。

  网络的安全威胁是不断演变的，新型攻击手段层出不穷。在过去的几年里，勒索软件攻击事件显著增加，攻击者通常通过加密用户文件并要求受害者支付赎金来恢复文件访问权限的方式进行勒索。因此，软件工程师在研发网络安全防护系统时，必须保持高度的警惕，实时更新和优化系统以应对不断变化的威胁。这包括定期评估现有的安全策略，引入新的技术和工具，例如，采用先进的备份方案和数据恢复计划，以最大程度降低潜在损失。在设计和实施网络安全防护系统的过程中，理论知识固然重要，但丰富的实践经验更是不可或缺的。软件工程师通过参与实际的网络安全事件，能够更好地理解和应对网络攻击。他们在现实环境中处理各种复杂的安全事件时积累的宝贵经验，不仅提升了他们解决问题

的能力，也丰富了他们在面对未来威胁时的应对策略。

在开发网络安全防护系统的过程中，团队协作也是不可忽视的环节。网络安全防护系统的设计和实施通常涉及跨学科的各类专业人员，包括网络安全专家、软件工程师、数据分析师等。通过团队的共同努力，能够确保系统各个部分的相互兼容，并实现最佳的安全防护效果。因此，软件工程师在工作中不仅要具备优秀的技术能力，还要具备良好的沟通能力和团队协作精神，以便在面对复杂的网络安全挑战时，能够与他人有效地协同合作。

此外，随着人工智能和机器学习技术的不断发展，网络安全防护系统也在逐渐引入这些先进技术，以提升其防御和反应能力。例如，机器学习模型能够通过分析海量的数据，识别出潜在的安全威胁，并在威胁发生之前采取自动化的防护措施。这种智能化的安全管理方式显著提升了网络安全防护系统的响应速度和准确性，使其具备更强的应对复杂威胁的能力。

网络安全防护系统的开发与维护并不是一劳永逸的过程。在应对快速变化的网络安全环境时，系统的持续监测、评估和优化至关重要。软件工程师必须定期进行漏洞扫描及安全演练，以测试系统在面对真实攻击时的表现。通过不断迭代和优化，网络安全防护系统才能保持其有效性，确保信息安全在不断变化的网络环境中得到有效保障。

综上所述，信息安全中的网络安全防护系统是一个复杂而动态的领域，涵盖了从加密技术到入侵检测系统、从团队协作到人工智能应用的诸多方面。软件工程师在这个过程中发挥着至关重要的作用，他们通过设计和开发高效的网络安全防护系统，有效提升了信息安全防护的能力。随着全球网络安全威胁的日益严峻，深入研究和持续改进网络安全防护系统将是保护我们数字生活的重中之重。

三、跨越理论与实践：软件工程的未来之路

总的来说，软件工程的魅力在于其理论与实践的有机结合。软件工程作为一门应用学科，其基础理论为程序设计、系统架构、项目管理等提供了坚实的理论支撑。这些理论不仅帮助软件工程师更好地理解软件开发的基本原理，还为他们在面对复杂问题时提供了系统性的思维框架。通过将抽象的理论知识应用于实际开发中，软件工程师能够更加高效地解决问题，提升软件产品的质量和可维护性。

然而，光有理论是不够的。实践是检验真理的唯一标准。在软件工程的实际开发过程中，软件工程师会遇到各种各样的挑战和问题，可能是技术上的障碍，也可能是团队协作中的磨合。通过不断的实践，软件工程师能获得直接的反馈，这些反馈能够验证理论的有效性和适用性。同时，实践中所遇到的特殊情况和问题，又会促使理论的发展与完善。例如，在敏捷开发模型中，频繁的迭代与反馈机制使得项目能够灵活应对需求的变化，从而更好地服务于用户。

这种理论与实践的统一，促进了软件工程的持续进步和创新。随着技术的快速发展，新兴技术如人工智能、大数据分析和云计算等不断涌现，使得软件工程的应用场景日益丰

富。近年来，以 DeepSeek、ChatGPT 等为代表的大语言模型，在代码生成方面取得了显著进展，为软件工程师提高软件开发效率提供了重要支撑。在包含人工智能系统在内的这些新领域中，软件工程师不仅需要运用已有的理论知识，还要通过实践不断探索新的解决方案，优化底层硬件算力支撑，不断推动技术的进步。例如，在机器学习领域，理论提供了算法的基础，实践则是训练和调整这些算法的关键，保证其在实际应用中的效果。

更为重要的是，软件工程的魅力不仅体现在技术层面，更在于对科学与艺术的深刻理解和应用。优秀的软件工程师不仅是技术的执行者，更是问题的解决者和创新者。他们需要在抽象的理论与具体的实践之间找到平衡，使得每一项技术都能被合理应用，并激发出更大的潜力。通过这种平衡，软件工程不仅在传统领域取得了显著成就，也在新兴领域持续创新，展现出无穷的魅力。理论与实践的统一不仅是软件工程的核心理念，更是推动软件行业不断进步的重要动力。只有将理论与实践有机结合，才能在瞬息万变的技术环境中，创造出真正有价值的软件产品，引领数字化时代的未来。

思考

1. 在软件工程的不同应用领域，如操作系统（汉字编码）、金融（证券交易系统）和信息安全（网络安全防护系统）中，都面临着各自的挑战。请选择其中一个领域，举例说明软件工程师是如何运用理论知识解决实际问题的，以及解决这些问题对人们的日常生活有什么重要意义？

2. 软件工程中的敏捷开发模型与瀑布模型差异明显。请结合文章中学习类 App 开发的例子，对比分析这两种开发模式的特点。如果你是一个软件项目的负责人，在开发一款中学生在线学习软件时，你会选择哪种开发模型？请说明理由。

3. 在一个软件项目中，不同角色如何共同合作才能创造出优秀的产品？如果这些角色之间存在沟通障碍，可能会导致哪些问题？假设未来你是团队中的一员，你会如何促进大家有效沟通？

积基树本：
计算机操作系统漫谈

主讲人：郭　耀

主讲人简介

郭耀，北京大学博雅特聘教授、计算机学院副院长，计算机科学与技术国家级一流本科专业建设点和计算机学科拔尖计划2.0基地负责人，担任中国计算机教育大会"101计划"工作组秘书长和课程建设组负责人。主要研究方向包括操作系统、移动计算、隐私保护与系统安全等。入选2024年度"高校计算机专业优秀教师奖励计划"，曾获国际软件测试与分析研讨会（ISSTA）杰出论文奖、国际万维网大会（WWW）最佳学生论文奖、国家技术发明奖一等奖、中国电子学会科学技术奖特等奖、北京市教学成果奖一等奖等。

协作撰稿人

谭樾，北京大学信息科学技术学院2022级本科生。

积基树本：计算机操作系统漫谈

当你按下计算机电源按钮，一个庞大而精密的软件系统已经悄然运转。是谁在调度中央处理器（CPU）的计算资源，管理内存的存取，协调各种外部设备的工作，让上百个程序能够同时运行却互不干扰？这个指挥官就是操作系统。它就像计算机世界的"总司令"，让零散的硬件部件协同工作；它又像一位全能的"翻译官"，让用户能够轻松地与计算机对话。从最早的大型机操作系统到如今的智能手机操作系统，从命令行操作到视窗和触摸屏，从单机时代到互联网时代，操作系统的发展映射着整个计算机科学的进步历程。让我们走进操作系统的世界，看看它如何在数字时代担当起基石与桥梁的重要角色。

一、基石与桥梁：操作系统的本质

操作系统是计算机系统中最为关键的系统软件之一。按照《计算机科学技术百科全书》的定义：操作系统是管理硬件资源、控制程序运行、改善人机界面和为应用软件提供支持的一种系统软件。简而言之，操作系统的主要功能是：向下管理资源（包括存储、外设和计算等资源），向上为用户和应用程序提供公共服务。

在结构上，操作系统大致可划分为三个层次（如图1所示），分别是人机接口、系统调用、资源管理。人机接口负责提供操作系统对外服务、与人进行交互的功能，从最简单的命令行操作，到早期 Unix 操作系统上采用的传统 shell，进而到 Windows 等现代操作系统中采用的图形用户界面窗口系统，人机接口不断向易用性和用户友好发展。资源管理是指对各种底层资源进行管理，存储、外部设备和计算单元等都是操作系统管理的对象。随着计算机系统的发展，新的软硬件资源不断出现，操作系统的资源管理功能也越来越庞大和复杂。系统调用是位于人机接口和资源管理之间的一个层次，提供从人机接口到资源管理功能的系统调用功能。

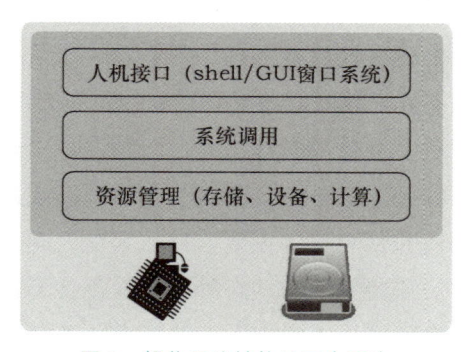

图1 操作系统结构的三个层次

知识窗口：系统调用

系统调用是应用程序与操作系统内核之间的接口，它为应用程序提供了访问操作系统服务的标准方式。当应用程序需要执行特权操作（如文件读写、进程创建）时，必须通过系统调用切换到内核态。这种机制既保证了系统安全（应用程序不能直接访问硬件），又提供了标准化的服务接口。Linux 操作系统有约 300 多个系统调用，如"fork（ ）"创建新进程，"open（ ）"打开文件等。

从不同的视角，操作系统呈现不同的功用：

（1）从计算机系统的视角来看，操作系统是一个资源管理器，通过管理和协调各种底层软硬件资源的使用，发挥底层软硬件资源所提供的计算能力。同时，它通过硬件驱动程序来连接和管理异构硬件资源，提高系统的互操作性。

（2）从系统使用者的视角来看，操作系统是一台虚拟机，一方面提供对底层软硬件资源细节的抽象，也就是使用者只需要通过操作按钮进行操作，而无须关注底层的技术细节；另一方面，它为使用者提供了更方便、易用的用户界面。对于软件开发人员来说，操作系统虚拟机还决定了其面对的编程模型。

（3）从应用软件的视角来看，操作系统是软件的开发和运行平台。操作系统为应用软件的开发和运行提供各种必要的支撑，包括：应用软件的运行环境及其框架设施，应用软件运行所需资源及其调度和管理，以及应用软件开发和维护的若干工具。

二、从无到有：操作系统的演进历程

回顾操作系统的发展历史，其主线是面向单机操作系统的发展，主要目的是更好地管理计算机硬件，同时为上层应用和用户提供更友好、易用的服务。

最早的计算机上没有操作系统，只是一台硬件裸机，程序员可以在某个指定的时间段单独占用计算机上的所有资源，通过打孔带（卡）或者磁带来手动输入程序和数据。随着处理器速度越来越快，手动的任务切换方式会浪费大量的处理器时间，从而出现了批处理系统（Batch System）来对任务进行自动切换，以提高处理器的利用率。计算机的操作也逐步从最早的程序员自己动手，变成了由专业的操作人员负责，后来又出现了自动的监控程序（Monitor，也译作管程）。监控程序自动监控的内容不仅包括 CPU 使用时间的统计，还包括对打印页数、打孔卡片、读入卡片、磁盘使用的统计，以及在任务切换时提醒操作员需要完成的动作等。这些包含了基本硬件管理、简单任务调度和资源监控功能的管理程序就形成了操作系统的雏形。

随着新的应用需求的不断出现，越来越多的管理功能逐渐被添加到了操作系统中，并逐步演变为操作系统的标准功能。在个人计算机（Personal Computer，PC）出现之后，为了适应非专业用户的易用性需求，图形用户界面也逐渐成了操作系统中必备的功能。进入 21 世纪，随着新的移动智能终端（如智能手机和平板电脑等）的出现，面向这一类设备的操作系统也在向轻量化、易用性等方向发展。总体而言，单机操作系统的发展主要是面向计算机硬件提供更好的资源管理功能，同时面向新的用户需求提升易用性并提供更好的交互方式。

从 20 世纪 80 年代开始，随着网络技术的发展，计算机不再是孤立的计算单元，而是要经常通过网络同其他计算机进行交互和协作。因此，在上述单机操作系统的发展主线之外，对网络提供更好的支持成为操作系统发展的一个重要辅线。在操作系统中开始逐渐集成了专门提供网络功能的模块，并出现了最早的"网络操作系统（Network Operating System）"的概念。另外，为了更好地提供对网络的支持，在操作系统之上，还进一步凝练出了新的一层系统软件——网络中间件，作为对操作系统的补充。网络中间件可以对底层网络的异构性进行封装和抽象，为上层应用提供与网络访问和管理相关的共性功能。

进入 21 世纪以来，随着互联网的快速发展，几乎所有的计算机系统及其操作系统都提供了方便的网络接入和访问功能。然而，尽管这些操作系统提供了基本的网络访问功能，但是其依然以管理单台计算机上的资源为核心。如果把互联网当作一台巨大的计算机，那么如何管理好互联网平台上的海量资源，为用户提供更好的服务，已经成为互联网时代操作系统亟须解决的问题。在传统操作系统的核心功能基本定型之后，面向互联网就成为操作系统发展的新主线。

下面分别从单机操作系统的发展和操作系统网络支持能力的发展两个方面来总结操作系统的发展历程。

（一）批处理到图形界面：单机操作系统的发展

早期的操作系统为了缓解处理器和输入/输出设备之间的速度差异，提供了批处理的功能来提高系统效率。随着计算机系统的能力越来越强，又出现了"分时系统"和"虚拟机"的概念，从而可以把一台大型计算机共享给多个用户同时使用。

最早的计算机仅面向科学与工程计算等专用领域，因此，其操作系统并没有考虑通用性。但是随着新的应用需求的不断出现，特别是个人计算机的普及，原有的操作系统已无法满足灵活多变的应用需求，因此，提供通用和易用的用户接口就逐渐成为操作系统发展的必然选择。

在 20 世纪 60 年代之前，计算机几乎是为特定的用户和目的而设计和制造的。1965 年，IBM 公司推出了 System/360 系列计算机。该系列中的计算机都采用了相同的指令集，并且搭载统一的 OS/360 操作系统。该操作系统不仅支持批处理，而且可以通过对内存进行划分支持多个程序的同时运行［即多道程序设计］。另外，System/360 系列计算机提供了支持多用户分时使用的功能。在采用虚拟机 VM/370 之后，单台计算机就能"分身"成多个虚拟计算机。每个用户都可以像使用独立计算机一样，运行不同版本的 OS/360 操作系统，计算机会轮流处理不同用户的任务，这样既保证了每个用户的正常使用，又显著提高了设备利用率。根据 OS/360 操作系统的项目负责人弗雷德里克·布鲁克斯的回忆：虽然该操作系统在开发过程中遇到了许多困难，例如，系统过于庞大，采用的实现语言可扩展性不强等，但是 OS/360 操作系统依然是历史上最为成功的操作系统之一。在首个版本开发完成 40 多年之后，在 IBM 的许多主机系统上，还能看到 OS/360 操作系统的影子。

> **知识窗口：多道程序设计**
>
> 多道程序设计允许多个程序同时驻留在内存中，在一个程序等待输入/输出设备操作时，CPU 可以转而执行其他程序的计算任务。这种技术通过合理调度，充分利用了 CPU 和输入/输出设备的并行性，显著提高了系统资源利用率。它是现代操作系统并发执行、分时系统的技术基础。

从 20 世纪 70 年代开始得到广泛应用的 Unix 操作系统是最具影响力的早期现代操作系统。与 OS/360 采用汇编语言不同，Unix 是第一个采用与机器无关的语言（C 语言）来进行开发的操作系统，这使得它具备更好的可移植性。在发展过程中，C 语言和 Unix 彼此促进，都在各自领域成为典范，与此同时，"C 语言之父"丹尼斯·麦卡利斯泰尔·里奇和"Unix 操作系统之父"肯尼斯·蓝·汤普森后来都获得了图灵奖。采用高级语言来编写操作系统具有革命性意义，不仅极大地提高了操作系统的可移植性，还促进了 Unix 和类 Unix 操作系统的广泛使用。同时，Unix 还提供了标准化的应用程序编程接口以及相应的函数库，并且集成了 C 语言的开发环境，从而为用户提供了更易用的编程平台。图 2 为 Unix 操作系统（System V）登录后的屏幕。

图 2　Unix 操作系统（System V）登录后的屏幕

从 20 世纪 80 年代开始，以 IBM PC 为代表的个人计算机开始流行，开启了个人计算时代。个人计算机上的典型操作系统包括苹果公司的 macOS 操作系统，微软公司的 DOS 和 Windows 操作系统，以及从 Unix 中衍生出来的 Linux 操作系统。个人计算机时代的操作系统主要面向个人用户的易用性和通用性需求。一方面，它提供现代的图形用户界面，可以很好地支持鼠标等新的人机交互设备；另一方面，它提供了丰富的设备驱动程序，从而使用户可以在不同计算机上都使用相同的操作系统。目前，90% 以上的个人计算机采用的是微软公司的 Windows 系列操作系统。

> **知识窗口：设备驱动程序**
>
> 设备驱动程序是操作系统中负责控制特定硬件设备的软件组件。它封装了硬件的具体细节，为操作系统提供标准化的接口，使操作系统能够统一管理不同的硬件设备。

> 设备驱动程序通常运行在内核态，负责处理设备中断、数据传输和错误恢复等任务。现代操作系统支持动态加载驱动程序，这大大提高了硬件兼容性和系统可扩展性。

进入 21 世纪，在个人计算机普及的同时，以智能手机为代表的新一代的移动通信设备迅速普及。在智能手机上运行的这一类操作系统，在核心技术上与个人计算机上的操作系统并无实质性变化，它们主要着眼于易用性和低功耗等移动设备的特点，对传统的操作系统（如 Linux）进行了相应的裁剪，并开发了新的人机交互方式与图形用户界面。伴随着智能手机操作系统的发展，以苹果的 App Store、谷歌的 Google Play、华为的应用市场等为代表的新型应用软件发布模式兴起，它们基于客户端操作系统和后端应用软件商店提供服务，用户可以在线查找所需的应用，并按照需要进行安装和使用，这在很大程度上改变了传统操作系统上的应用开发和部署模式。

近年来，绝大多数计算机采用的处理器已经从单核处理器发展为双核、四核甚至更多核的处理器。然而，目前多核处理器采用的操作系统依然是基于多线程的传统操作系统架构，无法更好地管理多核处理器上的计算资源，因此很难充分利用多核处理器的处理能力。为了更好地提高多核处理器的执行效率，研究人员已经在尝试专门针对多核处理器开发多核操作系统的原型，但是目前还未得到广泛的推广和应用。

总的来看，单机操作系统发展的主要目的是更好地发挥计算机硬件的效率，以及满足不同的应用环境与用户需求。在 Unix 操作系统出现之后，单机操作系统的结构和核心功能都已基本定型，在此之后的发展主要是为了适应不同的应用环境与用户需求而推出的新型用户界面与应用模式，以及对不同应用领域的操作系统功能的裁剪。

（二）互联互通：操作系统的网络化进程

除了单机操作系统的发展主线之外，在操作系统的发展历史上还存在另外一条重要辅线，那就是扩展操作系统的网络支持能力。操作系统的网络支持能力大致可以分为两个层次：一个层次是，随着局域网、广域网及互联网的逐步普及，通过扩展操作系统的功能来支持网络化的环境，主要提供网络访问和网络化资源管理的能力；另一个层次是，在操作系统和应用程序之间出现了新的一层系统软件——中间件（Middleware），用以提供通用的网络相关功能，支撑以网络为平台的网络应用软件的运行和开发。下面按照这两个层次介绍操作系统网络支持能力的发展。

1. 从单机到互联

最早的计算机系统多以孤立运行为主，因此，在最早出现的操作系统中并没有考虑网络支持功能。例如，Windows 系列操作系统直到 Windows 95 才开始把对网络的支持（如网卡驱动和 TCP/IP 协议）内置到系统中。

20 世纪 70 年代，在局域网中出现了"以太网"的概念，实现了分布式的数据包交换。随着广域网的发展，1983 年，ARPANET 正式采用 TCP/IP 协议；到 1985 年，Unix 操作系

统中出现了网络化的文件管理功能,也就是网络文件系统。在这些基础网络技术的支持下,在20世纪90年代出现了"网络操作系统"的概念,例如Novell公司的Netware系统、Artisoft公司的LANtastic系统等。这一类网络操作系统只是在原来的单机操作系统之上添加了对网络协议的支持,从而使得原本独立的计算机可以通过网络协议来访问局域网(或广域网)的资源。严格来讲,这样的操作系统并不是现代意义上的网络操作系统。

在网络操作系统之外,还出现过"分布式操作系统"(Distributed Operating System)的概念。对于普通用户而言,分布式操作系统与普通的传统操作系统在使用上并无差别,但是实际上分布式操作系统运行在多个独立的CPU之上。它的关键概念是"透明性",即用户无须了解底层多处理器或网络的分布细节。换句话说,分布式操作系统在提供网络支持的前提下,面向多处理器系统提供完全透明的任务分配、并行执行的功能,并可以进一步扩展到对网络计算资源的分布式管理。由于分布式操作系统的概念过于理想化,虽然关于分布式操作系统的研究非常多,但是事实上并没有真正实现商用的分布式操作系统。

2. 中间件:新的系统软件层

"中间件"的概念最早出现在1968年"北大西洋公约组织软件工程会议"的报告中。1972年,英国 *Accountant* 杂志中给出了对"中间件"的描述:由于有些系统过于复杂,需要对标准操作系统进行增强或修改,由此得到的程序被称作是"中间件",因为它们位于操作系统和应用程序之间。

作为操作系统的补充,中间件为应用程序提供了一系列的应用程序编程接口,以辅助应用程序以更加透明的方式访问网络资源。中间件的主要价值在于抽象化网络应用的共性需求。在异构网络环境中(即存在不同网络协议、主机设备、操作系统和编程语言的复杂环境),中间件通过屏蔽底层技术差异,使开发者能够专注于应用逻辑的实现,大幅提升开发效率。网络中间件的功能主要包括远程过程调用、负载均衡、事务处理、容错、安全保障等。

(三)操作系统发展的推动力:效率、共性、易用

纵观操作系统发展的历史,在操作系统的发展过程中主要有以下几个驱动力:

1. 释放硬件性能潜力

随着计算机硬件的发展,操作系统必须能够提供更加高效地利用新硬件的能力,利用软件技术统筹管理好硬件以形成灵活、高效、可信、统一的虚拟资源。例如,在Unix和Linux操作系统中,可以把许多外部设备当作文件来进行管理,从而可以提高应用程序的开发效率;为了解决处理器、内存和输入/输出设备之间的速度差异,OS/360系统通过对内存的划分支持多个程序同时驻留在内存中,从而实现多道程序设计;在现代操作系统中,还可以通过虚拟内存(Virtual Memory)的概念扩展计算机的物理内存,使应用程序在运行时几乎可以拥有无穷大的内存空间;在局域网中,大多数的操作系统都支持通过网络文件系统扩展计算机的本地磁盘,使应用程序可以以透明的方式访问其他计算机上的磁盘空间。

> **知识窗口：虚拟内存**
>
> 虚拟内存是现代操作系统的核心机制之一，它在物理内存和磁盘之间建立了一个中间层。通过页表机制，操作系统为每个进程提供一个独立的地址空间，使进程认为自己拥有连续的大容量内存。当程序访问的内存页不在物理内存中时，操作系统会触发缺页中断，自动将需要的数据从磁盘调入内存。这种机制不仅扩展了可用内存空间，还提供了进程间的内存隔离保护。

2. 提升软件开发效能

从前面对操作系统发展的历史分析可以看到，操作系统的很多功能是通过凝练应用程序的共性而得到的，并将应用程序的共性沉淀为操作系统的一部分，再通过复用这些共性功能，为软件的开发和运行提供更为丰富的应用程序编程接口和运行时函数库，从而提高软件开发和运行的效率。例如，Unix 和 Linux 操作系统中集成了完整的开发环境，包括 GNU 编译器套件、Make 工具、头文件、系统库（主要是 libc）等开发工具，为开发者提供了完整的环境。在图形用户界面的发展过程中，早期发布的 Linux 操作系统中开始并没有包括图形化桌面，KDE 和 GNOME 图形桌面环境分别于 1996 年和 1997 年发布，而直到更晚的时候，它们才逐渐成为其操作系统标准发布版中的一部分。

3. 优化用户使用体验

随着新的应用模式和人机交互方式的出现，操作系统本身还引领了新型人机交互界面及相关技术的发展。早期的 Unix shell 就是一种非常经典的用户界面，直到现在它还是许多系统程序员的首选。随着个人计算机的流行，基于图形用户界面的窗口系统成为主流的交互方式。随着互联网的迅速发展和应用程序的网络化与服务化，现代浏览器已能实现许多原本需要本地应用程序才能实现的功能，因此浏览器也不再局限于网络浏览，而是逐渐成为一种新的用户界面模式。

三、融合与创新：泛在操作系统

（一）人机物融合：新时代的挑战

近年来，随着移动互联网和物联网的迅速发展，计算模式和软件都在逐步演化为更加复杂和动态的形式。在新的计算模式和应用场景中，除了传统的计算设备（"机"）和新兴的物联网设备（"物"），还融入了一种新的重要元素，即"人"的参与，从而形成人－机－物融合的计算环境。例如，在自动驾驶场景中，不仅要考虑到计算设备和汽车中各式各样的传感器，还要考虑人的因素，其中包括驾驶员及路上的行人等。

（二）跨界与延伸：泛在操作系统的内涵

随着面向人－机－物融合的新型应用模式的发展，面向不同领域的操作系统开始出现，包括物联网操作系统、机器人操作系统、企业操作系统、城市操作系统、家庭操作系统等。究其本质，这些操作系统都是面向新型互联网应用而构建的支持某些应用的开发和运行的现代网络操作系统。

基于操作系统的内涵和外延及其发展趋势，结合人－机－物融合的应用场景的特征，中国科学院院士梅宏于2018年在 *IEEE Computer* 杂志中提道：人－机－物融合泛在计算应用场景需要有新型的"泛在操作系统"，用来支持新型泛在计算设备和应用模式，为泛在资源调度和泛在应用开发运行提供支撑。

泛在操作系统特指秉承泛在计算思想，面向泛在计算资源管理，支持泛在应用开发运行，具有泛在感知、泛在互联、轻量计算、轻量认知、反馈控制、自然交互等新特征的新形态操作系统。广义上，泛在操作系统也可被用于指代基于节点操作系统（包括服务器、个人计算机、智能移动终端、传感器等不同规模计算设备的操作系统）构造的、面向网络环境与场景的新型"中间件"层系统软件，包括面向物联网、机器人、智慧城市、智慧家居等不同应用场景的操作系统。

如图3所示，泛在操作系统提供了管理硬件（物理设备＋物体＋计算设备）和软件的抽象与资源虚拟化机制，以及应用开发和运行时的支撑环境。泛在操作系统的一种典型架构是在现有节点操作系统上构造网络操作系统，提供泛在应用的开发和运行支撑。

泛在操作系统是传统操作系统概念的进一步扩展与泛化，不再把操作系统的概念局限于 Linux 和 Windows 这样的单机操作系统。因此，泛在操作系统的形式更加灵活多样，其强调的是操作系统"操作"和"管理"的功能本质，支持灵活多样的资源虚拟化机制与异构管理功能，侧重于新型应用模式下的应用开发与管理支撑。同时，泛在操作系统也秉承泛在计算（Ubiquitous Computing）的基本思想，提倡多样化的操作系统实现机制与形态，为操作系统相关技术的研究提供了一条新的思路。

图3　一种泛在操作系统概念架构的典型实现

（三）数字化转型：泛在操作系统的实践价值

数字经济已然成为继农业经济、工业经济之后的一种新型经济形态，发展数字经济是我国的战略选择。数字经济的核心是传统经济的数字化转型，而数字化转型的核心则是构造面向领域的泛在操作系统，来满足不同经济体的数字化智能化需求。泛在操作系统向下可对各类泛在资源进行虚拟化，并管理与协调各类资源；向上则可支持泛在应用的开发与运行，提供各类泛在应用的开发运维一体化环境。目前，已经涌现诸多成功案例：智慧城市操作系统、智慧家庭操作系统、智慧交通操作系统、智慧矿山操作系统等。面向不同企业、园区、场馆、社区的泛在操作系统正不断得到应用与推广。

（四）机遇与挑战：泛在操作系统的未来图景

近年来，泛在操作系统得到了学术界和产业界的广泛关注，被写入了《"十四五"软件和信息技术服务业发展规划》，并获得国家自然科学基金委员会信息科学部专项项目的支持。在产业界，华为、小米、腾讯、海尔等一批企业在物联网、云计算、智慧城市、智慧交通、智慧建筑、智能家居等领域的泛在操作系统研发上也开展了积极的探索和实践，为不同行业用户在数字化转型中提供了重要的系统软件支撑。

泛在操作系统概念尚未形成广泛共识，其技术仍然面临诸多挑战。人－机－物融合泛在计算环境多变、需求多样、场景复杂，需要对硬件资源、数据资源、系统平台及应用软件等进行柔性灵活的软件定义，以支持泛在感知与互联、轻量计算与认知、动态适配、反馈控制、自然交互等新应用特征。因此，需加强新时代软件基础前沿技术与方法的研究，进而深入、全面地开展面向人－机－物融合的泛在操作系统研究。同时，开源、众包及内源等软件开发社区模式已成为传统组织型软件开发模式之外的重要模式，因此，带来开源闭源交织的复杂软件供应链和生态，构建泛在操作系统及其智能应用的开源社区与生态也成为必然趋势。

思考

1. 从手机、电脑到智能家居设备，操作系统以何种方式作为"基石"支撑应用程序运行，又如何作为"桥梁"连接用户与硬件？你能否找到一些具体的例子？

2. 请观察你使用手机或电脑同时运行多个应用程序时，系统表现出的性能变化。你能从操作系统内存管理的角度解释这些现象吗？如果让你设计下一代操作系统的内存管理机制，你会如何设计以适应未来多核处理器和大数据应用的需求？

3. 传统操作系统通过用户权限控制、内存保护等机制保障安全，但在设备互联、数据共享的环境中，这些机制可能面临新的挑战。请分析在智能设备互联的家庭或校园环境中可能出现的安全隐患，并思考在操作系统层面可以采取哪些创新措施来保护用户隐私和数据安全。

4. 随着人工智能技术的快速发展和我国传统行业数字化转型的进程加快，新的计算系统、新的应用场景也正在大量涌现。请你结合新技术的发展趋势，思考面向未来的新型泛在操作系统的应用场景，以及它们有可能会从哪些方面改进信息技术的应用效果。

从概念起步：
初识人工智能的广阔版图

主讲人：杨耀东

主讲人简介

　　杨耀东，北京大学人工智能研究院研究员（博雅学者）、人工智能安全与治理中心执行主任；入选人力资源和社会保障部高层次留学人才回国资助计划，获得"国家自然科学基金优秀青年科学基金项目（海外）""中国科协青年人才托举工程"资助；研究方向为智能体安全交互与价值对齐，科研领域涵盖强化学习、人工智能对齐、多智能体学习、具身智能；发表人工智能领域顶会顶刊论文100余篇，谷歌引用近万次；带领国内团队研发多智体强化学习算法的研究成果首登 Nature Machine Intelligence，碳材料大模型工作成果刊登于 Matter，带领团队获2022年神经信息处理系统大会（NeurIPS）机器人灵巧操作比赛冠军；现任人工智能领域国际顶级会议（如NeurIPS、ICML、ICLR 等）的领域主席，以及 Neural Networks 和 Transactions on Machine Learning Research 期刊执行编委。

协作撰稿人

　　蒋仲溴，北京大学信息科学技术学院"图灵班"2023级本科生。

提到人工智能，你也许会想到 DeepSeek、ChatGPT 等大语言模型，或是 2025 年中央广播电视总台春节联欢晚会上会转手绢的机器人。这些耀眼的科技明星确实代表了人工智能的突破性成就，但人们往往会忽略支撑这些成就的理论基础与宏观体系。这种片段化认知犹如"盲人摸象"，导致人们难以把握人工智能领域的真正深度与广度。本讲内容旨在构建一幅完整的认知地图——揭示"智能"的本质内涵，梳理从图灵测试到深度学习的发展脉络，分析主要研究范式间的思想交锋，探讨价值对齐等根本性挑战。这种全局视角不仅能让我们超越技术表象，理解人工智能的核心问题与演进逻辑，也为判断前沿突破的意义与局限提供必要框架。

近年来，随着 ChatGPT、DeepSeek 等大语言模型的兴起，人工智能的概念逐渐走进大众视野，引发了人们对未来科技发展的无限遐想。然而，人工智能并不仅仅局限于大语言模型，它是一个庞大且复杂的学科体系，涵盖了众多令人惊叹的领域和技术。

一、什么是人工智能

（一）智能的三环节：感觉、记忆与思考

要理解人工智能，我们首先要了解什么是智能。智能是智力和能力的总称，涵盖了人类在认知、思维、行为等方面的综合表现。具体来说，智能可以从感觉、记忆和思维三个方面来理解。

1. 感觉：认知的入口

智能的基础是感觉，即通过感官（如视觉、听觉、触觉等）获取外界信息的能力。感觉是智能的起点，人类通过感官接收外部刺激，并将其转化为神经信号传递到大脑。

人类感官系统的工作原理启发了人工智能感知系统的设计。例如，人眼中有超过 1 亿个感光细胞，可以区分约 1000 万种颜色；而现代计算机视觉系统通过数百万像素的摄像头和复杂的神经网络算法，已经能在某些特定任务上超越人类视觉。例如，人工智能系统可以在数千张医学影像中精确找出早期癌症迹象，这是人的肉眼难以做到的。

2. 记忆：为经验织网

记忆是智能的重要组成部分，它涉及信息的存储和提取。记忆可以分为短期记忆和长期记忆两种——短期记忆用于临时存储信息，而长期记忆负责存储更持久的信息。记忆能力直接影响个体的学习、推理和问题解决能力。人类记忆系统的复杂性远超过我们日常的理解。

现代人工智能系统也模拟了不同类型的记忆机制：循环神经网络的隐藏状态可视为短期记忆；而长短期记忆网络通过"门控"机制决定哪些信息应当保留或遗忘，有效解决了传统循环神经网络难以捕获长期依赖关系的问题。更先进的记忆增强神经网络则配备了可读写的外部记忆模块，能够存储和检索更复杂的信息结构。

在实际应用中，这些记忆机制使人工智能系统能够保持对话的上下文、记住用户偏

好,甚至进行长期规划。然而,与人类记忆相比,人工智能系统的记忆仍然相对刚性,缺乏人类记忆的情境依赖性、创造性重构和自动整合新旧知识的能力。

3. 思维:从信息中炼金

思维是智能的核心,它涉及对信息的加工、分析和推理。思维过程包括逻辑推理、抽象思维、创造性思维等。通过思维,个体能够理解复杂的概念、解决难题,并做出决策。

人类思维的独特之处在于其灵活性和创造性。例如,类比推理能力让我们能将已知领域的知识迁移到未知领域。当爱因斯坦思考相对论时,他想象自己骑在光束上看世界的场景,这种思维实验帮助他突破了传统物理学的局限。

目前的人工智能系统在结构化思维和特定领域推理上表现出色,但在创造性思维和跨领域迁移学习方面仍与人类有很大差距。最新的研究方向之一是开发具有元学习能力的人工智能,即学会如何学习,以期缩小这一差距。

> **知识窗口:元学习**
>
> 元学习可以理解为学会如何学习的能力,是人工智能研究的前沿领域。普通的机器学习算法针对特定任务学习特定技能,而元学习则让人工智能系统能够从多种不同任务中提取共性,快速适应新任务。学过钢琴的孩子学习小提琴会比从未接触过音乐的孩子更快上手,因为他们已经掌握了音乐的基本知识。元学习的人工智能系统也是如此,它们能够利用先前任务中获得的经验,更高效地学习新任务。

能力是行为和语言的表达过程。能力是智能的具体体现,它反映了个体在特定领域中的表现水平。能力可以包括认知能力、运动能力、社交能力等。

多元智能理论由美国心理学家霍华德·加德纳于1983年提出。该理论认为,人类的智能不是单一的,而是由多种相对独立的智能组成。这些智能分别是:语言智能,涉及对语言文字的运用能力,包括口语和书写;数学逻辑智能,涵盖数学和逻辑推理的能力;空间智能,即对空间关系的认识及通过想象创造视觉图像的能力;身体运动智能,即运用身体表达想法和感觉的能力,以及运用双手生产或改造事物的能力;音乐智能,即对音调、节奏、音色和旋律的敏感性;人际智能,即理解他人及与他人交往的能力;自我认知智能,即认识自己并选择自己生活方向的能力;自然认知智能,即对自然环境和动植物的认知和分类能力。

(二)智能的起源:从生命进化到机器苏醒

在浩瀚的宇宙中,地球上的生命展现出了令人惊叹的智慧。从简单的细菌到复杂的灵长类动物,智能的演化经历了漫长的过程。原核生物虽然结构简单,但能够感知环境并进行简单的反应;真核生物拥有更复杂的细胞结构,能够进行复杂的代谢和运动。鱼类能够感知周围环境,并进行简单的学习和记忆;两栖动物和爬行动物拥有更加发达的神经系统,能够进行复杂的思考和决策；哺乳动物拥有更高级的智能，能够进行抽象思维和语言表达。受自然智能的启发，科学家们开始探索如何让机器也拥有智能。1956年，达特茅斯会议标志着人工智能学科的正式诞生。人工智能的目标是研究和开发能够模拟、延伸和扩展人类智能的理论、方法、技术及应用系统。

（三）智能的定义：对行为、思考与理性的分析

对于人工智能，人们有着不同的理解和定义。最常见的四种人工智能系统的定义是类人思考、理性思考、类人行为和理性行为。

类人思考是指要求人工智能像人类一样思考，让机器的思考符合人类心智理论。心智理论是指我们理解自己和他人的心理状态的能力，如知道别人在想什么、有什么感受。对于人工智能来说，这意味着机器要能够理解人类的意图、情感和需求。例如，当你不开心的时候，一个具有类人思考能力的机器可能会给你讲一个笑话来安慰你。

理性思考是指要求人工智能遵循逻辑和规则进行思考。例如亚里士多德"三段论"定义的逻辑，即通过大前提、小前提和结论的形式（例如，所有人都会死，苏格拉底是人，所以苏格拉底会死）进行演绎推理，以确保思考过程的合理性。

类人行为是指要求人工智能像人类一样行动。1950年，英国数学家艾伦·图灵提出了著名的图灵测试：如果一台机器能够与人类进行对话，并且让人类无法区分对话对象是机器还是人类，那么这台机器就通过了图灵测试。

理性行为是指要求人工智能采取最佳行动。虽然"最佳"可能不是在所有场景下都无歧义的概念，但只要可以将"效用"进行数学建模，这种定义就是可描述、可感知的。

四种人工智能的定义都有其利弊，例如，类人思考需要心智理论的重大突破，理性行为可能难以定义"最佳"。但它们基本上都能反映人工智能具有"智"和"能"。例如，要通过图灵测试，机器需要具备自然语言处理能力，以使用人类语言进行交流；具备知识表示能力，以存储它所知道或听到的内容；具备自动推理能力，以回答问题并得出新的结论；具备机器学习能力，以适应新的环境，并可以检测和进行推理。

（四）测试智能：图灵的天才设想

图灵测试为人工智能的发展提供了明确的目标，并推动了人工智能技术的进步。尽管如此，它也有自身的局限性：

一是图灵测试的结果很大程度上取决于参与测试的评判者的主观判断，且其具体实施方式（如对话的主题、长度、难度等）可以有很大差异。这些变化会影响测试结果，使得在不同条件下进行的测试难以直接比较。二是图灵测试的结果不是"有70%像人类"，而是"是"或"否"的问题，布尔函数不易进行数学建模，难以指导机器智能的进化方向，也不便于使用数学的分析方法。

除了经典的图灵测试，现代人工智能研究已经发展出更加多元的评估方法。例如，威诺格拉德模式挑战（Winograd Schema Challenge）测试机器理解上下文和常识的能力；视觉图灵测试（Visual Turing Test）评估人工智能系统理解图像内容的能力；而更全面的通

用人工智能测试则评估系统在多种任务上的表现，如大规模多任务语言理解测试包含57个不同学科的多项选择题，覆盖从初等数学到专业法律的各个领域。

> **知识窗口：布尔函数**
>
> 　　布尔函数就像数学中的是非题——它只接受"是"或"否"的输入，也只给出"是"或"否"的答案（通常用1和0表示）。这种函数在计算机的核心逻辑中无处不在。想象一下布尔函数的图像：它不像我们熟悉的平滑曲线，而更像星空中散布的点，没有明显的连续轨迹可循。
>
> 　　当我们想找到这样的函数的最佳答案时，就会面临特殊的挑战。在普通函数中，我们可以顺着"下坡"方向前进找到山谷，但布尔函数中没有明显的"坡度"指引我们。这就像在没有地图和指南针的情况下寻宝——你可能需要一个个地点去尝试。这种困难性揭示了为什么某些看似简单的决策问题实际上计算起来非常复杂，这也是人工智能研究中的重要课题。

二、智能体的理性行为与道德准则

（一）生存法则：感知、思考和行动

　　智能体是指能够感知环境并通过行动影响环境的实体。智能体的行为取决于它对环境的感知和它所拥有的知识。人工智能专注于研究和构建做正确的事情的智能体。

　　智能体需要具备的能力包括：感知，即通过传感器感知环境；思考，即根据感知到的信息和知识进行推理和决策；行动，即通过执行器对环境进行操作。

> **知识窗口：传感器**
>
> 　　传感器是人工智能系统的"感官"，让机器能够感知周围的世界。就像我们用眼睛看、用耳朵听一样，不同类型的传感器让机器获取不同的信息。常见的传感器包括：摄像头、麦克风、温度传感器、加速度计和雷达等。
>
> 　　自动驾驶汽车就是传感器应用的绝佳例子——它们使用激光雷达创建360度的环境地图，用摄像头识别交通标志和行人，用超声波传感器测量与其他车辆的距离。这些"机器感官"的数据经过处理后，让人工智能系统能够"理解"周围环境并做出决策。
>
> 　　随着传感器技术的进步，它们变得越来越小、越来越精确，使智能设备能够获取更丰富、更准确的信息。

根据智能体的行为模式，我们可以将它们分为四种类型：① 简单反射性智能体，可根据当前的感知直接做出反应；② 基于模型的反射型智能体，可根据对环境的模型进行预测，并做出反应；③ 基于目标的智能体，可根据目标选择行动，并评估行动的结果；④ 基于效用的智能体，可根据行动的期望效用选择行动。

现代智能体系统通常采用"感知-思考-行动"循环架构，配合强大的学习机制。例如，击败过围棋世界冠军的 AlphaGo 拥有两个核心神经网络：策略网络负责选择可能的行动，价值网络负责评估每个行动的长期价值。AlphaGo 通过自我对弈不断学习，最终达到超越人类的水平。在实际应用中，智能体常常需要平衡"利用"与"探索"，即是继续使用已知的有效策略（利用），还是尝试新的可能性（探索）。这一权衡在强化学习算法中被称为"探索-利用困境"（Exploration-Exploitation Dilemma），它对于智能体的学习效率和最终性能至关重要。

（二）道德准则：价值对齐与价值锁定

想象有这样的一个智能体，它的任务是让人们笑起来。这听上去是一个很棒的主意，但为了达到这个目标，它可能会不择手段，例如，用电刺激人的神经系统，而展现出"笑"的肌肉反应。这种现象在人工智能领域被称为"目标错位"或"道德忽略"，即人工智能系统在追求最大化目标时，可能会忽略或违反人类的道德和社会规则。

价值对齐是指确保人工智能系统的目标和行为与人类的价值观和道德标准相一致。这就好比给机器人设定了一个内在的道德指南针，让它知道在追求目标的同时，不能伤害他人或做出不道德的行为。例如，自动驾驶汽车不仅要追求快速到达目的地，还要确保乘客和行人的安全。

价值对齐问题的复杂性远超我们的理解。例如，当自动驾驶汽车在面临不可避免的伤害时，它应该优先保护乘客还是行人？不同文化背景的人对此可能有不同的道德直觉。麻省理工学院的道德机器（Moral Machine）实验收集了全球数百万人对类似情境的判断，发现存在显著的文化差异。这表明，人工智能系统的价值观念可能需要考虑文化多样性，而非采用单一标准。关于价值的探讨，还有一个经典的价值锁定（Value Lock-in）问题：今天我们编入的人工智能的价值观可能会塑造未来几代人的社会结构，因此，需要慎重考虑长远影响。

此外，可证益（Provably Beneficial）也是人工智能领域的重要概念。它是指我们需要有办法证明人工智能系统的行为确实给人类带来了好处。例如，人工智能医疗诊断系统不仅要求准确率高，还要能够证明它的诊疗是有效的；否则，如果它给出了错误诊断使得病人的病情加重，这是不可承受的后果。

三、盘根错节：人工智能的跨学科理论基础

人工智能并非凭空而来，它的发展如同一棵根系庞杂的巨树，其生命力源自多个学科的深度交融。

（一）哲学：思考的起点

古希腊时期，哲学家们就开始思考如何用规则得出有效的结论，例如亚里士多德的"三段论"，这套将思维转化为形式化规则的方法，为后来计算机的符号逻辑系统提供了最原始的范式。哲学家们还探讨思维是如何产生的？它是独立于物质，还是由大脑的物理运作产生的？这些问题为人工智能的发展奠定了哲学基础。

（二）数学：计算的力量

数学是人工智能的基石，它提供了计算和推理的工具。形式化逻辑、概率论、统计学等数学分支都为人工智能的发展做出了重要贡献。例如，图灵机的概念证明了任何可计算函数都可以用机器实现，为现代计算机和人工智能的发展奠定了基础。而概率论和统计学则帮助人工智能处理不确定的信息，例如，语音识别系统就是利用概率模型来识别语音的。

概率图模型（如贝叶斯网络和马尔可夫随机场）为人工智能系统处理不确定性提供了强大工具。例如，医疗诊断系统可以基于症状的条件概率计算不同疾病的可能性。优化理论为机器学习提供了数学基础，如梯度下降法是训练神经网络的核心算法。线性代数在人工智能中的应用尤其广泛，从特征提取到深度学习，大量计算都依赖于矩阵运算。这也是为什么图形处理器（GPU）在人工智能研究中如此重要，因为它们能高效地进行并行矩阵计算。

> **知识窗口：梯度下降法**
>
> 梯度下降法是机器学习中最常用的优化方法，可以想象成寻找山谷最低点的过程。假设你被蒙住眼睛被带到一座山上，如何找到山底？一个直观的方法是：感受你所站位置的斜坡方向，然后朝着下坡方向走。重复这个过程，最终你会到达山谷的最低点。
>
> 在机器学习中，"山"是一个损失函数，用来描述模型预测值与真实值的差距。"下坡方向"就是这个函数的梯度（即变化最快的方向）。通过沿着梯度的反方向调整模型参数，一步步减小损失，最终找到误差最小的模型设置。
>
> 梯度下降有不同变体：标准版使用全部训练数据计算每一步；随机版每次只用一个数据点，速度更快但路径更"曲折"；小批量版则取两者的平衡，是深度学习中最常用的形式。

（三）经济学：决策的智慧

经济学研究的是人类如何做出决策，以及如何与他人互动。人工智能中的决策系统如强化学习，就是借鉴了经济学中的博弈论和决策论的理论，帮助机器学习如何在与环境互动中做出最优决策。例如，自动驾驶汽车需要根据交通状况和路况，做出最佳的驾驶决策。

（四）神经科学：大脑的奥秘

神经科学研究的是大脑的结构和功能，以及大脑如何产生智能。人工智能研究者正在借鉴神经科学的知识如神经元学说和脑电图技术，来设计和建造更加智能的机器。例如，深度学习模型就是受到人脑神经网络的启发而设计的。

（五）心理学：思维与行为

心理学主要研究人类和动物是如何进行思考并做出相应行为的。人工智能研究者正在借鉴心理学的知识如认知心理学和认知科学，来理解和模拟人类的思维和行为。例如，机器学习模型可以学习人类的语言和情感，从而更好地与人类进行交流。

（六）计算机工程：高效的平台

计算机工程研究的是如何设计和建造高效的计算机。人工智能的发展离不开计算机硬件和软件的进步，例如，摩尔定律和 GPU 技术都极大地推动了人工智能的发展。GPU 强大的并行计算能力，可以加速机器学习模型的训练。

（七）控制论：反馈与控制

控制论研究的是人造物如何控制自己的行为。人工智能中的控制系统如自动驾驶汽车，就是借鉴了控制论的理论，帮助机器实现自主控制和决策。例如，自动驾驶汽车需要根据传感器获取的信息，不断调整方向和速度，以保持行驶安全。

控制论的核心概念"反馈循环"在现代人工智能系统中无处不在。例如，推荐系统根据用户反馈（如点击、停留时间）不断调整推荐策略；自动驾驶汽车通过比较计划路径和实际位置持续调整方向和速度。一个有趣的例子是比例–积分–微分控制器（简称 PID 控制器），这一简单而强大的控制算法被广泛应用于从无人机到工业机器人等各种系统中。更复杂的是模型预测控制，它能够预测未来多个时间步的系统状态，做出更加前瞻性的决策，这在自动驾驶等领域尤为重要。

（八）语言学：语言的桥梁

语言学研究的是语言的结构和功能，以及语言如何与思维联系。人工智能中的自然语言处理系统如机器翻译和语音识别，就是借鉴了语言学的知识，帮助机器理解和生成语言。例如，语音识别系统需要识别语音的音素和语调，才能准确地理解说话者的意思。

四、起伏的浪潮：人工智能的发展历程

（一）初生的雄心：人工智能的黎明时代

人工智能的起源可以追溯到 20 世纪 40 年代。1943 年，美国心理学家沃伦·麦卡洛克和数理逻辑学家沃尔特·皮茨提出了人工神经元模型，这是人工智能的第一项研究工作。1950 年，图灵提出了著名的图灵测试，并介绍了机器学习、遗传算法和强化学习等概念，为人工智能的发展奠定了基础。随后，美国计算机科学家马文·明斯基和他的同学迪安·埃德蒙兹建造了第一台神经网络计算机 SNARC。

> **知识窗口：人工神经元模型**
>
> 人工神经元模型是受大脑神经元启发的计算单元，是神经网络的基础构件。就像生物神经元接收来自其他神经元的信号并决定是否"激活"传递信息，人工神经元也有类似功能。
>
> 一个基本的人工神经元包含三个关键步骤：首先，它接收多个输入信号，每个信号都有一个"权重"（表示重要性）；其次，计算这些输入的信号的加权总和；最后，通过一个"激活函数"决定是否产生输出信号。
>
> 1943年，麦卡洛克和皮茨提出了第一个人工神经元模型（也称为 M-P 模型），它虽然简单，却捕捉到了神经元的基本特性。该模型通过将大量这样的神经元连接起来，形成复杂的网络，可以实现惊人的学习能力，这就是今天深度学习的基础。这个简单而强大的概念，开启了人工智能研究的新篇章。

1956年，达特茅斯会议确定了"人工智能"这个名词，标志着人工智能学科的正式诞生。很多现在仍在使用的概念及名词，都是在这次会议上提出的。

达特茅斯会议之后，人们对人工智能充满了无限的热情和期望。

在这个时期，达特茅斯会议的参与者艾伦·纽厄尔和赫伯特·西蒙提出了通用问题求解器，这可能是第一个体现"人类思维"方式的程序。麦卡锡开发了高级编程语言 Lisp，这是一种非常适合人工智能研究的编程语言。同时，他提出了基于知识和推理的人工智能系统。1976年，纽厄尔和西蒙又提出了物理符号系统（Physical Symbol System）理论，为人工智能的研究奠定了基础。

（二）遇见南墙：理想与现实的第一次碰撞

随着研究的深入，人工智能的发展遇到了瓶颈。早期的人工智能系统在简单的任务上表现得不错，但在复杂的问题上却无法取得突破。

1969年，明斯基和同为计算机科学家的西摩·帕尔特的著作《感知机》（*Perceptrons*）指出了感知机[①]的局限性，即其不可能处理线性不可分的问题。1973年，应用数学家詹姆斯·莱特希尔的报告指出，人工智能无法处理组合爆炸问题，使得人工智能的发展陷入低谷。

> **知识窗口：组合爆炸**
>
> 组合爆炸是指当问题的可能解决方案数量随着问题规模增长而呈爆炸性增长的现象。想象一下国际象棋游戏：第一步有20种可能的移动方式，第二步大约有400

---

① 最早的人工神经网络模型。

种可能的局面（20×20），第三步有约 8000 种……第十步就有惊人的约 10^{15} 种可能的局面。

这种爆炸性增长使得穷举所有可能性变得不切实际，即使是今天最快的超级计算机也无法在合理时间内处理这么多选项。这就是为什么早期的人工智能研究者发现，简单地列举所有可能性并不是解决复杂问题的有效方法。

组合爆炸是人工智能研究中的基本挑战之一，推动了启发式搜索、剪枝算法等技术的发展，这些方法通过"聪明"地减少需要考虑的可能性数量，使得解决复杂问题成为可能。理解组合爆炸有助于我们认识到，即使是看似简单的问题，其背后的计算复杂度也可能令人生畏。

（三）知识的力量：专家系统的兴起和困境

为了解决人工智能的局限性，研究者们开始探索新的方法，专家系统应运而生。专家系统利用领域特定的知识来解决问题。例如，于 20 世纪 70 年代诞生的 MYCIN 是一个用于诊断血液感染的专家系统，它包含了大约 450 条规则。在 20 世纪 80 年代初期，R1 成为首个成功实现商用的专家系统，主要用于配置订单；它的应用每年为企业节约了 4000 万美元。到 20 世纪 80 年代末期，美国数字设备公司部署了 40 多个专家系统，杜邦公司有 100 多个专家系统在使用。从 80 年代初期到 80 年代末期，人工智能行业产生了数百家相关公司。

专家系统虽然在特定领域取得了显著成就，但其局限性也逐渐暴露。

一是知识获取瓶颈。专家系统依赖于大量的领域知识，而这些知识的获取通常需要领域专家的深度参与。知识工程师需要将专家的知识编码成规则，这个过程既耗时又需大量资金支撑。

二是推理能力的限制。专家系统的推理机制主要基于逻辑推理，这在处理复杂问题，尤其是那些涉及不确定性、模糊性和多样性的问题时，显得力不从心。

三是可扩展性问题。随着规则数量的增加，专家系统的管理和维护变得极其复杂，导致系统难以扩展到更广泛的领域。

（四）连接的革命：神经网络的复兴

在人工智能的发展历程中，反向传播（Back-Propagation）算法的重新发现，标志着联结主义的彻底复苏。早在 20 世纪 60 年代初期，反向传播算法的雏形就已经出现，然而，它的真正潜力直到 20 世纪 80 年代才得以显现。这一算法的精髓在于其能够有效地训练多层神经网络，为人工智能的研究开启了新的篇章。

> **知识窗口：反向传播**
>
> 反向传播是训练神经网络的关键算法，就像我们"做作业－批改作业"的过程。例如，一个学生（神经网络）做了一套测试题，教师（算法）看到答案后，不仅告诉学生哪里错了，还帮助他分析是哪一步的思考导致了错误，然后从后向前，一步步修正学生的思考方式。
>
> 具体来说，反向传播包含两个阶段：前向传播阶段，即输入数据从输入层流向输出层，产生预测结果；反向传播阶段，即计算预测值与真实值的误差，然后从输出层向输入层反向传递这个误差，并相应地调整网络中的权重参数。
>
> 这个算法的妙处在于它能高效地计算每个参数对最终误差的贡献，使得神经网络能够从错误中进行"学习"。虽然反向传播的基本思想早在20世纪60年代就出现了，但直到1986年由美国心理学家大卫·鲁梅尔哈特、计算机科学家杰弗里·辛顿和计算机科学家罗纳德·威廉姆斯重新发现并推广，才真正掀起了神经网络研究的浪潮，为今天的深度学习革命奠定了基础。

为了在实践中评估和比较不同算法的性能，研究者们发展了大量的基准数据集和问题集，如 MNIST、ImageNet、COCO、SQuAD、WMT 等。这些数据集不仅为研究者提供了统一的评价标准，也为算法的优化和改进提供了丰富的实验资源。

（五）数据驱动的新纪元：深度学习与大模型时代

21世纪以来，随着互联网和计算能力的快速发展，大数据时代来临。大数据为人工智能提供了丰富的训练数据，使得机器学习模型能够更好地学习知识和技能。

深度学习是机器学习的一个重要分支，它使用多层神经网络来学习复杂的模式。深度学习的出现，使得人工智能在图像识别、自然语言处理等领域取得了突破性进展。例如，AlexNet（一种深度卷积神经网络）在 ImageNet 大规模视觉识别挑战赛中取得了冠军，标志着深度学习的兴起。

随着时间的推移，大语言模型逐渐成为人工智能领域的研究热点之一。这些模型通过数以亿计甚至更多的参数，以及对几乎整个互联网文本数据的学习，模拟了人类的语言理解与生成过程。它们不仅可以回答各种问题、撰写文章，还能进行翻译、摘要等高级语言处理任务。例如，基于 Transformer 架构的模型（如 GPT 系列），已经展示了强大的自然语言理解和生成能力，极大地推动了人机交互的进步，同时也引发了关于伦理、隐私和安全等方面的广泛讨论。

五、人工智能的前沿趋势

（一）三大思想流派：符号、行为与联结的智能之路

人工智能的研究方法丰富多彩，涵盖了不同的理论体系和实践路径。目前，学术界普

遍将人工智能的研究方法归纳为三种主要流派：符号主义、行为主义和联结主义。

符号主义流派的研究者坚信，人工智能的根基在于数理逻辑。他们认为，符号是构建智能系统的基石。通过深入研究逻辑推理、知识表示和自动推理等领域，他们试图模拟人类思维的过程。例如，专家系统就是一个典型的符号主义应用，它通过一套预先设定的规则和事实库，进行逻辑推理，解决特定领域的问题。符号主义流派强调，通过符号推理，人工智能可以实现对复杂问题的求解和决策。

行为主义流派的研究者认为，人工智能的起源应追溯到控制论。在他们看来，智能行为并非孤立存在，而是在与环境的持续交互中产生。他们关注如何使机器在与环境互动的过程中，自动学习和适应。例如，机器人足球赛中的机器人通过不断地尝试踢球，记下自己的每次失败，最终实现进球。行为主义流派强调实践和经验，认为智能系统应该在与环境的实际互动中成长。

联结主义流派的研究者主张，人工智能的发展应借鉴仿生学原理，尤其是人脑的结构和功能。联结主义者运用人工神经网络来处理信息，学习知识和技能。这种研究方法强调模仿人脑的神经元连接方式，通过大量简单的处理单元（即神经元）相互连接，形成一个复杂的网络。例如，深度学习技术就是联结主义的一个典型应用，它在图像识别、语音识别等领域取得了显著成果。联结主义流派认为，通过模拟人脑的神经网络，人工智能可以实现自我学习和知识迁移。

近年来，一种被称为"神经符号AI"的新范式正在兴起，它试图结合符号主义的精确推理和联结主义的学习能力。例如，前面提到的AlphaGo将深度神经网络与蒙特卡洛树搜索算法相结合，既能从数据中学习，又能进行前瞻性规划。而另一个前沿方向是"因果机器学习"，它不仅关注数据中的相关性，还试图理解变量间的因果关系。这对构建更具鲁棒性和可解释的人工智能系统至关重要。例如，医疗诊断系统不仅需要知道某些症状与特定疾病相关，还需要理解症状和疾病之间的因果链条，才能提供合理的治疗建议。

（二）交叉融合的智能版图：人工智能与多学科的创新对话

人工智能与其他多个学科已有深度的融合。在人工智能成功解决那些领域曾经的难题的同时，这些领域也推动着人工智能的发展。

在计算机视觉与图形学领域，一方面，通过将计算机视觉技术与人工智能相结合，我们可以创造出更加逼真的虚拟环境，这可以应用在虚拟现实游戏或电影特效等领域。另一方面，计算机视觉让计算机能够"看"懂图像和视频，这也是人工智能的重要组成部分。例如，人脸识别、自动驾驶等技术都离不开计算机视觉。

在自然语言处理与心理学领域，一方面，借助大规模预训练和序列到序列模型，我们能够让机器准确理解句子的含义，处理代词指代、语义歧义等问题，聊天机器人从而成为可能。另一方面，通过研究人类的语言和思维，人工智能可以更好地理解人类的情感和意图；同时，自然语言处理研究让计算机更好地理解和处理人类语言，有效地推动了机器翻译等技术的进步。

> **知识窗口：序列到序列模型**
>
> 序列到序列模型是处理输入序列并生成输出序列的神经网络架构，特别适合翻译、文本摘要等任务。它就像一个能听懂一种语言并说出另一种语言的"翻译官"。这种模型通常包含两个主要部分：编码器和解码器。编码器读取并理解输入序列（如英文句子），将其转化为一组数字表示（也称为中间表示或语义向量）；解码器则基于这组数字表示生成输出序列（如中文翻译）。
>
> 序列到序列模型的突破性在于，它可以处理不同长度的输入和输出序列，捕捉序列中的长期依赖关系。在谷歌翻译等系统中，这种模型已经取代了传统的基于规则和统计的方法，大幅提升了翻译质量。近年来，序列到序列模型已经从最初的循环神经网络发展到了更强大的 Transformer 架构，成为大语言模型的基础技术。

在认知推理与数学领域，一方面，人工智能（如 DeepMind 的 AlphaGeometry），结合符号推理和神经网络，能够自动发现几何定理的证明；通过数据驱动方法，人工智能能够发现数学公式和规律（如 Eureqa 软件）。另一方面，认知推理研究人类如何进行逻辑推理和决策，而数学则提供严谨的理论基础，可以帮助人工智能更好地进行推理和解决问题。

在机器人与电子工程领域，一方面，人工智能可以使多个机器人协作完成任务，如无人机编队、仓储机器人协作等；另一方面，电子工程为具身智能提供了硬件支持，如传感器、芯片等。

在生命科学领域，一方面，人工智能能够快速分析基因组数据，识别基因变异和功能。例如，DeepVariant 用于基因测序数据分析；AlphaFold 通过深度学习，准确预测了蛋白质三维结构。另一方面，人工智能的诸多算法，如遗传算法、蚁群算法、神经网络，其灵感来源于生物进化、群体行为和神经元连接。

在自动驾驶领域，计算机视觉、传感器融合、强化学习等技术紧密结合。现代自动驾驶系统通常采用多模态感知策略，结合摄像头、激光雷达、毫米波雷达等多种传感器，构建对环境的全面理解。例如，特斯拉最新的完全自动驾驶（Full Self-Driving，FSD）系统[1]使用 8 个摄像头和神经网络处理，通过端到端学习直接从视觉输入映射到控制决策。在能源管理领域，人工智能系统通过预测能源需求、优化发电调度，提高电网效率。DeepMind 与谷歌数据中心合作，通过机器学习优化数据中心冷却系统，减少了 40% 的能源消耗。这些跨领域应用展示了人工智能作为通用技术平台的巨大潜力。

（三）通往通用人工智能的征程：挑战与愿景

通用人工智能是人工智能领域的终极目标，是指具备与人类同等或更高智能水平的机器，能够像人类一样学习、思考、解决问题，并适应各种环境。通用智能体的三大核心要素：在复杂动态环境（物理、社会）中能够实现完成无限任务，以及自主定义任务和由价值驱动。

---

[1] 需驾驶员监督。

从针对弱人工智能的研究迈向面向强人工智能的探索，智能体系从注重感知性能发展到强调认知能力，标志着人工智能发展进入了一个新的阶段，也预示着未来10～20年国际科技发展的前沿和争夺的焦点将是通用人工智能。

各国政府和企业都在积极投入研发。中国政府将人工智能视为国家战略，并发布了《新一代人工智能发展规划》；美国政府将人工智能视为国家安全和经济发展的重要战略，并投入大量资金进行研发；欧洲也没有停止发展人工智能的脚步，并关注人工智能的伦理和社会影响。

迈向通用人工智能的关键技术路径包括：多任务学习和元学习使人工智能系统能够快速适应新任务，持续学习使系统能够在不忘记已学知识的前提下学习新知识，神经符号整合结合了深度学习的感知能力和符号推理的精确性，世界模型（World Models）通过预测环境动态来支持规划和决策。DeepMind 的 Gato 模型是迈向通用人工智能的一次尝试，这个单一模型可以玩电子游戏、控制机械臂、生成语言和分类图像等，能够处理 600 多种不同任务。谷歌公司的 PaLM 模型和 Anthropic 公司的 Claude 模型也显示出令人惊讶的跨领域能力，能够理解和生成文本、代码、数学公式等多种内容形式。尽管如此，这些模型与真正的通用人工智能仍有显著差距，特别是在常识推理、因果理解和自主学习方面。

（四）未来与使命：新一代探索者大有可为

作为跨领域的交叉学科，人工智能的研究者最好具有这些特征：良好的动手能力，扎实的数学功底，对科技感兴趣，以及对智能现象感兴趣。人工智能涉及大量的编程、实验和调试，需要动手能力强的同学才能将理论付诸实践。人工智能的理论基础是数学，具备扎实的数学功底的同学才能理解人工智能的算法和模型。人工智能是科技发展的前沿领域，对科技感兴趣的同学更容易保持学习的热情，并跟上科技的最新发展。人工智能是研究智能的本质，对智能现象感兴趣的同学更容易深入理解人工智能的理论和方法。

机器有自我意识吗？如何让它产生自我意识？未来的人工智能是个充满机遇的领域，也许人类社会最伟大的造物正呼之欲出！

思考

1. 图灵测试是判断机器是否具有智能的经典方法，但其也存在主观性强、难以量化等局限性。在当今人工智能技术快速发展的背景下，图灵测试是否仍然有效？如果要设计一个更科学的智能评估方法，你会考虑哪些新的标准或测试形式？

2. 人工智能可能因目标错位而违背人类伦理。假设你负责设计一个自动驾驶系统的道德决策算法，当面临不可避免的交通事故时（如保护乘客还是行人），你会如何设计选择依据？请从技术可行性（如概率计算）和社会伦理（如文化差异）两方面进行分析。

3. 当前人工智能（如大语言模型）仍依赖大量数据和特定训练，你认为人类距离实现真正的通用人工智能还有哪些关键障碍？突破障碍的方法是算法改进（如神经符号整合）、硬件发展（如算力提升），还是其他？

学无止境：
机器学习的宏观思路与精妙算法

主讲人：王立威

主讲人简介

王立威，北京大学教授、博士生导师；主要研究领域为机器学习，长期担任神经信息处理系统大会（NeurIPS）、国际机器学习大会（ICML）、国际学习表征会议（ICLR）等机器学习顶级会议领域主席/高级领域主席；在国际权威期刊、会议发表高水平论文200余篇，近年研究成果论文获2024年NeurIPS最佳论文奖、2024年ICLR杰出论文提名奖、2023年ICLR杰出论文奖；入选"全球AI十大新星"（AI's 10 to Watch），是首位获此奖项的亚洲学者。

协作撰稿人

何梓源，北京大学元培学院"通班"2023级本科生。

在你的手机相册中，可能保存了几千张照片。为什么你拍摄的猫咪照片会自动归入"宠物"文件夹，而食物照片则被整齐地收入"美食"分类？这背后是一个令人着迷的故事：机器是如何"学会"识别图像的。从最初的简单计算，到如今能够理解语言、生成图像的人工智能，机器学习的发展让计算机的能力突飞猛进。这种能力并非凭空而来，而是源于对人类学习过程的深刻理解与模拟。本文将带你探索机器学习的核心原理，理解神经网络如何像人脑一样思考，以及它们如何在数据的海洋中寻找规律，最终实现从数据到智慧的跨越。

一、智能的起源：机器是怎样学习的

如果我们探求真正的智能是什么，那么强大的学习能力一定会成为最关键的判断指标之一。无论是人类，还是动物，或是人工智能系统，能够通过积累经验与反复实践不断提高自身能力，是其通向智慧的必由之路。事实上，学习的过程不仅仅是简单的知识吸收，更是对世界规律的探索与理解。这种从经验中不断自我调整和优化的能力，正是智能最重要的体现。

机器学习是人工智能的一个重要分支，是指计算机通过人设计的学习算法从数据或经验中学习。"机器学习"的概念首先由阿瑟·萨缪尔提出，他将机器学习定义为，让计算机在没有明确编程的情况下，通过经验学习来解决问题的研究领域。这一定义标志着机器学习作为一门学科的诞生，也为后来的人工智能研究奠定了基础。

二、从弹簧开始：从数据到规律的三个阶段

为了帮助大家更好地理解机器学习的基本思想，在这里我们借用一个简单的例子来引入这个话题：

在初中学习物理时，大家一定都接触过胡克定律，这是力学弹性理论中的一条基本定律。它指出弹簧在发生弹性形变时，弹簧的弹力 F 和弹簧的伸长（或缩短）长度 x 成正比，即：$F = kx$（k 为弹簧的劲度系数）。

> **知识窗口：胡克定律**
>
> 17世纪，英国物理学家罗伯特·胡克提出该定律的过程颇有意思，他最初发表了一句拉丁语字谜，谜面是："ceiiinossttuv"。两年后他公布了谜底："ut tensio sic vis"，意思是"力如伸长（那样变化）"，这正是胡克定律的中心内容。

那么，如果我们深入探究并模拟胡克定理的发现与提出，可以将这一过程分为三个主要阶段。

（一）第一阶段：实验台上的数据

现象的发现通常源于我们对生活的观察，而数据则是从真实的物理世界中自然产生的。要深入理解事物的运行规律和底层原理，我们需要通过实验，系统性地收集数据，这样才能为后续的模型构建与验证奠定基础。

在胡克定律实验中，首先我们可以确定问题的变量是弹簧的弹力 F 与弹簧的伸长（或缩短）长度 x。在每次实验中，我们施加一个特定的力，并测量弹簧的伸长（或缩短）长度。通过反复实验，我们可以在二维坐标系（如图 1 所示）中绘制出这些数据点，其中横坐标表示弹簧的弹力 F，纵坐标表示弹簧的伸长（或缩短）长度 x。每次实验都会在图上产生一个点，随着实验次数的增加，我们最终得到一张完整的数据记录图。

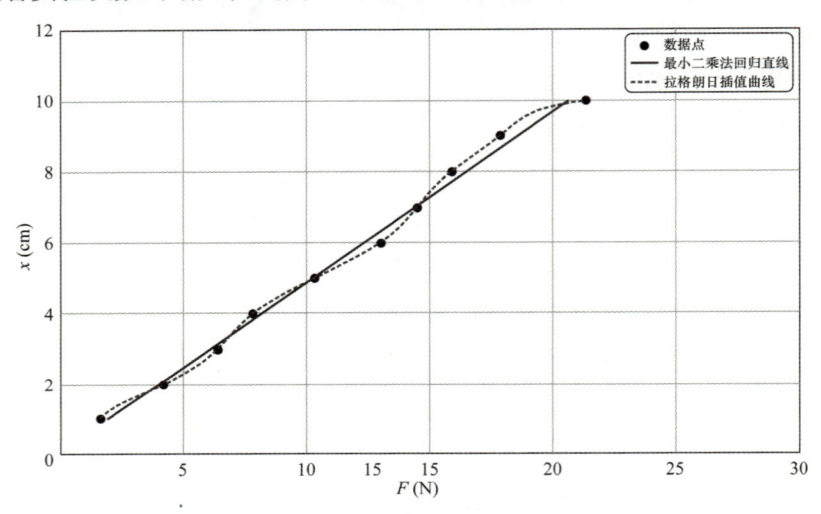

图 1　胡克定律实验记录

（二）第二阶段：调整模型的参数

规律可以理解为事物间的一种稳定关系，它描述了不同变量之间如何相互影响。为了揭示这种关系，我们通常借助函数模型来描述变量间的变化模式。常见的函数模型有线性关系、多项式关系、对数关系等，每种模型都有其特定的可调参数。例如，线性模型有斜率与偏置（offset，常称截距）两个参数。

从胡克定律的实验结果来看，弹簧的弹力 F 与弹簧的伸长（或缩短）长度 x 之间呈线性关系。因此，在学习过程中，第一步是确定适用的函数模型。通过观察数据点的分布，我们可以直观地发现这些点大致沿着一条直线分布，从而选择线性模型作为拟合模型。

一旦确定了函数模型，接下来的学习过程就是调整模型参数。这一过程的目标是让模型尽可能地拟合实际关系，就是使基于输入数据的预测值与实际观测值之间的误差最小化。通过这一阶段的优化，我们能够得到一个准确的模型，用于描述弹簧的弹力 F 与弹簧的伸长（或缩短）长度 x 之间的定量关系。

针对不同的模型，调整模型参数的方法并不完全一致。对于线性模型而言，我们选用平方损失函数，并采用最小二乘法进行回归运算。

> **知识窗口：平方损失函数与最小二乘法**
>
> 平方损失函数与最小二乘法是机器学习中解决回归问题的基础工具。
>
> 平方损失函数通过计算预测值与真实值差值的平方来衡量预测误差，可以表示为 $L(y, \hat{y}) = (y - \hat{y})^2$，其中 y 是真实值，$\hat{y}$ 是预测值。这种表达方式确保了所有误差都是正数，且较大的误差会受到更强的惩罚。
>
> 最小二乘法则是寻找最优模型参数的方法，它的目标是使所有数据点的平方损失之和最小。在线性回归中，如果我们的模型是 $y = wx + b$，最小二乘法就是要找到最优的 w 值和 b 值。通过对参数求导并令导数为零，我们可以得到使平方损失最小的参数值。这种方法之所以广受欢迎，不仅因为它有清晰的统计学解释（基于最大似然估计），更因为它能得到解析解，计算效率高。

最终，我们基于已观测到的数据得到了最小二乘法回归直线（如图1中实线所示）。此时，似乎我们已经获得了符合胡克定律的拟合模型。

然而，在这一过程中，仍然存在一些问题值得我们思考：在胡克定律实验中，我们基于直观数据和经验选择了线性模型，这种方法对于一些较为简单的情况或许是有效的，但对于更加复杂的现象，这种选择可能并不适用。

那么，在面对复杂问题时，我们应该如何选择合适的模型呢？更重要的是，在基于已观测数据建立了模型后，如何验证这个模型是否正确呢？这些问题引出了一个关键概念：模型的泛化能力。

（三）第三阶段：规律泛化的检验

学习的意义并不局限于掌握已有的知识，或仅仅解释已观测到的数据。学习的真正目标之一是：发现并总结出一个普适性的规律，使得这个规律不仅能够解释当前数据，还能在面对新数据时，依然具有较强的解决问题的能力。这也是我们所说的泛化能力。

在模型训练过程中，我们通常会通过优化算法、调整参数，使得模型在训练数据上尽可能减小误差或最小化损失函数。然而，这种方法并不能直接用来评估模型的泛化能力。简单地选择误差最小的模型并不总是有效的，因为复杂的模型可能在训练数据上表现得非常好，误差较小，但这种"拟合"可能并不代表它对新数据的适应能力。

为了进一步说明这一点，我们继续以胡克定律为例进行探讨。假设我们并不使用线性模型，而是选择一个更为复杂的九阶多项式模型。这时，我们的模型会尽可能地通过每个数据点，从而使得训练数据的误差非常小。

$$f(x) = a_n x^n + a_{n-1} x^{n-1} + \cdots + a_1 x + a_0$$

其中，n 是多项式的次数，a_n，a_{n-1}，⋯，a_0 是多项式的系数，x 是自变量。

那么，对于图1中的10个数据点，通过拉格朗日插值公式优化一个九阶多项式的参数，我们可以得到一条"完美"的曲线，如图1中的虚线所示。可以观察到，这条曲线恰好经过所有数据点，因此训练误差为零。从这个角度看，九阶多项式模型似乎优于我们之前采用的线性模型。

然而，在胡克定律问题中，尽管九阶多项式模型能够完美拟合训练数据，但它并不代表最符合现实的物理规律。胡克定律的核心是弹簧的弹力与弹簧的伸长（或缩短）长度之间的线性关系，基于物理原理，线性模型更能反映这一真实的关系。而九阶多项式模型由于过于复杂，当面对训练数据之外的新数据时，可能会表现出剧烈的振荡。这种复杂度导致的模型波动会大大偏离真实的物理规律，反而无法良好地进行泛化。这种现象被称为过拟合（Overfitting）。具体来说，虽然复杂的模型具备更强的表达能力，可以更好地拟合训练数据，但它也可能捕捉到数据中的噪声和不相关的细节，从而导致其在测试数据或新数据上的表现不佳。相反，简单的模型更能够抓住数据的主要特征和趋势，通常在面对新数据时具有更好的泛化能力。这也正是奥卡姆剃刀定律在机器学习中的体现。

> **知识窗口：奥卡姆剃刀定律**
>
> 奥卡姆剃刀定律（Occam's Razor）是一条哲学原则，由14世纪的英格兰逻辑学家和神学家威廉·奥卡姆提出，通常表述为"如无必要，勿增实体"（Entities should not be multiplied beyond necessity）。它提倡在解释现象时，应尽量减少假设和复杂性，优先选择最简单的解释。
>
> 在机器学习中，这一定律很好地反映了模型表达能力与复杂性的平衡。对于具体的问题，在模型表达能力足够的前提下，我们鼓励选择更为简单的模型，这样的选择除了可以有效避免过拟合问题出现之外，还可以增强模型的可解释性和计算效率。当然，模型选择是一个复杂的问题，更多情况下需要依据泛化能力进行具体分析。

虽然胡克定律本身与机器学习并不直接相关，但其发现过程实际上与机器学习的基本流程高度契合：收集数据、选择合适的模型、优化模型参数、检验模型的泛化能力。通过这一类比，我们不仅能够更深刻地理解机器学习的核心思想，也能够领悟到科学探索与智能学习之间的内在联系：无论是对自然法则的探索，还是对未知模式的学习，都是人类认知不断深化、不断接近世界本质的过程。

三、浅探神经网络：从仿生到创新

ChatGPT 的横空出世，使得基于大语言模型的机器学习迅速成为科技领域的热点话题。与此同时，DeepSeek 的崛起进一步推动了这一浪潮，其创新的深度学习架构和高效的训练算法为大规模机器学习提供了新的可能性。人工智能的飞速发展，尤其是在自然语言处理、图像识别等领域的突破，正在深刻改变人们的生活与工作方式。2024年的诺贝尔物理学奖也出人意料地颁给了人工智能领域的两位先锋——约翰·霍普菲尔德和杰弗里·辛顿，以表彰他们在基于人工神经网络的机器学习方面做出的基础性贡献。

机器学习的发展，离不开神经网络这一强大的技术架构。神经网络不仅是机器学习领域的核心技术，也是人工智能发展的重要支柱。通过深度学习，神经网络能够从海量数据中自动提取特征、识别模式，甚至进行推理与决策。

那么，什么是神经网络？为什么它能够成为如此强大的工具？神经网络又是如何在海量数据中自我学习、不断优化，从而实现高效预测和分类的？让我们从它的基本构造、工作原理及如何进行训练与优化等方面入手，逐步揭开神经网络的神秘面纱。

（一）为什么需要神经网络？

学习是一种对世界的建模，而任务则可以理解成一种函数映射，即从输入空间到输出空间的一个函数：

$$f: X \rightarrow Y$$

其中，输入X是需要处理的数据［例如，胡克定律中弹簧的伸长（或缩短）长度，现实世界的图片、文本、声音］，输出Y是期待的结果（例如，弹力的大小、图片的类别标签）。

纵观科学发展史，许多物理问题都能像胡克定律一样，通过简洁且明确的公式来描述。然而，现实世界中的许多问题，尽管看似简单，却无法用类似的简单公式来表达。例如，虽然每个人都可以轻松区分照片中的动物是猫还是狗，但即使我们提取了图片中的所有信息，依然无法通过一个简单的解析函数来让计算机做出同样的判断。

这类问题的复杂性源于以下几个方面。

（1）一些任务中的目标函数可能非常难以直观描述，甚至可能无法用传统的数学方法给出明确的公式。例如，在图像分类任务中，涉及的变量太过复杂且变化多端，如姿势、角度、光照条件等，这些变量都会影响物体的表现，这使得任何静态的解析函数都难以涵盖所有的可能性。

（2）一些任务中可能包含了大量的不确定变量或特征，这些变量或特征可能是模糊的、动态的，且相互之间具有复杂的依赖关系。例如，在图片中，动物的毛色、体型、姿态等特征的每个细节都可能影响最终的分类结果，但这些特征往往难以用简单的数学公式进行表达。

针对现实问题的这些特点，我们希望计算机能够自动从数据中发现潜在的规律和隐含的信息，在输入与输出之间进行有效的映射。例如，当试图让计算机区分猫和狗时，我们并不是手动地规定每个特征的规则（如猫的耳朵尖），而是通过让计算机学习大量的图片数据，使其能够通过数据内在的联系、驱动的方式，总结出规律。这一过程与人类的学习方式极为相似——通过观察大量实例，我们能不断推理、总结出规律。而神经网络也能通过数据驱动的方式，在没有显式规则的情况下，自动找出图片中的猫和狗的不同特征。

神经网络相较于其他传统函数模型，具有显著的优势。在面对复杂的任务时，神经网络能够通过多层结构和大量的神经元，自适应地学习和逼近任何复杂的函数关系。这使得它能够处理传统函数模型难以应对的高维、非线性数据问题，特别是在图像、语音和文本等领域，神经网络展现出非凡的表达能力。同时，神经网络在表示效率上也具有优势，在相同参数数量的情况下，神经网络还能够高效地提取和表示数据中的复杂特征，极大地提高了机器学习的性能和灵活性。它能通过其层级化的结构，自动拟合数据中的复杂函数，并且能够适应任务需求的多样性和复杂性。简而言之，神经网络能够构建一个"复杂函数的映射"，不仅能够处理输入和输出之间的关系，而且无须我们提前了解目标函数的具体形式。

（二）人工神经网络的结构

顾名思义，神经网络的灵感来源于人脑的神经结构。人的大脑由数十亿个神经元构成，这些神经元通过突触相互连接，并通过电化学信号进行信息传递。每个神经元通过树突接收来自其他神经元或感官的输入信号，这些信号在神经元内通过电流的变化传递。每个神经元的输出信号取决于输入信号的综合影响，这些信号来自不同的方向，并具有不同的强度和性质。

学习的本质就是神经元之间的突触连接强度和性质的变化。神经元通过加权处理输入信号来决定是否激活，而突触的强度会根据活动模式不断调整，这一过程叫作"突触可塑性"。这种可塑性是大脑学习和记忆的基础，也正是神经网络学习的核心原理。

1. 感知节点：从生物神经元到人工神经元

计算机的神经元（其结构如图2所示）就是一个信息处理单位节点，也可以称其为感知机，它从其他神经元接收输入信号，并根据这些信号生成输出。

在这个过程中，每个神经元会收到前一层神经元传递过来的信息（x_i），而对应的每条边上的权重 w_i 则代表了两个神经元之间的关系程度。此外，偏置项 b 用于调整神经元的输出，它是一个常数项，帮助神经元在不同的输入条件下保持灵活性。神经元会对上一层神经元传递的输入进行加权求和，最后经过一个非线性的激活函数得到输出 y：

$$h(x_1, x_2, \cdots, x_n) = f\left(\sum_{i=1}^{n} w_i x_i + b\right) = y$$

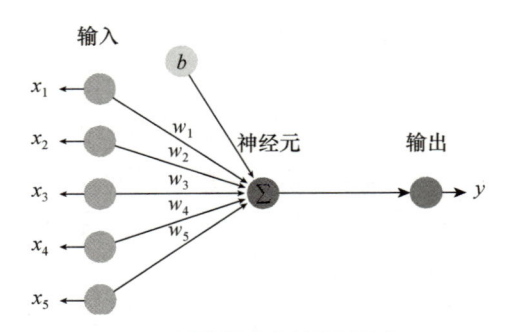

图2 计算机中的神经元结构

2. 激活函数：神经网络的"决策节点"

神经网络的灵感来源于人脑的神经元，但是神经元的激活并不是对刺激的无条件响应，而是存在一个阈值。只有当输入的刺激达到这一阈值，神经元才会被成功激活。激活函数的存在正是为了模仿大脑神经元的这一激活机制。它的重要性体现在三个方面：首先，激活函数引入非线性特征，使神经网络能够处理复杂的现实问题，而不仅限于简单的线性关系；其次，它能控制信号强度，防止信号在传递过程中变得过强或过弱，就像一个自动调节器；最后，激活函数赋予神经网络选择性，让网络能够筛选和处理不同类型的信息。正是激活函数的存在，让神经网络从简单的数学运算转变为一个能够学习和适应的智能系统，进而能够完成复杂的模式识别和决策任务。因此选择合适的激活函数对构建高效的神经网络至关重要。常见的激活函数有修正线性单元（Rectified Linear Unit，ReLU）函数和 Sigmoid 函数等。

知识窗口：激活函数 ReLU 和 Sigmoid

ReLU 函数是目前应用最广泛的激活函数，它的工作方式非常直观：当输入是正数时，它保持原值不变；当输入是负数时，它就把这个负数变成 0 [其函数图像如图 3（a）所示]。这就像是一个"单向门"——只让正信号通过，而完全阻挡负信号。

Sigmoid 函数（也称 S 型函数）像是一个"信号压缩器"，它能将任何输入压缩到 0~1 之间，形成一条平滑的 S 形曲线 [其函数图像如图 3（b）所示]。它的曲线在中间部分变化较大，而在两端变化较小，因此特别适合用来表示概率，所以常常出现在神经网络的最后一层，特别是在处理二分类问题时。

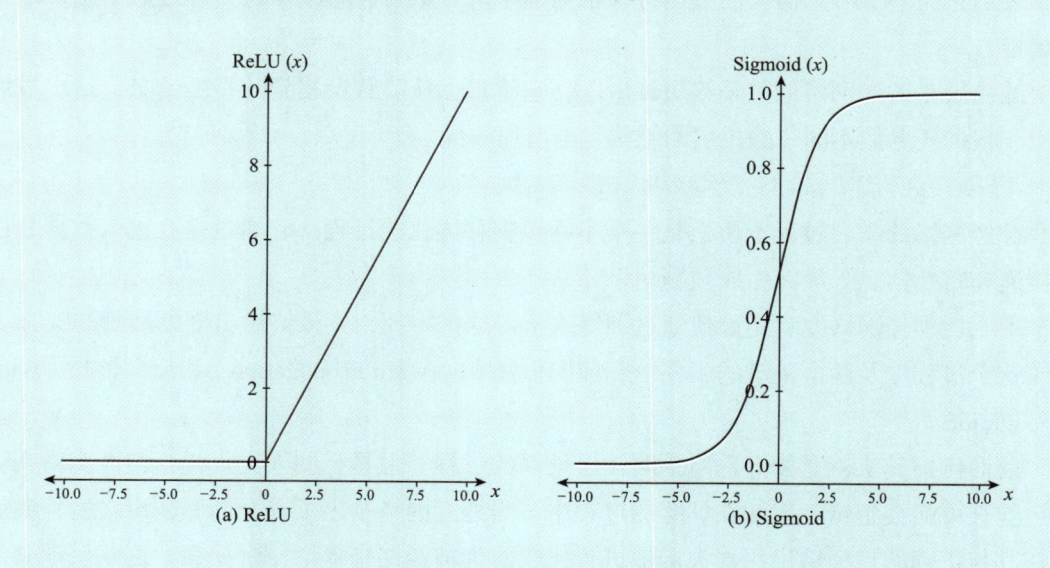

图 3　ReLU 函数和 Sigmoid 函数的图像

（三）层层深入：神经网络的结构设计

了解了单个神经元的结构之后，我们得以进一步窥看神经网络的整体层级结构。

神经网络的强大之处在于它能通过一层层的神经元处理数据，逐渐从原始数据中提取和学习特征，通常这一结构可以分为三大层：输入层、隐藏层和输出层（如图4所示）。

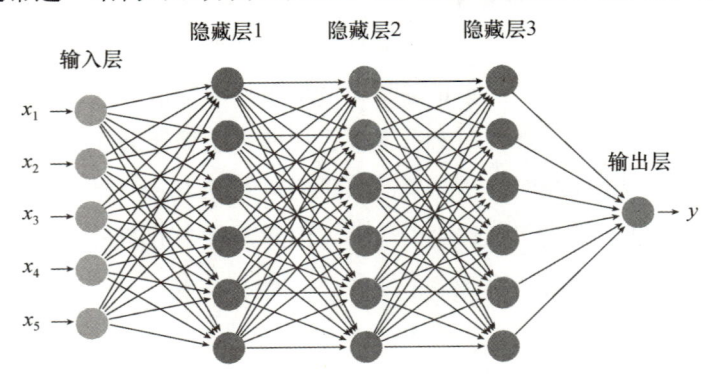

图4 神经网络结构示意图

输入层是神经网络的起点，它的任务就是接收来自外部的数据。当然，这不是简单地将图像、文本输入，而需要提前将输入数据进行编码和序列化。输入层作为外界与计算机的"传送带"，可将原始数据传递到隐藏层。

隐藏层是神经网络最为核心和复杂的部分，具有更高的维度，便于对输入数据进行逐层的处理和抽象。它将原始数据加工成更为精细的特征。这些加工的特征会通过多层隐藏层的逐步提炼，越来越接近数据的底层结构。在深度神经网络中，隐藏层的数量通常较多，每一层的神经元都在学习数据中的不同维度和层次的特征。因此，神经网络的"深度"越大，表示它能够学习和捕捉的数据特征也就越丰富。最后，隐藏层将处理过的信息传递到输出层。

输出层是神经网络的"最终决策者"，它将根据从隐藏层得到的特征信息，给出最终输出。根据任务的不同，输出层的结构也会有所不同。

（四）在迭代中学习：前向传播与反向传播

神经网络的学习过程本质上是一个不断调整和优化的过程，它通过接收输入数据，逐层传递和转换信息，最终生成预测结果。

那么，神经网络究竟是如何通过训练来学习这些特征，并最终做出准确预测的呢？

这个过程涉及两个关键的步骤——前向传播（Forward Propagation）和反向传播（Back Propagation）。

前向传播其实就是神经网络预测输出结果的过程。但是，同人类一样，神经网络在训练之前很可能会犯错。因此在训练的过程中，当神经网络给出了一个预测输出之后，我们会将其与正确的目标输出用损失函数进行比较，为神经网络提供一个反馈，这一反馈会沿着神经网络一步步往前回溯，并更新每一层可学习参数的值，这就是反向传播的过程。整个过程可以类比成一个团队合作项目,每个人依据前一个人的工作逐步拓展得到结果,再由最后的负责人与目标结果进行比较并将其反馈给团队成员,团队的成员再针对反馈进行磨合与调整,最后在不断迭代过程中变得更加高效。

神经网络的学习过程是一个反复迭代的过程。通过前向传播和反向传播,神经网络每次都会调整神经元之间的连接权重,逐步优化模型。随着训练次数增加和数据量不断积累,神经网络在每一轮迭代中都能提取更多有用的特征和规律,使得输出结果越来越精确。每次调整的幅度由学习率(Learning Rate)决定,合理的学习率能够确保训练稳定并加快收敛速度。通过这种持续的迭代优化,神经网络能够不断提高自己的性能,最终具备解决复杂任务的能力。

> **知识窗口:学习率**
>
> 学习率是神经网络训练中的关键参数,决定每次更新时模型调整的幅度。它就像是在山坡上寻找最低点时的步长:太大可能错过目标甚至导致发散,太小则可能耗时过长或陷入局部低点。为应对这一挑战,研究者开发了多种自适应策略,如学习率衰减(随训练进度逐渐减小步长)和 Adam 优化器(为不同参数动态调整学习率)。选择合适的学习率需要反复实验和调整,往往要在训练稳定性和收敛速度之间寻找平衡点。

四、机器学习的拓展与展望

(一)雨后春笋般的成果与仍待突破的局限

现在,你已经了解了神经网络的架构和原理,体会到它在模拟复杂函数映射中的强大能力。随着深度学习的迅速发展,这一技术屡屡获得理论突破,更在实际应用中展现出了前所未有的潜力。

在计算机视觉领域,卷积神经网络(Convolutional Neural Network,CNN)被广泛应用于图像分类、物体检测和图像分割等任务,它能够自动提取图像的多层次特征,显著提高视觉识别的精度。卷积运算是 CNN 处理图像的核心机制。

在自然语言处理方面,递归神经网络(Recursive Neural Network,RNN)及其变种,如长短期记忆网络(Long Short-Term Memory,LSTM)和门控循环单元(Gated Recurrent Unit,GRU),在处理时间序列数据、机器翻译和文本生成等任务中发挥了重要作用。

近年来,基于自注意力机制(Self-Attention)的 Transformer 架构突破了传统神经网络的局限,显著提升了大语言模型的效果。它的出现推动了多模态学习的发展,不仅在文本处理上取得突破,也开始在图像、视频等领域取得良好效果。

> **知识窗口：自注意力机制**
>
> 自注意力机制是注意力机制（Attention Mechanism）的进阶版本。
>
> 注意力机制源自对人类视觉注意力的模拟，就像我们在观察场景时会自动聚焦于重要区域一样，它让深度学习模型能够重点关注输入数据中的关键部分。
>
> 自注意力机制允许序列中的每个元素都能与序列内的所有其他元素建立联系。这就像阅读一篇文章时，不是简单地从头读到尾，而是在理解每个词时都会联系上下文，权衡各个词之间的关联程度。这种设计让模型能够有效捕捉长距离的依赖关系，实现真正的全局信息处理。自注意力机制是基于Transformer架构的大语言模型取得突破性进展的关键技术。

在生成式人工智能领域，生成对抗网络（Generative Adversarial Network，GAN）通过构建生成器和判别器的对抗过程，在图像生成、风格迁移等领域取得突破性进展，甚至在艺术创作中也展现出独特的应用潜力。尽管深度学习和机器学习在多个领域取得了令人瞩目的成就，但我们也必须认识到它的局限性。

当前的人工智能只能说是既"聪明"又"愚蠢"的。一方面，许多大模型经过专门设计和训练后，能解决部分国际数学奥林匹克竞赛的难题；另一方面，它们在回答一些对于人类而言最简单的基础推理问题（如9.11和9.8哪个大？）时，也可能会出错。其实，现有的所谓的通用大语言模型的推理能力都是很弱的，因为它依靠的只是记忆模仿而不是真正的推理。

尽管人工智能已经取得了令人瞩目的进展，但相比其他领域，它的发展时间仍然较短，探索的内容也仍然有限。当前的主流模型如基于Transformer架构的大语言模型，虽然已在许多自然语言处理任务中取得显著成功，能够处理自然语言中的大多数语义和语法关系，但对于一些复杂的学术问题，尤其是数学领域的逻辑严谨性和概念间的深层次联系，现有的表示方式是否足够强大仍然值得怀疑。

（二）在科学与哲学的交点眺望追求智能的漫长道路

未来的人工智能发展需要跨越当前的局限，深入探索更高效、更深层次的模型结构。从理论研究的角度看，我们不应只关注现象的解释，而应寻求更深层次的原理，并探索新的方法，去揭示那些真正能够推动科学进步的底层定律。

对于理论研究者而言，在这一过程中人工智能不仅仅是单纯达到技术目的，我们所追求的不是对现象的模拟，而是对智能本质的揭示与再造。正如古代哲学家探讨人类思维的根源与存在的本质，现代的人工智能研究同样是在探索如何通过数学、逻辑与计算的语言，重构智慧的模样。未来的人工智能理论可能不仅是对现实世界的反映，更是对人类认知结构、思想进化乃至生命本质的深刻思考。我们正站在科学与哲学的交汇处，探索那条通向智慧的真正道路。

思考

1. 在数据点较少的情况下，为什么简单的线性模型比复杂的高阶多项式更适合描述胡克定律？若数据点足够多，复杂的高阶多项式表现会如何？ 基于此，请进一步探讨为何在大数据时代，大模型能够有效运作？

2. 神经网络通过学习数据来完成任务，这与人类的学习方式有什么相似之处？又有哪些本质的不同？你认为神经网络能否真正"理解"它所学的内容？

3. 文中提到，大模型能够解决部分国际数学奥林匹克竞赛的难题，但却可能会在简单问题（如比较 9.11 和 9.9 的大小）中出错。你认为这种现象背后的原因是什么？ 这反映了当前人工智能发展的哪些局限性？如何改进？

智在行动：
从世界仿真到具身智能

主讲人：陈宝权

主讲人简介

陈宝权，北京大学博雅特聘教授，北京大学智能学院副院长；研究领域为计算机图形学、三维视觉与可视化，担任国家重点基础研究发展计划（简称973计划）"城市大数据的计算理论和方法"项目首席科学家，主持国家自然科学基金重点项目、国家重点研发计划"科技冬奥"项目和新一代人工智能重大项目等；在顶尖国际会议和期刊发表论文200余篇，多次获得国际会议最佳论文奖；现任中国图象图形学学会常务理事、中国计算机学会常务理事、《中国计算机学会通讯》专题主编；曾获美国国家科学基金会杰出青年学者奖、中国计算机图形学大会杰出奖。入选中国科学院"百人计划"、国家杰出青年科学基金项目、教育部"长江学者奖励计划"特聘教授、国家"万人计划"领军人才。2017年当选中国计算机学会会士，2019年当选美国电子电气工程师学会（IEEE）会士，2021年入选IEEE可视化名人堂（Visualization Academy）、中国图象图形学学会会士，2024年入选计算机图形学名人堂（ACM SIGGRAPH Academy）。

协作撰稿人

徐佳怡，北京大学信息科学技术学院"智班"2022级本科生。

"模仿是最好的学习方式",这句话不仅适用于人类,对人工智能来说也同样适用。婴儿通过模仿和尝试学会说话、走路,学生在实验室里反复练习掌握技能,运动员在训练场上不断重复动作追求完美。但对于人工智能来说,在现实世界中进行这样的"试错式学习"往往代价高昂,甚至可能带来安全隐患。对此,科学家们提出了一个创新性的解决方案:在计算机中构建一个高度仿真的虚拟世界,让人工智能在这安全可控的环境中自由探索、不断尝试。通过精确的物理引擎建模和实时动态仿真,人工智能可以在虚拟世界中完成从基础的物体抓取到复杂的自动驾驶等各种训练任务。这种突破性的技术正在帮助人工智能获得更深入的环境理解能力和交互能力,朝着能够真正理解并适应现实世界的具身智能(Embodied Intelligence)方向迈进。

人工智能究竟有多聪明?以前我们谈论起人工智能时,往往将它们看作辅助人类完成简单任务的工具,如计算数字、整理数据等。然而,随着机器学习的快速发展,人工智能正一步步迈向更加复杂的"高级智能"。如今,以大语言模型为代表的人工智能不再局限于执行特定任务,而是能够和人类进行沟通交流,理解和处理各种人类提出的新问题,并针对反馈进行改进。人工智能的迅猛发展,给我们的学习、工作和生活带来翻天覆地的变化。

尽管如此,今天的人工智能还不是"完美无缺"的超级助手,很难像我们在科幻电影中看到的那样,成为能与人类真正互动的"伙伴"。当前的人工智能虽然在虚拟世界中表现出超凡的能力,但在与现实世界交互时仍存在许多难题。例如,如何让人工智能真正"看懂"现实、感知环境,并像人类一样学习和适应周围的世界?如何实现从虚拟到现实的突破?能否通过在虚拟世界中进行现实模拟,赋予人工智能感知能力,使其能够主动学习并适应周围环境?这些问题成为亟待突破的挑战。

具身智能就是为应对这一挑战而产生的理论。"具身"强调智能必须通过特定的物理形态(身体)来体现和发展。这一概念源自认知科学研究,认为智能不是独立于物理形态的抽象计算过程,而是需要通过身体与环境的持续互动才能形成。

一、实践出真知:从人类学习探索智能的本质

(一)试错与成长:人类学习的核心规律

回顾从小到大的成长经历,我们会发现学习新事物的过程不仅有趣,还蕴含着深刻的规律。例如,儿时第一次尝试将一个杯子中的水倒入另一个杯子时,我们往往会面临很多挑战:可能因为找不准杯口或者手不够稳,水洒得到处都是;可能因为把握不好水流的方向,总是需要很小心地慢慢调整;等等(如图 1 所示)。但通过一次次的练习,我们逐渐学会了如何稳住手,控制水流的方向,理解杯子的形状及水流的特点。在学习过程中,人类在不断试错中积累经验,并最终掌握技能。

(a) 找不准碗口，水洒了一般半

(b) 倒得太快，水溢出来了

(c) 倒得太慢，水顺着碗口流出来了

(d) 平稳地将水从杯子倒入碗中

图 1　儿童学习倒水的规律

学习过程可以分为以下几个关键步骤：

1. 感知世界

感知世界是指通过感官（如眼睛和耳朵）收集外界信息，是学习的起点。例如，当我们试图将水倒入一个杯子时，会用眼睛观察杯子的边缘，用手去触摸杯子，甚至用耳朵听水流的声音。这些感知让我们对当前情境有了初步认识。

2. 认知分析

认知分析是指在感知的基础上，对信息进行认知加工。我们通过思考并理解物体的特性（如水的流动性和杯子的开口方向），逐渐形成对任务的完整认知。例如，通过观察和尝试，我们会发现倾斜杯子的角度与倒出水流的大小密切相关，从而进一步优化动作。

3. 决策与行动

决策与行为是指基于认知分析，做出实际的行为决策。例如，决定如何倾斜杯子、用多大力气控制水流。这是将理论与实践结合的环节，我们需要将自己的理解转化为具体的行动。在第一次尝试中，我们可能由于手抖或角度掌握不佳而失败，但每一次行动都为后续改进积累了宝贵的经验。

4. 反馈与调整

反馈与调整是指行动完成后，从结果中获取反馈并不断调整策略。如果水被成功地倒入了目标杯子，那么便强化了正确的动作模式；如果水洒了出来，那么我们需要反思问题所在，并在下一次尝试中调整策略。通过反复试验与修正，我们不断接近目标，直至动作流畅。

这一学习过程不仅适用于倒水这样看似简单的小事，也可应用于生活的方方面面。从学写字、学骑自行车，到掌握复杂的科学知识，都需要经历感知世界、认知分析、决策与行动、反馈与调整这一完整的过程。而这种基于试错的学习规律不仅适用于人类，它同样为机器智能的训练和发展提供了理论基础。

实际上，人工智能的学习方式在某种程度上也可以与人类类似：人工智能通过专门设计的传感器"感知"周围环境来获取数据，例如，摄像头充当"眼睛"，麦克风作为"耳朵"，甚至还可以通过触觉传感器感知物体的表面特性。这些数据会被复杂的算法处理和分析，从而让人工智能对环境有一定的"认知"。在此基础上，人工智能会基于分析结果执行相应的任务，例如用机械臂搬运物品、避开障碍或规划路径。然而，人工智能在真实环境中学习和训练时，往往会面临许多挑战，如效率低下、成本高昂，甚至可能引发危险。例如，让机器人在真实环境中不断试验如何执行精密仪器操作，可能会导致设备损坏，或者消耗大量时间和资源。

（二）虚拟世界：为不知疲倦的探索者打造安全的试错空间

为了克服这些问题，科学家提出了一个极具创新性的解决方案——在计算机中创建虚拟世界来训练人工智能。在虚拟世界中，人工智能可以无风险地自由探索和实验。人工智能无论是学习倒水、分类物体，还是学习驾驶汽车，这些都可以通过模拟来实现，因而无须担心其对真实世界造成任何损害。

这种方法不仅可以大幅降低训练成本，还能显著提高效率。例如，在虚拟世界中，人工智能可以快速进行数百万次试验，远超现实中可能实现的训练次数。然而，尽管这种方法看似理想，但要构建一个能够真实还原现实世界的虚拟环境并非易事，需要解决多个技术难题。

1. 精确的几何建模

虚拟世界中的物体需要高度还原真实物体的形状和细节。以杯子为例，我们需要通过三维建模技术精确再现杯子的尺寸、曲面和边缘特性。如果几何建模存在误差，人工智能可能会在虚拟环境中学到错误的操作方法，从而影响它在真实场景中的表现。

2. 逼真的物理模拟

为了让人工智能能够在虚拟环境中有效学习，物理模拟必须足够逼真。以杯子倒水为例，水流的扩散和运动、杯子倾斜时的重力影响，甚至表面摩擦力等细节，都需要严格遵循真实的物理规律。如果虚拟环境的物理规律与真实世界不符，人工智能可能无法将所学知识有效迁移到现实世界。例如，如果水在模拟中以非自然的方式流动，人工智能可能会误以为某些动作是可行的，而其实这些动作在现实中却是行不通的。

3. 精准的具身控制

人工智能不仅需要"看懂"环境，还必须能够控制机械设备执行任务。在虚拟环境中，这意味着机械臂的动作、力度和精度都需要被模拟得尽可能接近现实。这涉及动力学建模及复杂的运动规划算法。例如，在学习倒水任务时，人工智能需要掌握如何以恰当的角度和速度倾斜杯子，并在适当的时间停止倾倒。

通过这种方式，人工智能能够在虚拟环境中进行反复训练，从而掌握许多复杂的知识和技能，而无须直接进行实际操作。这种方法不仅有效避免了真实环境中可能存在的高成本和安全风险，还大幅提高了训练效率。在虚拟环境中，人工智能可以以更快的速度进行大量的实验，从而加速学习过程。这种虚拟训练模式对于推动人工智能技术的发展，无疑具有里程碑式的意义。因为人工智能可以在完全可控的环境中自由探索和尝试，不仅确保

了学习的灵活性和精确性，还能通过高度还原的物理模拟和几何模拟，获得近似真实世界的体验。这为人工智能的广泛应用铺平了道路，无论是机器人操作、自动驾驶，还是复杂的工业流程优化，都能受益于虚拟训练技术。

二、物理世界的仿真模拟：从视觉到动态建模

（一）几何建模：虚拟世界的基础

想要在计算机中模拟现实、构建虚拟世界，首先需要对现实中的物体进行三维建模并将其数字化，从而能够在计算机中呈现这些物体的外形和细节。三维建模是虚拟内容创作的基础，无论是虚拟现实、增强现实，还是影视特效、建筑设计等领域，都离不开对现实世界的三维模拟。当下，构建三维数字内容主要有两种方式。

第一种方式是由三维艺术家手工设计，这种方式依赖于专业的数字内容创作工具。例如，艺术家可以在交互式编辑器中设计复杂的虚拟场景，诸如电影特效中的未来城市、幻想世界，或是高度逼真的建筑物内外结构。这种方法具有很高的灵活性，可以精确控制每一个细节，甚至能根据特定的需求进行完全原创的设计。然而，这种方式需要大量的人力和物力，通常耗时较长，成本较高。尤其是在需要大规模建模或快速迭代时，这种方法在成本与效率方面面临严重瓶颈。

第二种方式是利用特定的计算机算法，将现实世界中的物体或场景直接扫描进虚拟世界。这一过程结合了多种技术手段，例如车载移动激光扫描、地面激光扫描、无人机航拍等。通过这些技术，可以从不同角度采集物体或场景的三维数据，生成密集的三维点云，随后通过算法将这些点云数据转化为几何形状，构建完整的三维模型。例如，车载移动激光扫描可以高效获取城市道路的三维信息，用于城市规划；无人机航拍则能快速捕捉大范围地形的细节，为地质研究或游戏开发提供素材。

特别是在近些年的技术发展中，无人机航拍和多机器人协同建模成为快速实现大规模场景精细建模的利器。无人机可以从空中以多角度拍摄目标区域，不仅节省了人工操作的时间，还能获取难以从地面获取的数据。而多机器人协同工作则可以在更复杂的环境中实现高效的数据采集，适用于室内外多样化的场景建模（如图2所示）。这些技术的结合使得我们在较短的时间内即可获得高精度的三维模型，因而被广泛应用于虚拟现实、数字孪生、文化遗产保护等领域。

图2　多机器人协同进行室内激光扫描建模

知识窗口：数字孪生

数字孪生（Digital Twin）是物理实体或系统在数字世界中的精确映射。它不仅包括物理对象的几何特征，还包含其行为特性、运行状态等动态信息。通过传感器收集实时数据，数字孪生可以同步反映物理实体的状态变化，实现虚实交互。这项技术最初用于制造业，现已扩展到智慧城市、医疗健康等多个领域，为人工智能训练提供了理想的仿真环境。

随着智能科学的快速发展，几何建模领域的前沿研究也在不断取得突破。相比于传统依赖昂贵设备和复杂激光扫描技术的经典算法，如今许多研究已经通过结合深度学习技术，极大地降低了建模的门槛。例如，一些创新的方法可以仅通过多视角的照片来获取物体的几何形状和外观信息。这些技术的核心在于利用计算机视觉和深度学习算法来分析多视角照片中的数据，并将其转化为高精度的三维模型。

近年来，基于神经辐射场（Neural Radiance Field，NeRF）和三维高斯泼溅（3D Gaussian Splatting）技术为这一领域带来了革命性变化。这些技术能够直接从照片中重建高真实感的三维场景，极大地提升了建模效率和效果。其工作原理是通过对场景进行多角度拍摄，收集来自不同视角的照片，并利用深度学习算法寻找这些视角之间的对应特征。随后，系统能够自动估算拍摄时的角度和位置信息，从而将这些照片拼合在一起，重建出符合物体外观的三维结构。

知识窗口：神经辐射场

神经辐射场是一种革新性的三维场景重建技术。它使用深度神经网络来学习和表示三维空间中的每一个点的颜色和密度信息。与传统的三维重建方法不同，神经辐射场不需要显式地存储完整的三维几何信息，而是通过神经网络隐式地编码场景信息。这使得它能够以极高的精度重建复杂场景，包括透明物体、反射面等传统方法难以处理的情况。神经辐射场的出现大大简化了三维场景的获取过程，为虚拟现实和增强现实应用提供了更好的视觉质量。

与传统方法相比，这些技术不仅降低了设备依赖和建模成本，还显著提高了灵活性和适用范围。无论是小型物体还是大型场景，只需要一部普通相机甚至手机，就能获取高质量的建模数据。这种从照片到三维模型的自动化流程已经广泛应用于虚拟现实、影视制作、游戏开发和文化遗产保护等领域。未来，随着算法的进一步优化，这类技术有望实现更高的精度、更快的处理速度及更广泛的应用场景，从而推动几何建模技术迈向一个全新的高

度。图3展示了现实世界中的场景被数字化到计算机中的结果,这不是简单地在计算机中呈现了一幅静态图片或者一段视频,而是一个可以交互的三维场景,用户可以通过键盘操控前后左右来观察场景中的不同位置,鼠标拖动可以控制视角的方向。计算机中数字化人物的烹饪动作栩栩如生,给予用户身临其境的体验。

(二)动态仿真:逼真的物理行为

几何建模技术使得静态虚拟世界的构建成为可能,但是让它"动起来",赋予其动态的物理行为,还需要依赖一系列复杂的物理仿真技术。这些技术涵盖了多个领域和层面的模拟,包括刚体、流体及柔体等不同物质的运动和交互特性。通过物理仿真,虚拟世界才能展现出更加逼真、生动的动态效果。

刚体仿真是物理仿真的基础,它用于处理物体之间的碰撞、摩擦等刚性互动行为。例如,模拟两个物体碰撞后的反弹轨迹,或是多种复杂物件间堆叠后稳定的力学状态。流体仿真则聚焦于模拟水、烟雾、液体等介质的流动特性,例如水的波动、烟雾的扩散或液体的滴落。这些仿真需要处理大量的粒子计算,以确保流体的连续性和动态特性。柔体仿真用于再现软性物体的形变过程,例如衣物的摆动、橡胶物体的压缩和回弹,甚至生物组织的弹性变化。

图3 将现实场景数字化到虚拟世界,并在计算机中显示和实时控制

更为复杂的是多物理场耦合的场景,在这些场景中,刚体、流体和柔体需要交互作用。例如,模拟雨滴撞击玻璃并顺着玻璃表面汇聚成水滴的流动过程,或是落叶漂浮在水面上的动态表现。为了实现这样的仿真,技术需要处理流体和固体的耦合作用,既要再现流体的表面张力和流动细节,又要考虑固体的漂浮特性及其对水面的影响。在这些情境下,人工智能的引入极大优化了仿真过程,通过自学习算法不断提高计算效率和物理模拟的精确度,使动态仿真效果更加接近真实。

以落叶漂浮在水面上的场景为例，当前的物理仿真技术已经能够细致地再现水面的折射、反射和波纹效果，以及表面张力如何影响落叶的漂浮和移动。这些细节需要大量的复杂计算，涉及光学特性与力学特性的结合。经过优化后的仿真结果，其视觉效果逼真到令人难以辨别这些画面究竟来源于现实世界还是虚拟世界。图 4 所示为计算机模拟的落叶漂浮在水面上的场景。

图 4　计算机模拟的落叶漂浮在水面上的场景

物理仿真技术的研究还进一步融合了三维建模技术，使虚拟场景的构建从静态几何建模走向动态物理再现。近年来，研究人员致力于在动态视频中重建物体的几何形状和物理属性，从而在计算机中直接生成具有高度真实性的动态场景。例如，通过捕捉和建模一盆植物（如图 5 所示），不仅可以精确还原其三维几何形状，还能估算其物理参数，如叶片的柔韧性、表面摩擦系数等。这种结合为虚拟世界的真实动态模拟开辟了全新路径。

以模拟雨滴落在植物叶片上的动态效果为例，通过物理建模，在虚拟环境中能够逼真地再现雨滴撞击叶片表面时的行为，包括水滴的弹跳、滑落，以及叶片因受力发生的轻微形变。这不仅依赖于对几何形状精准建模，更需要对物理属性全面了解和仿真，包括流体动力学、刚柔体力学及与环境交互的物理现象。通过结合这些信息，虚拟场景得以实现对现实环境中复杂动态的高度模拟。

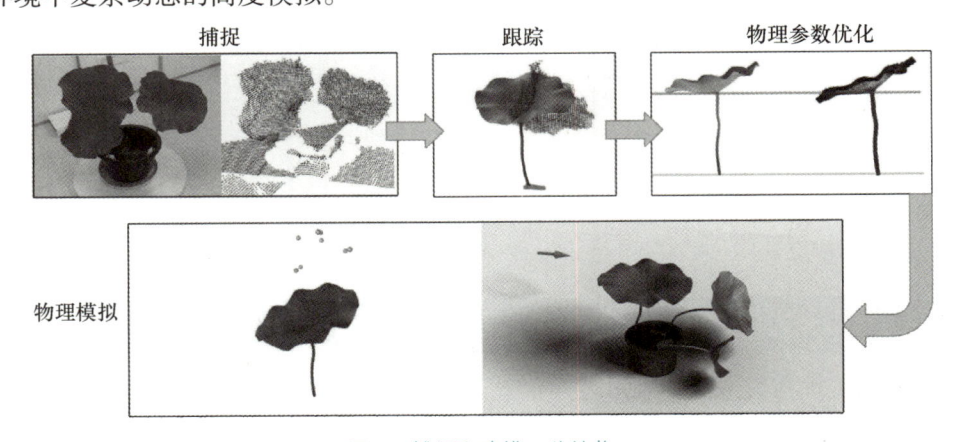

图 5　捕捉和建模一盆植物

这些先进的技术突破为虚拟世界中的现实再现奠定了坚实基础。不仅如此，这类研究还为游戏、影视及虚拟现实应用提供了更多的可能性，使得数字内容的制作更加高效、真实，最终带给用户更强的沉浸感和视觉冲击力。未来，随着技术的进一步发展，物理仿真与三维建模的结合将推动虚拟场景的逼真化迈向更高水平，逐步模糊现实与虚拟的边界。

（三）人体运动：角色姿态的控制

在虚拟世界中对人体运动进行模拟是仿真技术中的一大难点，也是实现具身智能的核心环节。因为对人体运动的模拟与对自然界现象的物理仿真存在本质区别，前者的复杂性体现在需要同时满足物理规律和人类运动习惯这两大要求。人体运动并非完全由力学定律决定，还受到解剖结构、神经控制及行为目的等多方面因素的影响，这使得逼真模拟显得尤为困难。

目前，许多研究方法利用单目摄像头拍摄视频，通过先进的算法重建三维骨骼的运动轨迹，提取出人体运动的内在范式。这种技术不仅能够捕捉动作的基本形态，还能够提取运动的节奏、平衡感等特征，为进一步的动作分析和生成奠定了基础。还有一些研究集中于动作重定向，即如何将一种运动模式迁移到不同骨骼结构的角色中。例如，设定人类的跑步动作的适配方式以适应儿童与成年人的体型差异，或者将人体运动模式迁移到虚拟角色乃至非人形角色上，这类问题成了动作重定向研究的重要内容。

近年来，随着深度学习和生成技术的发展，跨模态生成技术逐渐成为模拟领域的前沿。通过结合语音（图6展示了从语音中自动生成虚拟角色的说话手势）和文字驱动的生成方法，虚拟角色不仅可以模仿人类的动作，还能根据输入指令自主学习并生成新的动作模式。例如，虚拟角色可以通过文字描述学习到"轻快地跳跃"或"优雅地舞蹈"等高层次的动作特性，并将其转化为动态表现。这种跨模态能力的增强使得虚拟角色的行为表现更加自然和智能化。

图6　从语音中自动生成虚拟角色的说话手势

三、仿真模拟与具身智能：迈向未来的人工智能

在"如何实现在虚拟世界中对现实世界进行模拟"这一难题上，前沿研究取得了一系列令人瞩目的进展。这一领域的发展标志着我们正在朝着一个崭新的技术未来迈进，即在

计算机中构建高度逼真的虚拟世界，使人工智能可以在无风险的环境中进行自由探索和实验。通过这些模拟，研究人员能够设计特定的奖励与惩罚机制，让人工智能在模拟环境中学习到正确的行为模式，这一过程称为强化学习。结合强化学习技术，仿真模拟所构建的虚拟世界便能够使人工智能掌握复杂任务，最终推动具身智能的发展，即能够与现实世界进行深度互动的人工智能形式。因此，仿真模拟不仅是一个工具，更是一个平台，计算机通过它可以灵活地模拟现实世界中的复杂场景。它的出现大幅降低了实验成本和潜在风险，同时加速了技术创新。例如，在自动驾驶和机器人领域，仿真模拟已成为核心技术手段之一，展现了其在解决复杂问题方面的巨大潜力。

> **知识窗口：强化学习**
>
> 强化学习是一种通过"试错"来学习的机器学习方法。它模拟了生物学习的基本原理：智能体在环境中采取行动，根据获得的奖励或惩罚来调整自己的行为策略。与传统的监督学习不同，强化学习不需要人工标注的训练数据，而是通过与环境的持续互动来学习最优策略。这种学习方式特别适合机器人控制、游戏人工智能等需要序列决策的场景。

（一）仿真模拟的应用场景

1. 自动驾驶

自动驾驶技术是仿真模拟应用最成功的领域之一。通过构建高度复杂的交通仿真环境，研究人员能够将现实中的道路、交通规则和动态变化迁移到虚拟环境中。例如，通过模拟不同的天气条件（如大雨、大雾、暴雪等）和多样化的交通状况（如高峰拥堵、事故路段、乡村小道等），人工智能系统可以在虚拟环境中不断测试和优化自身的感知、规划和决策能力。这种方式不仅避免了现实测试中可能发生的高成本事故，还为应对罕见的极端场景提供了宝贵的训练机会。更重要的是，仿真环境能够实时调整参数，例如车辆的动力学特性或传感器的噪声水平，从而帮助开发人员更精确地评估自动驾驶算法的性能。

2. 机器人训练

机器人领域的仿真模拟应用同样意义重大，特别是在强化学习任务中。仿真环境允许机器人以接近真实世界的条件进行训练，而无须消耗大量的硬件资源或担心设备损坏。例如，研究人员可以通过虚拟环境教会四足机器人模仿动物的动作，如奔跑、跳跃、躲避。在这种场景下，仿真模拟可以生成高度拟真的地形及不可预测的障碍，帮助机器人学习如何平衡和适应。更重要的是，一旦这些技能在虚拟环境中被成功训练出来，它们可以通过迁移学习的方法应用到现实世界，从而显著提升机器人的实用性。

> **知识窗口：迁移学习**
>
> 迁移学习是一种创新的机器学习范式，它允许人工智能系统将其在一个任务中学到的知识迁移到另一个相关但不完全相同的任务中。这类似于人类学习的过程：我们学会骑自行车后，就更容易掌握骑电动车的技巧。在人工智能领域，迁移学习能大大减少人工智能系统在新任务上所需的训练数据和时间，特别是从虚拟环境向现实世界迁移时发挥重要作用。

（二）具身智能的定义与挑战

1. 具身智能的定义

通过仿真模拟，我们期望未来的人工智能能够真切地理解现实世界并与之交互，成为一种具身智能。具体而言，具身智能是人工智能研究的一个重要方向，是指人工智能不仅能通过在虚拟世界中学习，还能像人类一样，通过与现实环境的互动进行学习和适应。这种能力将使人工智能具备更深层次的理解力和执行力，从而在复杂的现实场景中表现出更高的自主性和灵活性。具体来说，具身智能的核心在于，人工智能能够主动感知环境、适应行为及改变环境，从而实现与现实世界的深度融合。要实现具身智能，人工智能需要具备以下三种关键能力：

（1）主动感知

具身智能要求人工智能能够实时主动地感知环境的变化，并提取关键信息。例如，在未知场景中，机器人需要通过摄像头、传感器等设备捕捉视觉、触觉或听觉信号，迅速判断环境状况。

（2）适应行为

具身智能要求人工智能能够适应行为，即在动态变化的环境中，人工智能需要根据反馈调整自身策略，处理复杂且多变的问题。例如，机器人可能需要在崎岖的地形上移动，学习如何掌握平衡，甚至能根据障碍物的形态调整行进的路径。

（3）改变环境

具身智能要求人工智能能通过与环境的交互改变环境条件。例如，操作机械臂装配零件或使用工具完成特定任务，这种能力需要人工智能结合多种感知和执行技能。

2. 具身智能的挑战

尽管具身智能的愿景令人期待，但实现这一目标面临诸多挑战。首先，实现具身智能需要高度复杂的多模态感知能力，这对硬件和算法提出了更高要求。其次，人工智能需要强大的学习能力以适应现实世界的动态变化，并且能够在不同场景下实现快速迁移和泛化。最后，与环境互动的能力不仅需要人工智能掌握精确的操作技能，还需要理解环境中的物理规律和社会规则。这些都离不开一个先进的仿真模拟平台作为人工智能强大的交互学习来源。我们期望，未来的人工智能不再局限于虚拟世界的模拟学习，而是一种真正的具身智能，可以通过与现实世界的深度交互，解决实际问题并推动技术与社会的进步。

> **知识窗口：多模态感知能力**
>
> 多模态感知能力是指人工智能系统同时处理和整合多种感知信息的能力，如视觉、听觉、触觉等。这种感知方式模仿了人类综合运用各种感官信息实现认知的特点。在人工智能系统中，多模态感知不仅需要处理不同类型的数据，还要解决数据之间的时序对齐、互补融合等复杂问题。

（三）元宇宙：虚拟与现实的融合

具身智能的不断发展正在为虚拟与现实的融合提供新契机，而这一趋势也成为构建元宇宙（Metaverse）的重要技术基础。元宇宙是一个虚拟与现实高度融合的数字世界，它不仅是人类互动的新平台，也是人工智能发展的重要应用场景。在未来的元宇宙中，人工智能不仅能够作为辅助工具，更将成为独立的智能体，与人类协作，共同解决复杂问题并创造价值。

在元宇宙的构建中，人工智能作为具身智能的代表，能够主动感知虚拟环境与现实世界的变化。例如，通过实时感知用户的行为和意图，人工智能可以生成高度个性化的交互体验。同时，人工智能具备适应性和学习能力，可以动态调整自身行为，与人类形成高效的协作。例如，在虚拟工作环境中，人工智能可以协助用户设计复杂的工程模型；在虚拟娱乐中，人工智能可以成为灵活的游戏角色，与玩家共同冒险。通过这样的方式，人工智能不仅是技术工具，更是虚拟世界中的"活跃个体"。数字生成和虚实融合的背后，不仅体现了技术的跨越式发展，更代表了人类对智能的深化理解。从简单的规则驱动到复杂的情境感知，人工智能的进步已经从棋类游戏等特定领域扩展到经济、教育和社会治理等更广阔的层面，正在引领全社会的深刻变革。

> **知识窗口：元宇宙**
>
> 元宇宙是一个融合多种技术的网络虚拟空间，它通过虚拟现实、增强现实、数字孪生等技术创造持久化的在线三维虚拟环境。与传统虚拟现实不同，元宇宙强调社会属性，支持大规模多用户实时互动，拥有完整的经济系统和社会规则。它不是一个单一的应用或平台，而是多个虚拟世界互联互通形成的数字生态系统。

总而言之，随着仿真技术的日益成熟和具身智能的发展，人机交互将在未来变得更加

紧密，元宇宙也将成为人类社会的重要组成部分。元宇宙为具身智能提供了一个理想的实验场。在这一平台中，人工智能可以通过仿真模拟进行学习，同时通过与人类和环境的互动不断进化。最终，它将推动人类和智能体的深度融合，使得虚拟世界与现实世界的边界逐渐模糊。对于人类而言，这意味着更高效的生产工具、更沉浸的娱乐体验及更全面的社会服务。通过虚拟与现实的结合，我们不仅能更深入地理解智能本质，还能进一步拓展人类活动的边界，为未来的创新提供无限可能。

四、结语：人工智能的未来愿景

　　从世界仿真到具身智能的发展历程，展现了人工智能研究的不断深化与进步。这一进程不仅推动了技术本身的演进，更为人类社会的未来发展提供了全新视角。从虚拟世界的精准模拟到现实环境的深度探索，人工智能正在重塑我们的生产方式、生活模式和社会结构。它不再是单一的技术工具，而是逐渐成为与人类紧密交织的"智能伴侣"。

　　未来，随着仿真技术的持续完善和智能体能力的快速增强，人类与人工智能的互动将更加自然、高效。无论是在医疗、教育还是经济领域，人工智能都将扮演不可或缺的角色，帮助我们解决复杂问题、优化资源配置，甚至引领新的创新浪潮。同时，具身智能的普及将推动人类重新定义现实和虚拟的边界，为人类活动开辟更广阔的空间。

思考

　　1. 在虚拟世界中训练的人工智能能否直接迁移到现实世界中使用？为了实现这一点，可能需要在人工智能训练的哪些环节采取措施？

　　2. 人工智能的学习过程类似于人类的学习：感知世界—认知分析—决策与行动—反馈与调整。你认为这种学习方式对人工智能发展有什么积极意义？如果人工智能具备了像人类一样的学习能力，它是否能够真正理解人类意图并与人类和现实世界互动？这种具身智能是否意味着人工智能会像人类一样有情感和意识？

　　3. 你认为，未来人工智能将如何影响人类社会（例如，它在医疗、教育等领域的发展可能带来哪些深远的变化）？你对人工智能在这些领域的应用有什么看法和担忧？

互联网进化档案：
从信息革命到智能未来

主讲人：边凯归

主讲人简介

　　边凯归，北京大学计算机学院长聘副教授、博士生导师，数据科学与工程研究所副所长，人工智能创新中心执行主任；研究领域为视频服务、推荐系统、移动无线网络。曾入选国家高层次青年人才计划，获中国电子学会自然科学一等奖、教育部高等学校自然科学奖一等奖、北京市教学成果奖二等奖、北京大学教学成果奖特等奖、北京大学教学优秀奖等；讲授北京大学本科生课程"计算机网络"等。

协作撰稿人

　　蒋仲漠，北京大学信息科学技术学院"图灵班"2023级本科生。

为什么 10 年前还在排队买火车票，现在却能轻松地用手机预订？为什么曾经查找资料要翻阅厚重的图书，现在却能随时随地获取海量信息？为什么以前要靠纸质地图认路，现在却有了精准的实时导航？这一切的变化，都源于互联网技术的飞速发展。在短短 20 多年，互联网经历了从个人计算机到智能手机，从简单的信息检索到人工智能的惊人蜕变。这不仅是一场技术革命，更是一次彻底改变人类生活方式的巨大变革。让我们一起踏上这段奇妙的旅程，探索互联网如何从连接信息发展到连接万物，又是如何让科技的魔力渗透我们生活的每个角落。

一、互联网进化史：从信息高速公路到数字世界的五个阶段

（一）繁荣与泡沫：个人计算机时代的互联网早期记忆

在 20 世纪 90 年代，一场悄无声息的革命正在美国兴起，并开始为改变世界蓄能。那时的互联网就像一个正在学走路的"婴儿"，跟跟跄跄却充满希望。在 2000 年之前，人们还需要通过被称为"个人计算机"的笨重台式电脑，伴随着调制解调器刺耳的拨号声，才能进入网络世界。

（二）从实验室到指尖：移动互联网的崛起

2007 年前后，智能手机的出现开启了一个新纪元。触控屏取代传统按键，让手机从简单的通信工具进化为智能终端。但这场革命的完成还需要另一个关键因素：高速移动网络。2008 年，3G 网络的普及，让手机从简单的通话和短信工具，转变为随身携带的互联网终端。2010 年前后，全球开始进入移动互联网时代。如今，上网已经成为手机的核心功能。

在我国，这场变革得到了三个关键力量的推动：手机技术的进步、运营商铺设的高速网络、本土手机制造商推出的高性价比产品。特别是"千元机"的出现，让智能手机真正走入寻常百姓家。与其他国家动辄高达四五千元的手机相比，我国的"千元机"以其优异的性价比降低了智能手机的获取门槛。这推动了 2007—2020 年我国网民数量实现从 1 亿到近 10 亿的跨越式增长，随之而来的是移动 App 的迅速普及。

移动互联网扩展了互联网的覆盖范围，也丰富了互联网的服务内容。从最初的网页浏览和信息检索，到如今的打车、外卖、网购等丰富应用，移动设备已经成为数据收集的重要终端。我们的照片、运动记录、出行数据等个人信息，经过匿名化处理后存储在云端。随着这些数据量的持续增长，到 2015 年前后，全球开始进入大数据时代。

（三）大数据时代：当数据开始说话

在大数据时代，数据的维度、规模和处理需求呈现爆发式增长，这给技术带来了全新的考验。想象一下，春运期间数以亿计的用户同时在 12306 平台抢票，或者"双十一"购物节期间海量用户涌向各大电商平台购物的场景。面对这种大规模的并发访问和数据处理，系统不仅要实现快速响应，还必须确保每一笔交易的准确性。在这个领域，我国的技术实力得到了充分的验证。我国凭借全球最大的用户基数和数据规模，在大数据处理技术上达

到了世界领先水平。每年"双十一"购物节创造的交易规模，都为全球电商领域树立了新的标杆。

（四）人工智能新纪元：机器也会思考

2017年前后，人工智能领域的突破性进展让这项技术走入大众视野。当AlphaGo在围棋比赛中战胜世界冠军时，人工智能的应用潜力首次得到展现。与此同时，自动驾驶技术的实验车辆开始出现在城市街道上，这标志着人工智能正在从实验室走向现实生活。这些发展标志着人类已经进入了人工智能时代。

（五）数字经济：转型高质量发展

随着数字经济的发展进程加快，企业的数字化转型成为必然选择。在这个过程中，我国展现出独特的优势。我国拥有全球最繁荣的电商生态系统，不仅有淘宝、天猫、京东、拼多多等传统电商平台，还发展出了抖音电商、小红书等新兴平台。相比之下，其他国家的电商市场往往由一两家企业主导，如美国的亚马逊和易贝。我国这种多元化的电商生态系统，不仅满足了消费者的多样化需求，也展示了我国在数字经济领域的创新活力。

互联网的发展是一个持续演进的过程，每个新阶段都建立在前一阶段的基础之上，带来更精细的用户需求和更高的技术挑战。如今，互联网、移动互联网、大数据和人工智能等技术并行发展，相互促进。目前，人工智能正处于发展的风口，电商等传统互联网领域仍在不断创新，共同推动着数字经济的持续繁荣。

二、解码赛博世界：从技术到生活

（一）超越自然：信息科学的创造力

信息科学与传统的数理化生等自然科学有着本质的区别。在中学阶段，我们主要接触自然科学，这些学科研究的是客观存在的自然规律和现象。科学家们通过实验、计算和推导来发现这些真理，就像揭开自然界已经写好的答案。而信息科学则截然不同。计算机、互联网、人工智能——这些都不是自然界原本就存在的事物，而是人类智慧的结晶。就像人类发明飞机和汽车改变了交通方式一样，信息科学创造了全新的数字世界。这个世界是为了让生活更便利而精心设计的，是人类创造力的见证。

随着信息技术的快速发展，它对人类生活的影响也越来越深远。以智能手机为例，它既是通信工具，也是知识获取的窗口，更是娱乐和社交的平台。然而，这把利剑也有其锋芒：过度使用可能导致个体时间碎片化、信息过载，甚至引发社会问题。这种影响的利弊，最终取决于我们如何驾驭这项技术。

（二）数字丝绸之路：互联网连接世界

在人类发展的长河中，互联网时代的重要意义，可以与历史上的大航海时代相媲美。就像几百年前郑和下西洋和欧洲航海家开辟的海上航线促进了全球文化交流、物种与贸易的流动一样，互联网正在创造一条跨越时空的"数字丝路"。

以知识获取为例，在2001—2005年，查找学术资料是一项极其困难的任务。而现在，

通过 GitHub 或 Hugging Face 等平台，我们可以轻松获取和分享最新的技术成果。特别是在计算机领域，开源精神更是推动了知识的共享与创新。工程师们可以基于他人的代码进行创新，这种协作模式大大提升了开发效率。如果你愿意，也可以通过再开源的方式给予回馈，参与互联网生态的维护。

（三）三重进化：从个人计算机到万物互联

互联网的发展轨迹展现了一个清晰的技术演进过程，从技术发展的角度来看，互联网经历了三个关键阶段。

第一阶段是以个人计算机为核心的信息互联网时代。在智能手机出现之前，互联网主要通过个人计算机来连接和传递信息。这个阶段实现了一次重要的信息革命：将原本分散在书籍、报刊等传统媒介中的信息，转移到了网页上。更重要的是，搜索引擎的出现让这些数字化的信息变得可检索、可排序，人们只要输入关键词就能快速找到所需信息。

第二阶段是移动互联网时代，互联网的重心从连接信息转向连接人。智能手机不仅是一个信息终端，更是一个随身的数据记录仪。它记录着用户的位置信息、活动轨迹和使用习惯，当然这些数据都会经过匿名化处理以保护用户隐私。这种转变让互联网真正融入了人们的日常生活。移动互联网时代的特点是随时随地在线。在这个时代，人们通过智能手机、平板电脑等移动设备，可以随时随地接入互联网，获取信息和进行社交、娱乐、学习等活动。

第三阶段是正在到来的物联网时代，其愿景是实现万物互联。物联网时代的特点是万物互联。在这个时代，物品不再是孤立的存在，而是通过网络相互连接并实现了信息的共享和协同工作。简单来说，物联网就是让各种物品都能"说话"和"交流"的技术。从个人计算机、智能手机这些传统终端，到汽车、手表、眼镜、家用电器，甚至课桌、板凳等，物联网试图将一切可以连接的物体都接入网络。这个阶段面临的最大挑战在于其涉及的范围过于广泛——世界上存在无数种物品，而且新的物品还在不断产生，要将它们全部连接起来是一个几乎无法穷尽的任务。与已经相对成熟的信息互联网和移动互联网相比，物联网尽管已经发展了 10 多年，但仍处于探索阶段。

三、互联网的商业密码：从 0 到 1 的价值创造

（一）探寻本质：互联网千变万化不离"连接信息"

互联网的本质可以用一个简单的词来概括：连接。从古代的书信传递到近代的电话通信，再到今天的互联网连接，人类一直在追求更高效的信息传递方式。现代互联网最大的突破在于它能够传输多媒体信息——文字、图片、声音、视频，甚至是具有深度信息的虚拟现实视频。这些信息类型之所以如此设定，是因为它们恰好对应人类的感知系统。如果未来人类发展出新的感知能力如接收脑电波，那么互联网也会随之进化，具备传输这些新型信息的能力。从这个角度来看，互联网本质上是现实世界在数字空间中的映射，它通过打破信息差，让世界变得更加紧密相连。

（二）流量变现：互联网商业模式解密

在互联网世界，价值的源头是流量。以搜索引擎为例，当用户搜索"北京大学"时，除了官方网站等相关信息外，还会看到与北京大学相关的商品信息。这种广告推荐模式是互联网公司最主要的收入来源。当用户浏览、点击或购买这些商品时，广告主就需要向搜索引擎支付费用。在全球超 80 亿人口的规模下，这种看似简单的模式产生了惊人的经济价值。

移动互联网时代，这一模式经历了重要转变。用户获取信息的入口从传统的搜索引擎转向了 App，特别是一些*杀手级应用*，成为流量聚集地，微信、抖音这样的应用每天占据用户 1～2 小时的时间。

> **知识窗口：杀手级应用**
>
> 杀手级应用是指能够成为一个平台或技术得以广泛采用的关键应用程序。这个术语最早源于个人计算机时代，当时电子表格软件被视为推动个人计算机普及的杀手级应用。在移动互联网时代，社交媒体和即时通信应用往往能够成为杀手级应用，它们具有三个特征：高频率使用（日均使用时长超过 1 小时）、强黏性（用户难以轻易更换或放弃使用）、平台效应（用户数量越多，产品价值越高）。

（三）突破壁垒：移动互联网的革新

移动互联网的成功并非一蹴而就。最初面临的两大障碍是终端设备成本和网络资费。早期智能手机动辄数千元的价格和高达几百元一个月的上网套餐费用，让大多数人望而却步。在这种情况下，即便少数人能够负担得起，整体也难以形成有意义的社交网络。

真正的突破出现在两个方面：一是智能手机价格的大幅下降，特别是"千元机"的出现；二是运营商资费的显著降低，每个月上网套餐费用降至几十元的水平。这种变化让移动互联网真正走向大众，我国在这一进程中发挥了重要作用。通过生产物美价廉的智能手机并出口到世界各地，我国推动全球网民数量实现了指数级增长。根据我国海关统计数据，2024 年 1 月到 4 月我国出口手机总量约 1.8 亿台，平均价格约 1480 元。[①]

（四）软件生态：应用市场的崛起

移动互联网的成功不仅依赖于硬件的进步，软件生态系统的建设也同样功不可没。与传统功能型手机仅能运行有限应用不同，智能手机时代开创了一个开放的应用开发环境。任何开发者都可以创建应用程序并将其发布到各大应用商店，如苹果 App Store、华为应用市场、小米应用商店等。这种开放模式催生了丰富多样的移动应用生态。

目前，主要的移动操作系统平台包括华为的鸿蒙系统（HarmonyOS）、苹果的 iOS、

---

① 数据通过海关统计数据在线查询平台查询获得。

谷歌的 Android。相比个人计算机时代仅需适配 Windows 和 Mac 两个平台，如今的移动应用开发面临着更大的技术挑战。尽管，开发者因需要为不同平台开发多个版本的应用而增加了工作量，但移动应用的商业价值足以吸引他们持续投入。

应用商店采用了与搜索引擎类似的商业模式。当用户搜索并下载某应用时，该应用的开发者需要为这次下载支付费用。开发者还可以通过付费将自己的应用置于搜索结果的顶端。这种商业模式确保了应用商店的可持续发展。

（五）硬件革新：从单一功能到多功能集成

移动互联网时代的另一个显著特征是硬件性能的跨越式提升。智能手机已经发展成为一个复杂的多功能系统，集成了多种先进传感器和通信模块：

（1）摄像系统从单个摄像头发展到多摄像头。

（2）集成了运动传感器、三轴陀螺仪等精密器件。

（3）配备 NFC 芯片，支持非接触式支付和数据传输。

（4）部分机型甚至装配了激光雷达等高端传感器。

通信技术同样取得了重大突破。Wi-Fi 技术已经发展到第六代和第七代，传输速度大幅提升。蓝牙技术也从传统的高耗能模式进化到 5.0 版本的超低功耗模式。这些进步使智能手机成为个人数字设备的中心，能够有效管理和控制智能手环、智能手表、智能眼镜等周边设备，打造出一个完整的个人数字生态系统。

这些硬件创新不仅提升了设备性能，更重要的是扩展了智能手机的应用场景，为移动互联网的进一步发展奠定了坚实的技术基础。

知识窗口：NFC

NFC 是 Near Field Communication 的简称，也称近场通信，是一种短距离的高频无线通信技术，允许电子设备之间进行非接触式点对点数据传输。其高安全性适用于物联网中需要身份验证和数据加密的场合，如模拟银行卡支付、模拟公交卡刷卡；目前，部分共享单车也已经支持使用 NFC 开锁。

（六）盈利模式：移动互联网的商业创新

移动互联网时代带来了服务模式的根本性转变。智能手机不仅满足了传统个人计算机时代的需求，更催生了全新的应用场景。例如，移动支付、即时通信、导航定位等服务在移动端获得了前所未有的便利性。社交媒体和自媒体平台的兴起更是将信息传播推向了新的高度，尽管这也带来了信息过载的挑战。移动游戏市场的繁荣同样证明了智能手机强大的娱乐功能，让高质量游戏体验不再局限于网吧和个人计算机。

这种服务模式的转型得益于多方力量的共同推动。然而，在商业模式层面，移动互联网仍然延续了传统互联网的核心逻辑。广告收入仍是主要的盈利来源，无论是社交平台的信息流，还是短视频内容，抑或是电商平台的商品展示，都离不开广告变现的本质。用户在浏览内容时往往会不经意间接触到带有商业属性的信息，而每一次点击和购买都会为平台带来广告收入。

除广告之外，用户付费也是重要的收入来源。移动游戏的内购模式和云服务的订阅制都体现了这一点。特别是云服务领域，通过虚拟化技术和资源复用，服务提供商能够在用户闲置期间优化资源利用，从而提升盈利效率。然而，从整体来看，广告收入仍占据主导地位。在谷歌等互联网巨头的收入构成中，广告收入占比高达 90% 以上。值得注意的是，亚马逊和微软等公司因其独特的业务布局，在云计算服务方面收入表现更为突出。

这些互联网公司获得的收入主要用于两个方面：一是支付具有竞争力的薪酬以吸引和保留人才；二是持续投入技术研发，推动大数据、云计算、区块链和人工智能等前沿技术的发展。值得注意的是，即便是新兴的创业公司，其资金来源往往也可以追溯到早期互联网公司的成功积累。这形成了一个良性循环：商业成功带来的资本积累持续推动着技术创新，而技术创新又为商业发展开辟新的可能。

这种发展模式揭示了一个重要事实：当代互联网技术的进步并非偶然，而是在商业模式和技术创新的双重驱动下实现的必然结果。即便技术形态在不断更新，但支撑整个行业发展的基础商业逻辑始终保持稳定。

四、五次浪潮：互联网平台的进化史

互联网发展历程中出现了五次重大的机遇，每一次都重塑了数字经济格局。

第一次机遇出现在 2000 年前后，以搜索引擎为标志。谷歌在全球市场确立了领导地位，而百度则成为我国搜索引擎市场的主导者。

随着智能手机时代的到来，操作系统之争成为第二次重要机遇。苹果 iOS 和谷歌 Android 形成了全球性的双寡头格局；而我国市场也呈现出更加多元的态势，华为鸿蒙系统和各大手机厂商的定制系统共同繁荣。这个阶段确立了移动应用开发的基础框架，为后续发展奠定了技术标准。

第三次机遇体现在社交平台和电子商务平台的兴起。社交领域形成了 Facebook 和微信分别主导国际市场和我国市场的格局。电商领域则呈现出不同特点：国际市场主要由亚马逊和易贝主导，而我国市场则形成了淘宝、天猫、京东、拼多多等多家巨头共存的竞争格局。

视频内容平台的崛起标志着第四次重要机遇的到来。特别是在短视频领域，我国展现出了强大的创新能力：TikTok 成功打入国际市场，而国内市场则由抖音、快手等平台共享。这是我国互联网企业首次在全球范围内占据领先地位的领域。

大语言模型的兴起代表了第五次重大机遇。OpenAI 的成功掀起了全球人工智能竞赛的新篇章，各大科技巨头纷纷入局。我国市场呈现出独特的发展态势——从科技巨头到创业公司，众多企业都在积极布局这一领域，例如，深度求索公司以其创新的中文大语言模

型 DeepSeek 成为国际领先的人工智能公司。这一轮竞争的最终格局尚未明朗，但很可能会形成与电商领域类似的市场结构：国际市场可能形成寡头垄断，而我国市场则可能保持多家企业共存的竞争格局。

大语言模型正在重塑用户的时间分配方式。人们开始将部分原本用于搜索引擎、社交平台和视频内容平台的时间，转移到人工智能助手上。这种转变源于大语言模型在文档写作、报告编撰、翻译等任务中展现出的强大能力。然而，这个新兴市场面临着独特的挑战：一方面需要控制运营成本，另一方面又需要保持较低的用户使用门槛。与传统互联网服务相比，大语言模型的开发和维护成本要高出数个量级，这给商业模式的构建带来了前所未有的挑战。

大语言模型的发展得益于互联网时代积累的海量数据。正是这些高质量数据推动了模型性能的持续提升，使其达到了可商用水平。尽管当前模型可能无法实现绝对的准确率，但 90% 以上的准确率已经足以支撑大量实际应用场景。随着商业化进程的推进，人工智能技术将在更多领域替代传统人工操作。

五、物联网：下一个十年的机遇

（一）万物互联：机遇与挑战

移动互联网的巨大成功激发了一个雄心勃勃的设想：我们既然已经成功地将手机设备连接起来，那么是否可以将更多的物品接入网络？这个想法初看很有吸引力——如果能够连接十种物品，理论上就可能获得十倍的成功。然而，这种简单的类比忽略了一个关键问题：使用频率。手机和电脑之所以能够成功，是因为它们已经成为现代生活中不可或缺的设备，用户每天都会多次使用。相比之下，大多数日常物品的使用频率要低得多，可能是每天一次，甚至每周一次都不到。

目前，连接线下世界最常见的方式是二维码。虽然二维码实际上是印刷在纸上的物理载体，但它本质上是互联网的一个入口，而不是像冰箱、空调这样具有独立功能的设备。随着 5G 技术的发展，网络速度更快、延迟更低、容量更大，为连接更多设备提供了技术可能。从技术角度来看，我们完全可以为汽车、家用电器，甚至共享单车装配物联网 SIM 卡。但目前实现这一设想最大的障碍是成本问题。私营企业需要盈利，不是所有设备都值得投入高额成本来实现联网。例如，共享单车的使用频率在恶劣天气时会受到消极影响，而如果将联网成本转嫁到租赁费用上，可能还会进一步降低单车的使用频率。

（二）智能汽车：物联网的破局者

在众多可能的物联网应用中，智能汽车展现出最大的潜力。虽然目前的智能汽车已经具备联网能力，但距离 5G 和 6G 愿景中的万物互联和完全自动驾驶还有距离。当前的自动驾驶技术仍有不足，但在封闭的城市环境中实现全面自动驾驶是可以期待的发展方向。

我国在智能汽车领域走在世界前列，市场上已有大量智能电动汽车。这种转变正如同智能手机取代功能手机的过程，反映了科技进步对生活方式的改变，也符合国家产业发展战略。

（三）智能穿戴：物联网的新探索

其他物联网设备如智能手环、智能手表、虚拟现实头盔和家用电器都面临着不同的挑战。智能手环和智能手表的大多数功能与智能手机重叠，难以形成独特价值。虚拟现实头盔虽然能提供独特的3D体验，但受限于重量和电池续航问题（通常电池续航只有2～3小时），难以长期使用。只有当虚拟现实设备具备类似于普通眼镜的便携性时，才可能成为继智能手机之后的第四种重要设备。家用电器的智能化同样面临挑战。以电视为例，它尽管可以接入网络，但其在功能上越来越多地与移动设备重叠，且家庭观看习惯正在发生变化，个人化娱乐逐渐替代了传统的家庭共同观看模式。

（四）应用场景：物联网的落地实践

目前，物联网已在多个领域落地。智能停车系统能够自动识别车辆、控制门禁、自动计费，并与移动支付系统无缝对接。但这类应用的使用频率远低于智能手机。此外，电网监控、环境监测等领域也广泛采用物联网技术，但这些多为政府主导的项目，其成本考量与商业应用有本质区别。

在智慧医疗和智能办公领域，由于场景高度细分，难以形成统一标准。这与智能手机和自动驾驶汽车领域形成对比，后者已经形成了较为统一的操作系统和开发标准。大多数车载系统采用安卓系统，即使是特斯拉这样使用自研系统的厂商，未来也可能向第三方开放应用开发权限。这种标准化趋势将推动物联网生态的进一步发展。

六、与互联网共成长：写给未来的你

互联网产业以前所未有的速度推动着科技创新，催生了从大数据到人工智能等一系列革命性技术。虽然万物互联的愿景仍在展开，人工智能的发展也面临着如何平衡效率提升和伦理道德的挑战，但对于具备创新思维和执行力的年轻人来说，互联网仍然是一个充满机遇的领域。未来，互联网成功的关键在于保持对用户需求的敏锐洞察，并将技术创新与实际应用场景相结合。

思考

1. 请你预测一下未来的信息入口（即人们日常浏览、获取信息的主要软件、硬件或平台）可能有哪些？

2. 你觉得从互联网时代到人工智能时代所兴起的数字经济和线下实体经济是怎样的关系？

3. 人们从互联网可以获得多种类型的信息，包括文本、图片、声音、视频；而在人工智能时代，相应地也出现了文本大模型、视频大模型来生产这些类型的内容。除此以外，请你预测一下未来可能会出现的其他类型的信息。

应用篇　改变世界的缤纷实践

虚实相生：
虚拟现实技术的全息图景

主讲人：陈 斌

主讲人简介

陈斌，北京大学计算机学院教授；主要研究方向为虚拟现实和虚拟地理环境，主持并参与多项国家自然科学基金、国家重点研发计划项目；担任国际数字地球学会中国国家委员会虚拟地理环境专业委员会副主任委员，中国青少年科技教育工作者协会人工智能普及教育专业委员会副主任委员；主讲慕课"人工智能与信息社会""离散数学概论""地球与人类文明"被评为国家级一流本科课程；曾获国家级教学成果二等奖、北京市教学成果一等奖、北京市高等学校教学名师奖、北京大学首届教学卓越奖。

协作撰稿人

黄彦皓，北京大学信息科学技术学院2022级本科生。

你是否曾经幻想过躺在床上就能环游世界？是否向往过与远方的朋友实现"真实"的面对面交谈？这些看似天马行空的想象，正在通过虚拟现实（Virtual Reality，VR）技术成为可能。当我们戴上虚拟现实设备，即人们常说的VR设备，便能瞬间置身于金字塔之巅，转瞬之间，又可感受极地冰川的壮美；在虚拟实验室里，我们可以安全地进行各种危险的化学实验；在数字艺术馆中，我们能与梵高的《星空》互动，将绚丽的色彩重新编织。这一切，都源于信息科学带来的革命性突破。让我们一起走进这个充满魔力的数字世界，探索虚拟与现实交织的奇妙旅程，领略信息科学为人类打开的无限可能。

"这就是绿洲，在这里，现实无界，想象无边，你想做什么都行，也可以去任何地方。比如度假星球，可以在夏威夷挑战50英尺高的巨浪，可以自金字塔顶端滑雪而下，还可以和蝙蝠侠一起登上珠穆朗玛峰……人们来到绿洲，因为他们能在这里大展身手。人们选择留下，是因为他们能随心所欲地变换样貌，高的、美的、骇人的，不同的性别，不同的物种，真人抑或是动画形象，随你挑选。除了吃饭、睡觉、上厕所，不论大家想做什么，都会在绿洲里解决，因为所有人都用绿洲，所以这里才是我们平时见面的地方，大家都在这里交友聊天。"

——《头号玩家》片头台词

在信息技术的浪潮中，"虚拟现实"这一概念如同《头号玩家》中的奇幻世界，激发了无数人的想象。今天我们就一起来了解一下何为"虚拟现实"，它有哪些应用，以及这项技术在未来又可能给我们的生活带来怎样的改变。

一、开启虚实之门：走进虚拟现实的奇妙世界

（一）虚实交融：想象与现实的交响

虚拟与现实，看似矛盾，却能在虚拟现实中和谐共存，创造了一种全新的体验。虚拟现实不仅是一种技术，更是一种全新的艺术形式、一种全新的沟通方式，甚至是一种全新的存在方式。

图1所示就是虚拟现实绝佳的例子，它看上去是一个真实的场景，包含了我们熟悉的埃菲尔铁塔、高楼大厦、蓝天白云等。但同时，画面中也出现了一些现实中并不存在的飞船，这是人们想象力的产物。这样一个虚拟世界根植于现实又融入了幻想，是一种对现实世界的映射，能够为人们提供沉浸式的交互体验，这便是虚拟现实。

> **知识窗口：沉浸式的交互体验**
>
> "沉浸式"是指让人感觉完全置身于一个环境中。现在许多博物馆都通过虚拟现实设备、环绕式大屏幕及投影仪实现了这种体验方式，例如，敦煌研究院推出的"敦

煌飞天 VR 体验""敦煌光影艺术展"等。在信息技术领域,"交互"是指人与计算机系统间的双向交流,使用者向机器提供指令,计算机进行影音等反馈。当我们讨论虚拟现实技术时,沉浸式的交互体验是指使用者在如同真实世界的虚拟世界中,和周围环境互动,与虚拟人物交流。

图 1 虚拟现实中的城市图景

(二)追溯源流:早期先民对虚拟世界的探寻

自古以来,人类对虚拟世界的渴求从未停歇。从东方的神话传说到北欧和希腊的史诗,这些古老的故事实际上就是一种虚拟世界的创造。人们似乎总是觉得现实世界缺乏某种精彩,因此他们构想了一个更加完美、更贴近理想的世界。在那个科技并不如今日一般发达的时代,小说、故事和绘画是创造虚拟世界的主要手段。我国的经典名著《西游记》就是我国古代作家对非现实世界的一种创造性描绘。

虽然这些手段与现代的计算机图形学和多媒体技术大相径庭,但它们的目标是一致的:描绘一个比现实世界更加绚丽多彩、更加符合人类想象的世界。

(三)突破界限:虚拟现实的多彩呈现

随着绘画技法的不断进步和完善,人类对视觉艺术的追求已经从简单的平面图像,转向了对三维空间的探索。这种追求在 3D 立体画(如图 2 所示)中表现得尤为明显,它们通过巧妙的透视和光影效果,创造出一种几乎可以欺骗眼睛的

图 2 3D 立体画

立体感，让观众仿佛能够触摸到画中的物体。

> **知识窗口：三维空间**
>
> 三维（Three-dimensional，3D）是指具有长度、宽度和高度三个维度的空间。放在直角坐标系中理解，三维空间是指需要用三个坐标（x，y，z）来描述的空间，这三个坐标分别对应三个相互垂直的维度，每个坐标表示物体在该维度上的位置信息。

在此之后，戏剧和电影也通过精湛的表演、逼真的布景和先进的特效技术，为观众提供了一种超越传统视觉体验的沉浸式感受。在电影院，环绕立体声和巨大的银幕能够让观众仿佛置身于电影场景之中，体验着角色的喜怒哀乐。

时至今日，虚拟现实技术已经渗透到我们日常生活的方方面面，我们的智能手机早已具备实现这种功能的能力。用户可以在空间照片中，拖动一些模型进行摆放，甚至可以根据照片中的光影对模型进行光照，使得虚拟物体完全嵌入现实场景，显得异常自然。这些创新的应用，都是增强现实（Augmented Reality，AR）（增强现实的应用如图3所示）或混合现实（Mixed Reality，MR）技术的具体体现。它们打破了虚拟与现实的界限，为我们打开了一扇通往无限可能的大门。

图3 增强现实的应用
注：图中的机器人并不存在，但看起来像是在场的实体

（四）未来图景：走进元宇宙新纪元

随着虚拟现实技术的不断发展，"元宇宙"的概念也应运而生。元宇宙是一个集成了虚拟现实、增强现实、混合现实等多种技术的全新概念，旨在构建一个与物理世界平行的全息数字世界。相较于虚拟现实，元宇宙提供了一个社交平台，让人们可以在其中以虚拟人物角色（avatar）自由生活，进行社交、工作、娱乐、生产、消费等活动，并实现与现实社会的交互、映射和影响。

元宇宙的内涵丰富，它不仅包括虚拟世界中的新主体、新规则和新智慧，还涵盖现实世界的元素在虚拟世界的镜像，并与现实世界互动，产生意义和价值。这种虚实融合超越了现实，使得虚拟世界和现实世界形成了紧密的融合和互动。从短期来看，元宇宙的发展将主要集中于游戏、社交、内容等娱乐领域，而从中期来看，它将向生产生活多领域逐步渗透，包括工业领域、智慧城市、虚拟消费体系等。

随着元宇宙的发展，我们可以预见一个全新的文明生态的形成，其中虚拟世界和现实世界将实现理念、技术到文化层面的互补和平衡。因此，元宇宙不仅是虚拟现实技术发展的一个新阶段，也是人类社会数字化转型的一个重要里程碑。

二、时光隧道：虚拟现实的发展足迹

（一）初见曙光：虚拟现实的诞生时刻

创造另一个理想的虚拟世界始终是人们的梦想和追求。一方面，人们以存在哲学为理论基础，发展虚拟世界的理论、技术和伦理。另一方面，图形学、多媒体、人机交互技术、脑科学的发展给虚拟世界的降临铺平道路。现代定义中的虚拟现实是在计算机诞生之后才发展而来。

虚拟现实技术的雏形是 1962 年问世的森塞拉马（Sensorama），这个装置包含三面显示屏，用户将头伸进去即可观看（如图 4 所示）。它模拟了骑摩托车穿越纽约的情景，用户坐在虚拟的摩托车上，通过屏幕体验街道，过程中可以感受到风扇产生的风及模拟的城市噪声和气味。这些感觉元素会在适当的时候触发，比如，当用户接近公共汽车时，该装置会释放废气化学物质。其配套的椅子可以实现全方位的移动，包括前后左右以及上升下降。当用户操纵画面时椅子可能会有一些动作反馈，而当用户在椅子上移动时画面也能同步变化，营造出一种身临其境之感。6 年后，交互式图形学得到发展，使得它能够根据用户的动作实时改变图形显示，提升了沉浸式体验的深度。在 PPT 中绘制矩形时，拖动其中的一角，整个矩形框会实时变化，流畅而自然，这便是交互式图形学技术的应用。在这项技术的基础上，计算机图形学之父伊万·萨瑟兰设计了人类首款头戴式显示器，其具备机械控制的头部跟踪功能，能够显示线框化的三维房间，为虚拟现实技术的发展奠定了基础。

1987 年，杰伦·拉尼尔首次提出了"虚拟现实"的概念：利用电脑模拟产生三维虚拟世界，并向使用者提供视觉、听觉和触觉等感官模拟。他的这一理念，不仅推动了虚拟现实技术的发展，而且对后来的沉浸式体验产生了深远影响。

图 4　森塞拉马

北大名师开讲：信息科技如何改变世界

> **知识窗口：杰伦·拉尼尔**
>
> 杰伦·拉尼尔于1960年5月3日出生于纽约，是一位杰出的思想家、计算机科学家、艺术家，他首先提出了虚拟现实的概念，从理论上为虚拟现实的发展指明方向，被称为"虚拟现实之父"。
>
> 20世纪80年代，这位20多岁的青年孤身来到硅谷闯荡。他首先开发了电子游戏《月尘》，得到了第一笔资金，并以此展开其设想的虚拟现实实验。后来他与汤姆·齐默尔曼共同创立了VPL Research公司，致力于推动虚拟现实技术的发展，并在此期间首次提出了"虚拟现实"的概念。如今他在微软研究院担任跨学科科学家，负责Hololens眼镜的开发，也帮助建立了Kinect游戏系统。
>
> 《时代》周刊评选他为2010年度"全球影响力人物"之一，《连线》杂志评价他是"从科技奇才跨界成为摇滚明星的人"，《不列颠百科全书》将他收录为历史上伟大的发明家之一。

（二）蜕变升华：硬件设备的进化之路

20世纪90年代后，商业化的虚拟现实设备慢慢走进大众视野。1995年，日本一家游戏公司任天堂率先发布了一台虚拟现实主机Virtual Boy，在游戏界首次尝试了虚拟现实设备，可惜这一概念太过超前，最终没能被大众接受。这一商业挫折也让很多厂商对虚拟现实持谨慎态度，虚拟现实停留在了实验室阶段。在那个时期，实验室内安装的虚拟现实设备价格昂贵，一套下来需要几十万元甚至上百万元的资金投入。当时比较流行的如CAVE系统：在一个房间里通过5个投影仪组成上下左右前五个平面，形成了一个封闭的"洞穴"空间，使用户产生身临其境之感。

在虚拟现实市场沉寂了近20年之后，2012年谷歌发布的谷歌眼镜（Google Project Glass）（如图5所示）重新吸引了人们的眼球。这款设备基于安卓系统，用户可以通过语音命令和手势控制拍照、上网、处理邮件等，也可以通过全球定位系统（Global Positioning System，GPS）定位和摄像头识别现实世界场景。然而，由于其高昂的售价，它在经过3年的测试后最终停止面向消费者发售。尽管如此，它的出现无疑为虚拟现实技术的商业化铺平了道路，激发了市场对虚拟现实设备的兴趣和创新。

2012年，Oculus公司通过众筹的资金悄然成立，推出了面向大众消费市场的虚拟现实设备Oculus Rift，这便是当今虚拟现实无线一体机Meta Quest的前身。索尼公司紧随其后，在2014年发布了PlayStation VR，在游戏领域再次尝试虚拟现实技术，并在PS4主机的带动下取得了显著成功。

图5　谷歌眼镜

之后，各大品牌纷纷入场竞争，虚拟现实设备如雨后春笋般涌现，迭代出了一系列优秀产品。如今，虚拟现实设备已经琳琅满目。国产品牌 Pico 推出了功能强大的 Pico 4 Pro（如图 6 所示），Meta 公司（2014 年收购 Oculus）发布 Quest 3（如图 7 所示），知名的科技巨头苹果公司也不甘示弱，于 2023 年正式发布集成了众多尖端技术的 Apple Vision Pro（如图 8 所示），标志着虚拟现实技术进入了一个新的时代。

图 6　Pico 4 Pro

图 7　Quest 3

图 8　Apple Vision Pro

三、超越维度：扩展现实的无限可能

在虚拟现实的基础上，衍生出增强现实和混合现实，以上三者统称为扩展现实（Extended Reality，XR）。表 1 详细描述了这几项技术的差异。

表 1　虚拟现实、增强现实与混合现实的差异

项目	虚拟现实	增强现实	混合现实
用户体验	强调营造虚拟世界，与现实世界隔绝	在观察现实世界的基础上，叠加平面信息层	在观察现实世界的基础上，叠加三维虚拟模型
硬件需求	身体姿态传感器与交互设备	摄像头实时采集用户能看到的现实世界画面	激光雷达扫描实现空间三维建模，需要较高的算力和空间定位能力

（一）虚拟现实沉浸世界：虚拟现实开启全新体验

虚拟现实强调营造虚拟世界，让用户与真实世界隔绝，创造一个由数字构建的全虚拟世界，营造高度沉浸感，具有高度实时性和交互性，也具备良好系统集成度和整合性能以及良好的开放性，支持多种传感器、跟踪设备并行工作。

（二）增强现实融汇现实：增强现实点亮生活空间

增强现实技术的核心在于将数字信息融入用户的现实世界，通过实时交互功能，使得

用户能够在三维空间中体验真实世界与虚拟元素的完美结合，实现虚拟与现实的和谐共存。

增强现实的一个典型例子是谷歌眼镜，这款设备通过透明的镜片让用户直接观察到现实世界，同时将时间、天气等信息以投影的形式叠加在镜片上。这种设计不仅增强了用户的现实感知，还提供了额外的信息层，极大地丰富了用户的体验。

事实上，增强现实技术的应用早已广泛融入我们的日常生活。自 iOS 11 系统发布以来，苹果公司就引入了 ARKit，这是一个专为 iOS 设备设计的先进增强现实开发框架。它为开发者提供了强大的工具，使他们能够轻松地将增强现实体验融入应用程序，从而为用户带来了更加丰富的互动体验。

与此同时，苹果公司的 iPhone 和 iPad Pro 等设备还配备了创新的 LiDAR 扫描仪（如图 9 所示），将原来动辄几万元、几十万元的激光雷达加到手机上。这项技术通过发射红外激光并测量反射回来的时间，精地获取物体的深度信息。LiDAR 扫描仪的加入，极大地提升了增强现实应用的精确度和实用性，使得虚拟对象能够以更加自然和真实的方式与现实世界融合。

图 9　iPhone 上的 LiDAR 扫描仪

谷歌也推出了 ARCore 平台，这是一个为安卓设备设计的增强现实开发平台，它提供了与苹果类似的功能和工具，使开发者能够为安卓用户创造引人入胜的增强现实体验。

苹果和谷歌在增强现实方面推出的应用，标志着技术在移动设备上的普及和成熟，为用户带来了更加便捷和直观的增强现实体验。随着技术的不断进步，我们可以期待增强现实在未来的数字生活中扮演更加重要的角色，为我们的日常生活带来更多的便利和乐趣。

（三）混合现实虚实共舞：混合现实创造无限可能

混合现实技术是现实世界与虚拟元素的一种合并，创造出全新的可视化沉浸式交互环境。这被认为是虚拟现实的终极目标，因为它不仅提供了一种超越传统视觉体验的方式，还实现了真实与虚拟的无缝结合。

如果说增强现实更倾向于在现实世界中叠加平面信息层，混合现实则更进一步，它将三维虚拟模型精确地放置在现实世界的三维空间中。为了实现这一点，混合现实技术需要实时扫描并三维建模周围的环境，如地板、桌面、墙面和柜子等，以确保虚拟对象能够与现实世界中的物体自然地交互。

2023 年，苹果公司发布的 Apple Vision Pro 可以被视为混合现实技术的集大成者。这款设备在视觉和交互效果上达到了新的高度，为用户提供了最佳的沉浸式体验。其不仅具备虚拟现实的沉浸感，还融合了混合现实的交互性，使得用户能够在一个设备上体验到两种模式的优势。

我们有理由相信，混合现实将在未来改变我们与数字内容的互动方式，为我们的工作和生活带来更加丰富的沉浸式体验。

四、行业赋能：虚拟现实的现实应用

（一）乘兴之旅：数字时代的文旅探索

虚拟现实在文旅方面有很大的应用价值，它打破了地理和空间的限制，让人们能够在家中欣赏到博物馆的丰富藏品和户外壮丽的自然风光，图 10 展示了游客借助虚拟现实设备游览莫高窟。现在虚拟红色旅游兴起，人们有机会体验过去历史年代的重要时刻和场景。例如，通过虚拟现实技术重现飞夺泸定桥等历史事件，用户可以亲身感受到那个时代的紧张气氛和英勇壮举，这也为用户提供了一种全新的历史学习方式。

不仅如此，虚拟现实技术还为文化遗产的保护提供了新的途径。现如今已经可以通过影像技术扫描出文物的实景三维数据集，将其永久地保留在虚拟世界当中。

图 10　游客借助虚拟现实设备沉浸式游览莫高窟
（图片来源：敦煌研究院官网）

（二）智造未来：工业领域的革新之路

在工业领域，通过增强现实技术，用户可以轻松地缩放和旋转三维模型，细致观察复杂的机械结构，如发动机等，甚至可以模拟现实中难以实现或成本高昂的操作练习，如航天发动机的拆装。在增强现实环境中，用户可以在虚拟空间中进行实际操作，无须担心材料浪费或设备损坏，同时还能获得即时反馈和指导。这种模拟训练节省了资源，还提高了训练的安全性和可访问性。

（三）游戏乐园：数字娱乐的欢乐海洋

虚拟现实技术正凭借其独特的魅力，为游戏娱乐领域带来前所未有的沉浸式体验革新。通过头戴式显示器和立体声耳机，用户可以躺在家中，享受影院级视听体验，亦可"亲临现场"，坐在最佳的位置上，欣赏一场精彩绝伦的演唱会或是足球赛，如图11所示。

图 11　用户通过 Pico 观看演唱会和足球赛

游戏玩家也可以借助这项技术，如同真正置身于游戏世界之中（如图12所示），享受360度全方位的视觉和听觉刺激，每一次冒险都栩栩如生。虚拟现实技术的高度交互性让玩家可以通过手持控制器或动作捕捉设备与虚拟环境互动，大大增加了游戏的趣味性和参与感。此外，虚拟现实技术还能够模拟真实的空间感，让玩家在虚拟环境中自由移动，体验高度、速度和方向的变化，仿佛真的身处一个全新的维度。

图 12　用户借助虚拟现实设备玩游戏

（四）艺术弧光：创作灵感的新源泉

登上过无人的山巅，才有《独坐敬亭山》的孤寂；领略过大漠的壮阔，才能赋出《使至塞上》的豪情。如今，我们无须远行，只需轻触虚拟现实的大门，便能游历名山大川，激发创作灵感。我们在虚拟现实的天地间尽情游历，将虚拟的意象与自然的美景交织，捕捉灵感的火花，甚至可以直接通过虚拟现实完成一些艺术作品，比如空间雕塑（如图13所示）。虚拟现实将无形的想象转化为有形的艺术，让灵感在虚拟与现实中自由穿梭。

图 13　创作者在虚拟现实中进行雕塑

（五）求知圣殿：教育创新的新路径

借助虚拟现实这一革命性工具，野外生物学、地理学和地质学的研究得以在实验室内进行，无须亲临现场。在实验教学领域，虚拟现实的应用同样广泛。以化工专业为例，学生可以在虚拟环境中模拟整个化学工程的生产线和生产过程，无须踏入工厂即可获得实践经验。

虚拟现实技术在自然灾难和反恐演习中的应用同样高效。我们可以组织消防演练，模拟教室内突发火灾的情景，指导学生如何迅速疏散。通过虚拟现实，学生可以演习紧急情况下的逃生路线和集合地点，而这一切的成本却非常低。

当然，虚拟现实在教育教学上也能有很好的应用。学生们可以在虚拟现实平台上，通过计算机模拟自行完成一些课堂上难以大规模讲授的实验内容，比如双缝实验、粒子碰撞实验等，让学生能够更直观地接触物理的本质，体验学习和实验的乐趣。

五、技术基础：虚拟现实的硬核要素

（一）感官模拟：沉浸体验的奥秘

为了获得卓越的虚拟现实体验，首先必须实现强烈的沉浸感。这种沉浸感源于对人类感官的精准模拟，让人产生身临其境的感觉。当这种模拟达到足够逼真的程度时，沉浸感便油然而生。

在所有感官中，视觉是我们获取信息的主要途径，紧随其后的是听觉，而这两者也是最容易通过技术手段进行模拟的感官。对于视觉模拟，我们可以通过三原色信息的混合来重现任何颜色。视觉模拟的关键在于提升显示屏的分辨率和帧率，以实现更清晰、更流畅的图像。听觉模拟则依赖于空间音频技术和高保真声音的还原。现代虚拟现实产品已经在这两个方面实现了极高的精度，以至于几乎可以以假乱真。

> **知识窗口：虚拟现实中音频技术的突破**
>
> 1. 空间音频技术
>
> 在现实生活中，人们通过耳朵听到的声音是来自四面八方的，我们的大脑也能够很轻松地处理这些声音，进行空间定位。对于扬声器而言，可以通过多扬声器使用独立多声道的方式，从前后上下左右多个方向放出声音来实现空间音频；对于耳机而言，则需要细致地计算声音的入耳角度和耳廓反射，据此进行声音频率的微调，模拟出空间音频。
>
> 2. 高保真声音的还原
>
> 录音时，麦克风采集声音信号后，转换成模拟电信号，在放大之后进行模数转换（ADC）编码，得到更利于计算机使用的数字信号。放音时，需要先将已有的数字信号通过数模转换（DAC）解码，还原成模拟信号，再经放大后传输到扬声器放出声音。整个过程中从接收信号、编码、解码到放音都存在失真，但可以分别通过麦克风上物理元件的设计、更先进的音频编码和更好的扬声器实现高保真声音的还原。

以行业先锋 Apple Vision Pro 为例，它能够提供单眼 3400×3400 的超高分辨率和极低的延迟，这让用户得以佩戴这款产品安全出街，屏幕中所呈现的"现实"与真实世界并无二致。如今，触觉模拟也在一定程度上成为可能，通过在手脚上装备传感器和压力手套等设备，可以模拟出不同程度的触感。至于味觉和嗅觉的模拟，这尚待生物学家在生物层面进行深入研究和解析。随着科技的不断进步，我们可以期待未来在这些领域取得突破，为虚拟现实体验增添更多维度的感官享受。

（二）交互性能：自然直观地控制

为了实现真正的虚拟现实体验，我们的所视所听必须与现实世界中的感受无缝对接。想象一下，当你坐在教室里，目光所及之处是前方的黑板，自然想到身后会是一幅精美的黑板报。那么，当你转过身，呈现在你眼前的就应该是一幅黑板报，而没有一个图像生成或拖动的过程。这种即时的、无延迟的视觉体验是虚拟现实追求的目标。

图形交互设计方面的研究，涉及许多交叉学科的知识，包括认知心理学、神经科学等。虚拟现实设备需要能够理解用户的意图，并迅速做出相应的反馈，例如眼动追踪技术——将用户的视线所在作为鼠标指针。设计者们努力使操控方式尽可能直观自然，尽可能贴近现实世界的交互方式。

而脑机接口技术即直接与大脑交互，是虚拟现实领域的另一个前沿探索。这项技术分为非侵入式技术和侵入式技术两种。非侵入式技术通过头部的加速器来检测动作，同时尝试测量脑电波，但其准确性有限。相比之下，侵入式技术能够直接从脑神经读取神经冲动，利用大数据和人工智能进行模式识别，从而更直接、更有效地检测用户的动作和意图。这种技术的发展，预示着未来我们不仅能够实现完全沉浸式的交互体验，甚至能够将感官体验反馈给用户，开启一个全新的交互时代。随着技术的不断进步，虚拟现实将越来越接近于现实世界的体验，为用户带来前所未有的沉浸感和参与感。

六、学科图景：虚拟现实的发展现状

（一）全球视野：国内外发展的比较

在虚拟现实技术领域，Meta 无疑是当前最知名的虚拟现实设备品牌。然而，全球多数虚拟现实头盔的设计和制造生产实际上都在我国。在硬件方面，国内外并没有很多的技术壁垒，主要的技术竞争主要集中在芯片技术上。Apple Vision Pro 从设计到集成都是由苹果公司自家完成的，特别是它内部集成了 MacBook 的 M2 芯片和专为低延迟数据传输设计的 R1 芯片，这种软硬件的高度集成为用户带来了卓越的体验。

在软件和生态系统方面，国内外的差异开始显现。国外品牌如 Meta、Apple 和 Sony 等，已经在科技电子领域积累了几十年的生态基础，这是国产品牌如 Pico 等需要努力追赶的。比如，Meta 通过 Oculus 系列产品，已经在全球范围内建立了强大的虚拟现实生态；Pico 则在字节跳动的支持下，也在试图通过打造中国虚拟现实消费品牌来缩小这一差距。

随着技术的不断进步，虚拟现实设备的体验正在变得越来越好，无论是在硬件性能、软件生态还是在用户交互上，都在逐步成熟和完善。国产品牌在这一领域的进步也值得期待。

（二）探索前沿：主要研究方向解析

目前虚拟现实主要有两个研究方向：一个是内容创作——有了这么一个头盔，能用它来做什么？现在虚拟现实设备主要的应用场景集中在娱乐休闲上，而并不是像手机一样的生活用品。我们都希望能够将虚拟现实的内容扩展到工作中以提升生产力，比如用作工作环境中的显示屏或者构建一个逼真的虚拟会议，让参与者在虚拟世界中能够像在真实世界一样交互。此外，打造一个充满活力的全新虚拟现实社区也是我们的目标。另一个就是硬件上的创新突破。现在所有的头盔都有一个共性问题——佩戴舒适性和便携性欠缺。智能手机之所以能够得到这样大范围的普及，一个关键原因就在于其具有便携性。因此，提升虚拟现实设备的佩戴舒适性和便携性，是推动其成为主流设备的重要一步。同时，控制成本也是关键，我们需要通过技术、材料上的迭代使虚拟现实设备的价格更加亲民，让这项技术真正走进千家万户，成为大众都能够负担得起的消费产品。

（三）创新之光：新兴研究领域展望

虚拟现实技术的发展催生了众多新兴研究方向，其中虚拟地理、数字孪生和人机交互尤为引人注目。例如，在近期备受瞩目的国产游戏《黑神话：悟空》中，游戏科学就向我们展示了虚拟地理的应用潜力：通过扫描现实世界中的元素，在虚拟现实中进行移植建模。这种技术的应用不仅限于游戏，我们还可以考虑对城市甚至整个地球进行扫描，创建详尽的实景三维数据集，这已成为我们国家科研计划的一部分。这个过程包括采集街景、进行三维激光扫描，还可以利用生成式人工智能技术对未扫描区域进行深层次补充。

一些公司甚至制订了地球克隆计划，旨在将地球上的每一个角落都纳入虚拟现实。这样的实景场景不仅能够用于娱乐，还能在诸如自动驾驶算法测试等领域发挥重要作用。在虚拟世界中，我们可以模拟各种事件、天气变化、不同时间和突发事件，这与生产、创新紧密相关。此外，虚拟现实技术还可以应用于飞行员培训、装修设计、二手房租赁和交易、心理建设、远程合作设计、游戏、旅游、演唱会、艺术等多个领域。

更进一步地，我们可以尝试数字孪生，即将现实世界映射到虚拟世界，两个世界互相关联。当真实世界状态发生变化时，虚拟世界也能实时反映变化。数字孪生技术的应用，为现实世界与虚拟世界的无缝连接提供了可能，使得我们能够更有效地管理和优化复杂的系统。

随着虚拟现实逐渐向生产力工具转变，它所带来的沉浸式体验和虚拟环境的超体验，为我们打开了新的人机交互方式的大门。在未来，人工智能将能够识别用户的意图，检测用户的行为，并以沉浸式的方式提供反馈。这种交互方式不仅仅是聊天，而是一种全新的、沉浸式的体验，它将彻底改变我们与人工智能的互动方式。

七、未来的可能性：虚拟现实与人类命运

（一）数字秩序：虚拟世界的治理之道

无论是规范法规、经济基础，还是资产物权，在元宇宙中都可以与现实世界有所不同。我们可以选择在虚拟世界中遵循现实世界的同样规则，也完全可以选择建立全新的治理模式。目前，人类对于虚拟世界的构想充满了无限的想象和可能性。

在现实世界中，人类社会发展到现在其实受到很多历史因素的限制，但是在全新的虚拟现实中，我们获得了从零开始建立人类秩序的机会。人们开始思考是否可以在虚拟世界中创造一种新的世界秩序，这种秩序不仅包括人与人之间的关系，也包括人与虚拟实体之间的关系。

在虚拟世界中，人们的身份可以多样化，他们可以自由选择自己的化身，甚至可以拥有多个不同身份。随着人工智能技术的发展、大语言模型的出现，我们甚至可以拥有人工智能化身，这些化身可以代表我们在虚拟世界中进行交流和合作。这种身份的多样性为人与人之间的协作方式带来了新的可能性。在虚拟世界中，合作的主体可以发生在用户和用户之间，也可以是在用户与虚拟人之间，甚至是在虚拟人与虚拟人之间。这种合作可以形成各种组织形式，比如小工作室或公司，它们都可以在虚拟世界中重新构建。目前，许多理论和实践都在探索这一领域，这不仅是一个前沿的探索，还涉及伦理和规范，甚至是法律。

当然，法律法规可能需要从经济基础开始重新定义，比如，在虚拟世界中，一般等价物和货币是什么？为了解决这个问题，人们现在已经开始探索是否可以在虚拟世界中建立一个去中心化的体系。另外，我们需要探索是否可以在现实世界中找到没有对照物的数字原生资产。比如，当你在虚拟世界中创作了一个雕塑，其并非从现实世界中扫描而来，而是仅存在于虚拟世界中。如果这个作品有价值，就会涉及它的估值和权属问题。它的交易

将涉及权属转移，这一系列事项都需要得到妥善处理。

（二）双刃剑锋：沉溺性带来的思考

在未来的某一天，或许虚拟现实设备能够做到佩戴无感，那么彼时我们还能否分辨虚拟现实和真实世界呢？这是一个很值得深思的问题。

其实在现在，信息社会和网络社会已经造成了一些问题，比如网络依赖和游戏成瘾等。有部分网瘾青年陷入网络无法自拔，甚至难以区分现实世界和网络世界，造成了严重的心理问题。而随着虚拟现实的沉浸式技术日益发展完善，这个问题可能会以新的形式出现。人们是否还能分辨当下的场景是虚拟还是现实？通过什么方式能够在不破坏沉浸感的同时让人觉察到"虚拟"？

但是由于目前虚拟现实技术尚未达到完全逼真的程度，这样的问题还没有显现出来，但也已经有一些艺术作品对此展开了讨论。比如，在电影《盗梦空间》的一个镜头中，一屋子老人为了寻找更精彩的世界，选择通过药物让自己维持在理想的梦中世界，不愿意回到现实，更有甚者被永远困在梦境空间中。在该作品中，主角通过一枚陀螺分辨虚拟和现实，但当我们完全步入虚拟现实社会之时，又是否能找到这样的图腾？

从积极的角度来考虑，未来可能能够通过虚拟现实的方式实现"永生"，这也是人类从古至今一个永恒的话题。在虚拟现实之前，人们往往追求的是肉体不灭，以此创造出炼丹术及衍生而来的化学学科。当虚拟现实技术成熟后，我们可能能够实现意识的提取和转移，实现意识不灭，达到意识的永恒，即数字生命。"数字生命"的概念已经在国产科幻电影《流浪地球2》中展现给观众，电影中的图丫丫通过不断迭代，逐渐具有自己的意识和更长的数字生命。

不管怎么说，虚拟现实都只是现实生活的一种体验方式，一种放松和娱乐的工具，归根结底我们都是活在现实、活在当下。所以，正如《头号玩家》中主角最后所作的决定——每周关闭两天绿洲那样，不管虚拟现实社会是否到来，我们在享受虚拟世界带来的奇妙体验的同时，也不能忘记回归现实，因为最终是现实生活赋予了我们存在的意义和价值。

（三）畅想未来：畅想20年后的世界

在20年后，虚拟现实或许可以像手机一样普及应用，那时的社会会是怎样一番景象？这是我们现在难以想象的。回顾互联网刚刚萌生时，没有人可以预想到现在5G社会的盛况，那时，人们甚至还组织了一个网络生存大赛，挑战者需要尝试足不出户，仅仅依靠网络和数字支付生存。这样的挑战对于现在的我们来说轻而易举，但在当时却是一项艰巨的任务，许多挑战者未能坚持到最后。

科技的发展总是充满惊喜，它的步伐往往超出我们的预期。目前，我们只能通过科幻电影和一些富有想象力的艺术家、思想家的作品，来一窥20年后可能的社会图景。但有一点可以肯定，虚拟现实技术无疑将深刻改变我们的生活方式，它可能会像手机一样，引发一场社会变革。

八、写给年轻人的备忘：为虚拟现实时代做好准备

虚拟现实领域是一个充满无限可能的前沿阵地，它不仅需要严谨的科学探索，更呼唤着艺术的想象力和创造力。它鼓励我们打破常规，以天马行空的想象突破各种限制，包括时间、空间和资源。许多人可能对于超越现实的想象感到畏惧，他们习惯于追求那些看似可行的解决方案。然而，正是那些大胆而奇妙的想法，以及实现这些想法所需的创新技术，推动着虚拟现实技术的发展。

目前来说，图形学技术和人工智能技术是虚拟现实研究的热点问题。图形学技术专注于几何建模、图形渲染和物理仿真，致力于在虚拟世界中重现真实世界的物理法则。而基于人工智能的生成式交互技术主要面向人机交互的新方式，让虚拟现实中的虚拟人像真人一样与用户互动交流。

此外，虚拟现实领域还需要人文社科领域的支持，以理解人类与虚拟现实系统交互后的心理状态变化。信息安全也是虚拟现实中不可忽视的一环，尤其是当人们的资产和身份越来越多地存储在虚拟世界中时，保障信息安全变得尤为重要。

其实虚拟现实本就是一个高度交叉的学科领域，它不仅涉及数学、物理、化学、生物和计算机科学，还需要考虑心理学、法律、艺术等领域。有时候，这些看似与虚拟现实关系不大的学科，却能为虚拟现实的发展提供独特的视角和深刻的见解。因此，作为一名高中生，我们当下并不必急于深入学习虚拟现实的具体技术。重要的是打下坚实的基础，并且保持好奇心，根据自己的兴趣和特长来发展。只要你脚踏实地地学习，那么在虚拟现实时代到来之际，你将能够凭借自己的才华和知识，在这个充满机遇的新世界中大放异彩。

思考

1. 如果说人工智能技术拓展了人类的脑力，那么虚拟现实技术也可以看作是感官的延伸，你对人工智能技术与虚拟现实相结合的应用领域有什么梦想和期待？

2. 当下的虚拟现实技术已经能够成功模拟逼真的视觉和听觉效果，但对于嗅觉和味觉还无能为力，你能想到什么巧妙的技术，可以让人们闻到虚拟面包的香味，尝到虚拟巧克力的甜味？

3. 虚拟现实技术生成的实时虚拟环境，也可以作为机器人摄像头的输入信号，用于机器人行动算法的训练和测试，你觉得与在真实世界测试机器人行动算法相比，虚拟环境测试有什么优缺点？

游戏中的人工智能：
从人机对弈到虚实共生

主讲人：李文新

主讲人简介

李文新，北京大学计算机学院计算机科学与工程系系主任、教授，北京大学人工智能研究院副院长，北京大学计算机实验教学中心主任，中国计算机学会杰出会员。曾获北京市高等学校教学名师奖，多次获得国际大学生程序设计竞赛组织颁发的"区域发展杰出贡献奖""领导力奖"等。目前主要研究兴趣为游戏智能体相关领域，其团队自主研发的 Botzone，已成为国内外知名的游戏人工智能对战平台；组织开发的北京大学在线程序评测系统 POJ，已成为国际上同领域最有影响力的网站之一。

协作撰稿人

何梓源，北京大学元培学院"通班"2023 级本科生。

游戏，这个与我们日常生活如此贴近的数字世界，不知不觉间已经成为人工智能最精彩的试验场。在这里，冰冷的代码和灵动的智慧不断碰撞，演绎着一个又一个突破性的时刻。从最早期的简单对弈程序，到今天能够自主学习、创造性思考的智能体，游戏人工智能的发展历程正是整个信息科学和人工智能领域的缩影。让我们一起走进这个神奇的世界，看看计算机是如何在虚拟的游戏中学会思考、决策与创新，又是如何将这些能力延伸到现实世界的千万种可能中。

古往今来，人类不仅关注物质生活的满足，还不断追求精神世界的丰富。游戏作为精神世界的重要组成部分，让人们能够在虚拟世界体验不同的生活场景和情感。

游戏是对现实世界的一种抽象和模拟，通过人为设定的规则，构建出一个与现实世界既相似又有所不同的虚拟环境。在这个环境中，我们可以暂时脱离现实的束缚，以不同的身份和角色去探索、冒险和竞争。从简单的棋类游戏到复杂的体育竞技游戏，游戏涵盖了广泛的类型和玩法。适度的游戏体验能够锻炼我们的思维能力、反应能力和团队协作能力。

近年来，人工智能技术的快速发展为游戏行业带来了新的变革。它不仅改变了游戏的开发方式，提高了游戏的品质和互动性，还带来了更加智能化和个性化的游戏体验。同时，游戏也成为人工智能研究和应用的重要领域之一，为探索智能的边界和潜力提供了丰富的场景和数据。

一、通往智能之路：游戏人工智能的觉醒

谈及游戏中的人工智能，相信我们并不陌生。无论是在线棋类游戏对弈的"电脑方"，还是一些多人在线战术竞技游戏中的"觉悟人机"，都在一定程度上应用了人工智能算法。游戏人工智能算法的研究轨迹其实与人工智能技术的发展路径高度重合，有很强的表征性意义。那么，游戏人工智能算法发展经历了怎样的历程呢？让我们以历史性事件和游戏题材为线索由浅入深地了解一下。

"人工智能"这一术语的起源可以追溯到20世纪中叶，由多位科学家共同提出并推动其发展。其中，最广为人所知的当数英国计算机科学家艾伦·麦席森·图灵和美国计算机科学家约翰·麦卡锡。

1936年，图灵发表了著名的论文《论可计算数及其在判定问题上的应用》，提出了"图灵机"这一概念，为后来的计算机科学和人工智能奠定了基础。1950年，图灵又发表了一篇论文《计算机器与智能》，并首次提出"图灵测试"，用以判断机器是否具有人类水平的智能。图灵的这些思想为人工智能的发展指明了方向。

1956年，麦卡锡在达特茅斯会议上首次使用了"人工智能"这一术语，并组织了首次人工智能研讨会。他认为编程可使计算机具有人类智能。他的这一观点激发了人们对人工智能的研究热情，为人工智能的发展奠定了基础。

二、人工智能"三盘棋":完美信息异步零和博弈

从博弈论的角度来看,双人棋类游戏是一种典型的完美信息异步零和博弈。在这种博弈中,两个玩家在确定的规则下进行竞争,每个玩家的目标都是通过选择特定的策略获胜,并且对手的得分意味着自己相应的损失。

大多数棋类游戏的规则相对简单,但在这有限的棋盘空间内,千百年来无数人类天才都渴望找到最优的解法。正因如此,能够战胜顶尖棋手的智能体被视为人工智能的"圣杯",象征着技术的巅峰。人工智能专家寻找棋类游戏最优解的历史可以追溯到20世纪40年代末。图灵在1947年开始研究计算机下棋,并编写了第一个下棋程序。后来,他的同事迪特里希·普林茨继续沿袭图灵的思路,于1951年开发了一个残局程序,该程序能够在任何只差两步就能将一方将死的局面(被称为"两步将死")中找出最优解。

而在人工智能发展的曲折历程中,有"三盘棋"成为历史性的锚点。

(一)第一盘:西洋跳棋——对弈碰撞智慧火花

西洋跳棋本身的规则范式非常简洁,难度系数相对较低,或者说其在棋类游戏中的状态空间复杂度(10^{21})相对较低。所谓状态空间复杂度,简单来说可以理解成所有可能局面的数量。在现有计算能力下,不加以特殊的优化就能计算所有盘面的可能,从而得到最优解。

阿瑟·萨缪尔是人工智能和机器学习领域的先锋之一,在20世纪50年代,他开发了一款西洋跳棋程序,这一款程序被认为是机器学习的早期实例。该程序在当时的计算机技术背景下显得尤为先进,他利用了强化学习的概念,使得机器能够通过自我对弈来不断提高其游戏水平。

萨缪尔首先编写了一个基本的跳棋程序,该程序使用了规则基础的搜索算法,能够对棋局进行评估并选择最佳棋步。为了提升程序的性能,他引入了学习机制,让程序能够记录和分析过去的对局结果。具体来说,程序会通过大量的自我对弈来积累经验,每次对局后会调整其对不同棋步的评估分数,从而逐步优化决策过程。

在1956年的达特茅斯会议上,萨缪尔介绍了这项工作,并提出了机器学习的概念:在不直接针对问题进行明确编程的情况下,赋予计算机学习能力的研究领域。1962年,萨缪尔的跳棋程序在一场对战中成功战胜了一位业余跳棋冠军。人工智能的"第一盘棋"引起了广泛的关注,开启了新世界的大门。

(二)第二盘:国际象棋——与深蓝的巅峰对决

第二盘棋是状态空间复杂度(10^{48})较高的国际象棋,状态空间复杂度高意味着计算机将无法通过穷举的方式暴力求解。但是,在1997年,IBM研发的国际象棋程序"深蓝"对阵人类象棋世界冠军加里·卡斯帕罗夫,"深蓝"以一负二胜三平的战绩获得了历史性的胜利。

"深蓝"采用的是极大极小(Minimax)搜索算法。其实所有完美信息异步零和博弈都可以视作是一种搜索问题。想象一下,你在下棋时,是不是通常会先在大脑中

想象未来几步可能的局面，然后再来确定这一步的策略。计算机也是如此，所谓搜索其实就是通过对未来每一步可能的局面进行预测评估，然后择优落子，通过对局面的估计和对搜索树的剪枝，可以有效地提升搜索效率。

那么什么是极大极小搜索算法呢？简单来说，想象一下你在下棋时，脑海中会考虑自己和对手的每一步可能。你会努力选择能够让自己获胜的最佳一步，同时也要预测对手的反应。在极大极小搜索中，你的目标是"最大化"自己的胜利机会（极大），而对手的目标则是"最小化"你的胜利机会（极小）。

如图1所示，以井字棋为例，构建一棵搜索树，每个节点代表一种可能的局面，然后从终局即叶子结点开始，自下而上对每种局面评估己方的分数，从而找到最佳的下法。

图1中的"MAX"和"MIN"分别代表两位玩家X和O需要决策的局面，MAX代表己方玩家（此处为X玩家），为了最大化自身收益，其会选择己方分数最大的子节点动作；MIN代表对手玩家（此处为O玩家），为了最小化己方收益，其会选择己方分数最小的子节点动作。在搜索树中自下而上交替执行MAX和MIN的决策，极大极小搜索算法能够系统地评估所有局面的己方分数，以找到己方最优的行动策略，从而使其从博弈中获得优势。

该算法的核心思想是评估所有可能的路径，选择对己方最有利的策略。例如，MAX节点会优先选择能够导向"+1"的路径，而MIN节点则会试图将结果推向"−1"。图中展示的是一种理想化的简化场景，实际应用中博弈树可能非常庞大，需要借助剪枝算法等来提高效率。

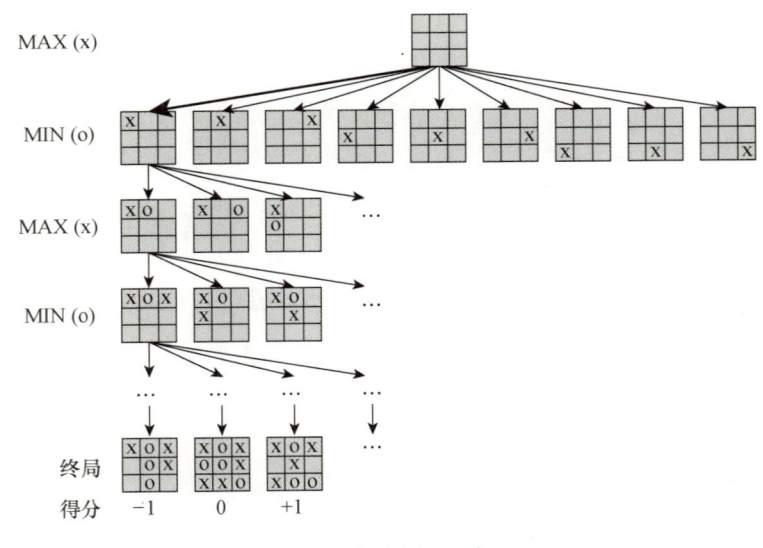

图1 极大极小搜索

"深蓝"的研发并不是从零开始的，由于国际象棋的复杂性，棋盘上的局面组合数量庞大，搜索需求的深度和广度都很大，因此，程序并不能仅依靠最终局面的输赢结果来评估当前每一步的优劣。为了提高"深蓝"对局面评估的准确性，其研发团队结合了大量的人类棋局数据，通过分析这些历史对局中的决策和结果，设计出了一种更为先进的局面评估算法。这个算法不是依赖于简单的规则和策略，而是吸收了人类棋手的智慧与经验，形成了启发式搜索（Heuristic Search）的策略。人类在下棋的时候也会有记忆棋谱、特定技巧或开局的策略，"深蓝"也是如此。通过将人类棋手的成功案例整合到算法中，"深蓝"在面对复杂局面时能够更具优势，它克服了仅依赖传统搜索算法的局限性，能够做出更具前瞻性和策略性的决策。

> **知识窗口：启发式搜索**
>
> 启发式搜索是一种"聪明"的搜索方法，它通过一些经验规则来指导搜索方向。就像我们找东西时会先找最可能放的地方，而不是把每个角落都翻一遍。
>
> 举个例子，在下围棋时，高手会根据经验判断哪些位置更有价值，而不是机械地尝试所有可能的落子点。这种利用经验来提高搜索效率的方法，就是启发式搜索的核心思想。它被广泛应用于人工智能领域，比如游戏人工智能和导航系统等。

从算法之外的角度来看，"第二盘棋"也具有重要意义。在计算机科学的发展过程中，算法和硬件彼此促进，形成良性循环。算法的不断优化促使硬件要求不断提升，而硬件的发展又为更复杂的算法提供了实现的基础。"深蓝"正是算法与硬件协同发展的体现。具体来说，"深蓝"的成功很大程度得益于它的大规模并行计算能力，它在硬件设计方面结合了数百个专用处理器，这些处理器能够同时评估多个搜索路径。传统的棋类搜索算法通常需要评估大量的局面和可能的下法，计算量巨大。而"深蓝"通过并行计算的方式，将这些计算任务分配给多个处理单元同时进行计算。这种方式使得"深蓝"能够在较短的时间内搜索更深的局面，评估更多的可能性，从而显著提高了决策的准确性和效率。

（三）第三盘：国粹围棋——AlphaGo 改写历史

"第三盘棋"是被誉为人类智力巅峰的围棋。与国际象棋相比，围棋有着更为复杂的规则和极度膨胀的状态空间复杂度（10^{172}）。2016 年，DeepMind 研发的人工智能程序 AlphaGo 击败围棋世界冠军李世石，这是人机对抗历史上的新里程碑。并且在后续的研究中，完全不依靠人类棋局输入，真正从零开始的 AlphaGo Zero 又击败了基于人类经验训练的 AlphaGo。

围棋的可行落子点极多，分支因子远多于其他游戏，并且每次落子对局面的好坏影响不那么显著，诸如暴力搜索、Alpha-Beta 剪枝、启发式搜索等传统人工智能方法在围棋中很难奏效。但是，围棋的本质仍然是一个搜索问题，因此，AlphaGo 是将蒙特卡洛树搜索与两个深度神经网络相结合。

> **知识窗口：Alpha-Beta 剪枝**
>
> Alpha-Beta 剪枝就像下棋时的一种高效的策略。想象你在考虑自己的下一步棋时，突然发现对手有一个必胜的应对，你就会立即放弃这个选项，不再浪费时间考虑它的后续变化。这就是 Alpha-Beta 剪枝的基本思想——通过及时放弃不可能通向好结果的选项，来提高搜索效率。

蒙特卡洛树搜索的核心思想便是依靠概率，机器并不需要遍历所有的可能，而是通过对于当前局面进行可接受范围次数的随机模拟，记录每种走法最后能得到的近似"胜率"并服务于最后的选择。搜索流程每一步包含：选择、扩展、模拟、反向传播四个环节（如图 2 所示）。其中，选择是从搜索树根节点开始逐层选择一条最有潜力的路径；扩展是当到达一个未完全扩展的叶节点时，随机选择一个未访问过的子节点添加到搜索树中；模拟是从新扩展的节点开始进行一次随机模拟游戏直到游戏结束；反向传播是将游戏结果逐层更新到从根节点开始的当前路径上。

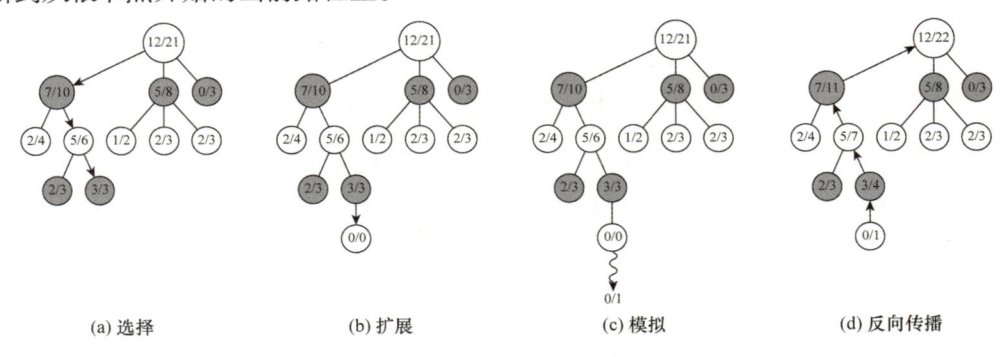

(a) 选择　　(b) 扩展　　(c) 模拟　　(d) 反向传播

图 2　蒙特卡洛树搜索的四个环节

那么，AlphaGo 中的两个深度神经网络的作用是什么呢？

事实上，就算应用蒙特卡洛树搜索，在模拟中由于深度过大依旧没有办法达到终局，仍然需要采用一定的方法进行局面评估和落子选点。于是，AlphaGo 中应用了两个关键的深度神经网络：策略网络（Policy Network）和价值网络（Value Network）。为了得到这两个深度神经网络，AlphaGo 采用了两种主要的学习方式：监督学习和强化学习。

监督学习是指 AlphaGo 在 KGS 上学习了 3000 万个落子位置。最初它随机选择落子位置，通过不断利用既往棋谱进行训练，最终它可以预测人类围棋高手最有可能的落子位置。

强化学习是指在监督学习的基础之上再学习的过程。在这一阶段，不同下法的程序相互博弈，利用相同的结构和学习方法奖励最终会获胜的策略。

在这种训练方式下我们得到了两个网络：策略网络的主要任务是根据当前的棋局状态预测最有可能的落子位置。它为每一个可能的落子位置分配一个概率，这样计算机就能在众多可能的选择中优先考虑那些更有可能获胜的落子位置。价值网络的作用是评估当前棋局的好坏，即给出一个数值来表示在该棋局中，玩家获胜的可能性。与策略网络不同，价值网络并不直接选择落子位置，而是为棋局的结果进行预测。这种设计使得计算机能够结合树状图进行深度推理，同时像人类大脑一样，通过自发学习来进行直觉训练，从而提升其棋艺水平。

同样，AlphaGo 成功的背后不只有搜索算法的助力，更是因为基于深度学习神经网络的人工智能在算法和硬件领域同时取得了重大突破。深度神经网络需要极其强大的算力，强算力芯片的使用使得这样的大规模模拟搜索成为可能。

（四）棋盘的背面：软件与硬件支撑计算机学科发展

纵观人工智能的"三盘棋"，其背后其实折射出计算机学科发展的辩证统一：软件与硬件的协同发展构成了技术进步的重要支柱。硬件的不断演进，例如 GPU 的广泛应用，为复杂算法的实现提供了硬件支持。这一过程并非单向的，新的算法需求同样反过来推动了硬件技术的革新。

以 AlphaGo 为例，它的成功不仅促使芯片制造商致力于开发更高效的处理器以应对日益增长的计算需求，还激发了整个计算机硬件领域的创新活力。在游戏人工智能的实验与迭代中，研究者们通过实际对局不断优化算法，这不仅提升了虚拟环境的智能化，也为自动驾驶、机器人等领域的应用奠定了基础。

由此可见，游戏人工智能的研究不仅丰富了人们的娱乐体验，更折射出技术进步的整体性与多领域之间的密切联系。这种相互依存的关系，恰如一场文化与科技的对话，在不断交融与碰撞中推动着信息社会的发展与变革。

三、超越对弈的多智能体游戏：非完美信息同步合作博弈

如果说下棋是两个人智力的交锋，那么如今广受欢迎的许多游戏如多人在线战术竞技游戏、各种牌类游戏，则更能展现团队合作的复杂博弈。这些游戏的核心在于非完美信息和同步合作博弈使得智能体的决策挑战远超传统对弈游戏。

非完美信息意味着玩家无法完全得知其他智能体的决策策略或游戏环境的全部状态。例如，在多人在线战术竞技游戏中，玩家通常只能看到有限范围的地图信息，需要依靠推理和团队沟通来弥补信息缺失。这与围棋等完美信息博弈不同，后者允许玩家在每个回合观察完整的棋盘状态。

同步合作博弈进一步加大了复杂性。例如，在多人在线战术竞技游戏或牌类游戏中，所有玩家需要同时做出决策，而无法像围棋那样等待对手行动后再调整策略。这要求智能体不仅能独立决策，还能基于有限的信息预测队友和对手的行为，并实现高效协作。

研究非完美信息同步合作博弈，不仅有助于提升游戏人工智能的智能水平，也为现实中的多智能体系统（如自动驾驶、机器人协作、金融交易系统）提供了重要的理论基础和实践指导。

（一）游戏中的智能协作

多智能体游戏需要多个智能体在共享信息的环境中进行互动，各自的目标不仅包括实现个人的胜利，还需要与其他参与者协作以达到共同的目标。以多人在线战术竞技和牌类游戏为例，玩家们在战斗或竞技中既需要根据局势迅速调整自己的策略，又需要考虑团队的整体合作。尽管每个玩家的角色和策略不同，但有效的合作能够显著提高团队的胜率，体现了博弈的复杂性与动态性。在这一背景下，游戏人工智能的研究逐渐转向如何优化智能体的协作机制，以便在复杂的游戏环境中做出更有效的决策，进一步推动了人工智能在多智能体系统中的应用与发展。

（二）当人工智能遇上非完美信息博弈

对于棋类游戏而言，其局面和下一步要采取的动作具有较强的确定性，因此可以通过穷举或搜索来枚举所有可能的走法，寻找最优解。然而，在大型多人在线战术竞技游戏中，环境不仅仅是一个连续的决策空间，还包含了大量随机性设定，同时可能存在多个智能体，它们的行为和决策方式往往是不可预测的。由于我们无法完全掌握其他智能体的决策机制，游戏环境必然充满了意想不到的变化。此外，智能体可选的动作并不是离散的，而是复杂且动态的，并且在时间维度上具有连续性。例如，多人在线战术竞技游戏中的智能体的移动方向和技能释放方向通常可以选择任意角度，并且是在长达数千帧的对局中持续做出实时性的决策。这使得单纯依赖传统搜索算法来求解的方式变得不切实际。在无法获取完整信息的情况下，智能体需要更高水平的智慧来适应和应对这种不确定性。

（三）多智能体的强化学习

对于这样的复杂系统，我们必须转向强化学习的策略。在强化学习的框架之下，智能体通过与环境反复交互，逐步学习如何在多变的情境中做出最优决策，不过这不是具体到细节的动作，更多意义上是一种高屋建瓴的策略迭代。智能体先会观察当前的环境，以感知其状态和各类信息。接着，智能体会依据已有的知识和策略选择一个行动。这个行动会对智能体和环境都产生一定程度的影响。在执行完该行动后，智能体会从环境中获取反馈，通常以奖励或惩罚的形式呈现。基于所获得奖励，智能体会依据迭代算法对策略进行迭代更新。在这样的动态学习进程中，智能体可以自主了解规则，适应复杂的游戏环境，找到动态竞争中的优秀策略。

四、虚实共生：从游戏到现实的跨越

（一）数字孪生：虚拟世界里的现实映射

游戏是对现实的模拟，拥有既"真实"又"非真实"的特性。这种特性使得游戏成为一种独特的实验平台，能够在虚拟世界中构建和再现现实场景。游戏的"真实"体现在其具备和现实世界相似的规则、逻辑，甚至物理法则；而"非真实"表现为游戏世界是对现实的抽象化和简化，在这里我们可以自由设置各种情景，进行各种尝试，而不必承担现实中的风险和后果。

虚实结合的特性使得游戏成为"数字孪生"理念的绝佳应用场景。数字孪生是指将现实世界的对象、系统或环境在数字世界中进行完整的虚拟映射，从而能够实时监控、分析，甚至预测其行为与变化。通过将现实问题带入游戏化的虚拟世界，我们可以在一个低风险、低成本的环境中测试解决方案。例如，在城市规划、交通管理、医疗研究、工业生产等复杂领域，通过游戏化的数字孪生系统，研究者和决策者可以模拟不同条件下的结果，优化策略并提前发现潜在问题。这种方式还为问题解决提供了高度的灵活性，虚拟世界中不存在传统的限制，人们可以在不同参数、不同设定的条件下测试解决方案，甚至尝试现实世界中暂时没有能力实现的场景。

（二）沙盒实验：MineDojo 的无限可能

当 AlphaGo Zero 不依靠人类经验击败 AlphaGo 的时候，我们能够预见到计算机领域一种信念性的变革。人类的知识积累往往源于实践，通过不断尝试和总结经验，我们得以形成丰富的认知体系。若将这一理念引入机器学习，便能得出一个重要结论：机器同样可以通过实践自我总结经验。基于这一结论，我们开启了创造环境的探索，以便为机器提供一个能够自我学习的平台。在这样的环境中，机器不仅能够不断优化自身的算法和决策能力，还能够逐步掌握应对复杂问题的能力，最终能够以一个智能体解决多种类的问题，实现通用人工智能。

要在虚拟世界中解决现实问题，就需要一个集成的模拟平台。这个平台需要具备强大的计算能力和高度的可操控性，甚至需要具有超级物理引擎，以模拟各种真实的环境。

目前，英伟达通过游戏《我的世界》推出 MineDojo（如图 3 所示），并结合 GPT-4 开发了 Voyager——一个能够自主探索和学习新技能的智能体。

MineDojo 提供了一个模拟套件，包含大量开放式环境和互联网规模知识库，允许智能体在程序生成的 3D 世界中自由探索，穿越多样化的地形，采集资源、制作工具、建造结构，发现新奇事物。这样的虚拟平台是对现实任务的抽象与转化，能够通过精确模拟，帮助智能体在虚拟世界中解决现实中的复杂问题。

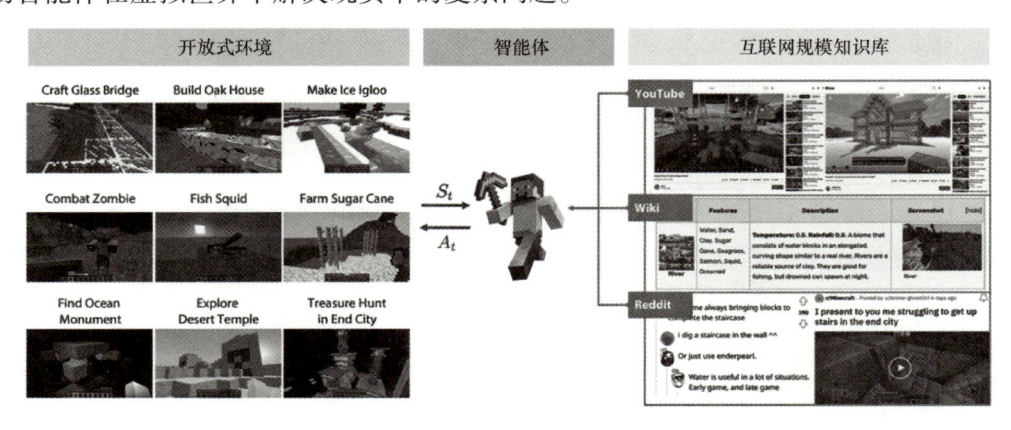

图 3　MineDojo 平台

（三）挑战与突破：面向未来的思考

目前通过游戏环境解决现实问题仍面临着巨大的挑战，主要的问题集中在虚拟世界的失真——虚拟并不可能完全等同于现实。这一差距使得对现实问题的抽象建模变得至关重要。一方面，过于简单的模型往往无法准确反映现实问题的复杂性，导致生成的解决方案缺乏实用性和有效性。某些模型可能忽略关键变量或相互关系，从而无法捕捉到现实世界中的动态变化。另一方面，过于复杂的模型则可能会导致建模和训练过程变得极为困难。同时，复杂的模型往往需要大量的数据和计算资源来进行训练，这可能导致训练时间过长，甚至在某些情况下因数据不足而无法获得预期的结果。此外，复杂的模型的可解释性也可能下降，这使得研究人员在优化和调整模型时面临额外挑战。因此，找到一个合适的平衡点，使模型既能有效反映现实问题，又能在可控的范围内进行训练，已成为当前游戏人工智能研究的关键课题。

五、游戏浓缩世界，人工智能预见未来

在虚拟与现实交织的探索中，游戏不仅浓缩了我们对世界的理解，更为人工智能的未来提供了无限可能。

深度强化学习技术为游戏人工智能的演变注入了新的活力，推动其在动态环境中的应用与发展。人工智能的突破性进展，将引发一场编程范式的革命，重塑我们对算法设计和应用的认知。上一次人工智能热潮重点集中于专家系统和大规模知识库的构建，这是一种在给定输入和输出之后进行的"白箱"优化，着眼于处理过程的透明性。然而，随着大模型、神经网络的崛起，模型的表达能力提升，伴随而来的是可解释性下降，使得我们不得不面对"黑箱"模型的挑战。这提醒我们不仅要关注算法的内部机制，更要重视行为的目的和决策的结果。

因此，新时代的研究者需要有充分的想象力和创造力。如何发现问题？如何定义问题？如何将现实问题抽象转换为虚拟世界中的问题？这些都是在探索游戏人工智能道路上需要思考的关键所在。同时，跨学科的眼界和思路也尤为重要，这将引导我们从截然不同的视角认识世界、认识自己。

人与机器的"对话"从未停歇，这不仅体现在脑力游戏中的对弈较量，也体现在现实生活中我们将面临愈加多样化的人机"对话"场景。对于人类而言，生存的环境处在不断更新、优化之中，这意味着我们将要面临更多的现实问题和现实挑战。我们期望游戏人工智能的发展能够促使人类重新审视和理解现实与虚拟的联系，让人与社会、人与机器的"对话"更加自然，让我们得以更好地探索未知、解决问题、拓展认知的边界。

思考

1. 假设你有机会成为一名游戏设计师或游戏人工智能研究员，文章中提到的"MineDojo"

项目让你看到了这两个职业的交叉点。请设计一个创新的游戏场景，它既能带给玩家乐趣，又能作为人工智能训练的理想环境。这个场景能够训练人工智能的何种能力，又如何帮助解决现实世界的某些问题？

2. 如果可以穿越到2045年的信息科学实验室，你最想了解游戏人工智能发展的哪三个方面？请预测这些方面可能的突破，并思考这些突破如何改变人们的生活方式。你希望自己能在哪个细分领域做出贡献？

3. AlphaGo Zero在没有人类棋谱输入的情况下，通过自我对弈学习超越了基于人类经验训练的AlphaGo系统，这一现象为我们理解"智能"的本质带来了哪些启示？人类智能与机器智能的界限在哪里？

数字丹青：
人工智能书法大师的创作

主讲人：连宙辉

主讲人简介

连宙辉，北京大学副教授、博士生导师，中国文字字体设计与研究中心副主任；入选国家级青年人才计划和北京市科技新星计划；研究领域为计算机图形学、计算机视觉与人工智能，主要研究方向是图形图像生成与三维视觉，在研究领域重要期刊和会议上发表论文100余篇。多次担任神经信息处理系统大会（NeurIPS）、IEEE 国际计算机视觉与模式识别会议（CVPR）、计算机视觉国际大会（ICCV）等国际会议领域主席，担任 Pattern Recognition、《计算机辅助设计与图形学学报》等国内外重要期刊编委；曾获北京市技术发明奖二等奖、中国专利奖优秀奖、IEEE 国际机器人与自动化学术会议（ICRA）服务机器人最佳论文候选、吴文俊人工智能优秀青年奖、北京大学 – 中国光谷成果转化奖等。

协作撰稿人

顾晨阳，北京大学信息科学技术学院2022级本科生。

书法艺术承载着中华民族几千年的文化积淀，从朴拙的甲骨文到飘逸的草书，始终是中华文明精神与审美的重要载体。然而，传统书法创作不仅需要书法家长年累月的技艺积累，其字体设计更是一项浩繁工程——设计师必须逐笔逐画地完成数万个汉字的创作。随着人工智能技术的发展，这一古老艺术正迎来崭新的传承与创新机遇。从早期的数字化描摹，到基于深度学习的风格解析，再到如今的智能生成与创作，人工智能技术正在重塑书法艺术的表现形式与发展路径。本文将系统梳理人工智能书法研究的演进历程，探讨这些古老符号如何在人工智能的赋能下焕发出新的时代生命力。

汉字——这一古老而神秘的符号，承载着中华民族数千年的文化积淀，而它正在数字化浪潮中经历巨大变革。从远古时期甲骨文的刻画，到隶书竹简的书写，再到造纸术的发明和活字印刷的革新，汉字的每一次演变都是技术进步与文化需求相结合的产物。如今，随着人工智能技术的蓬勃发展，中文字体生成正从传统的数字化方法迈向智能化的新纪元。

在计算机和互联网普及的今天，中文字体已经成为我们生活中不可或缺的一部分。无论是社交软件中的聊天信息，还是报刊中的文章，抑或视频流媒体中的字幕，中文字体无处不在。它们以各种形式呈现，传递着信息，表达着情感，丰富着人们的生活。在未来，设计师将不再需要一笔一画地绘制每个汉字。通过人工智能技术，计算机可以学习书法大师的笔触，自动生成具有独特风格的字体。这不仅是计算机视觉等前沿技术的飞跃，更是对传统汉字艺术的传承和创新。智能化的中文字体生成技术就像一位现代的工匠，手持人工智能赋能的锤子和凿子，以鬼斧神工的姿态雕刻出汉字的新面貌，碰撞出令人耳目一新的璀璨火花。

这种变革不仅提高了字体设计的效率，降低了成本，还为汉字文化的传承和发展提供了新的可能性。人工智能技术的应用，使得更多的研究者和爱好者能够参与到字体设计中来，让汉字的美学得以在数字世界中绽放新的光彩。我们可以预见，通过智能化的中文字体生成技术，未来的汉字将更加多样化、个性化，它们将以更加生动和富有表现力的形式，出现在我们的生活中。

一、汉字的时光隧道：从甲骨文到数字化

（一）笔墨传承：五千年的文字进化

文字是人类文明的重要标志。它不仅是记录信息的工具，更是人类表达思想、传递文化的重要媒介。汉字作为世界上使用时间最长、使用人数最多且没有出现断层的一种文字，它不仅是中华文明的重要标志，也是传承中华文明的重要载体，还是世界文字体系的掌上明珠。从甲骨文、金文，到小篆、隶书，再到现今普及的行书、楷书，汉字经历了数千年的漫长演变而逐渐发展完善。

（二）印刷革命：从雕版到活字的跨越

除了汉字本身的演变外，汉字的传播也随着时代需求和技术发展不断更迭。唐朝时期，雕版印刷术开始流行，标志着人类近代文明的先导，为知识的广泛传播、互通交流创造了条件。北宋毕昇为解决雕版制作费时费力等问题，通过胶泥活字的形式改良印刷术，进一步提高印刷的效率，促进了书籍、汉字等进一步普及。15世纪，德国的约翰·古登堡发明了铅活字印刷术，这一现代印刷术的出现彻底改变了文字传播的方式。中国的印刷术虽然发明较早，但铅活字印刷术在精度和耐用性上更为优越，逐渐在全球范围内推广。

（三）破茧化蝶：汉字的数字化突围

进入20世纪后，文字发展告别铅与火，进入光与电的全新时代。计算机技术的兴起，以数字化的形式推动使得文字文化的快速传播。彼时，汉字面临着一个前所未有的重大挑战——如何进行数字化保存。

1. 数字化的挑战："748工程"破局之路

在20世纪30年代，中国文字曾一度遭到了拉丁化、去汉字化等危机。随着计算机技术的发展，计算机无法处理汉字，进一步加剧了"汉字将被淘汰"的担忧。如何在有限的内存中高效地处理、存储汉字是当时困扰我国研究者的重大难题。当时，全球的计算机内存容量非常有限，早期的个人计算机Altair 8800搭配Intel 8080微处理器，仅有256字节的储存器。从今日的视角来看，其存储能力近乎零。而汉字又有别于仅由26个字母组成的英文，汉字总体数量十分庞大，无法直接套用西方的拼音文字处理方案。到1974年，国家启动"748工程"这一重大科研项目，汉字数字化处理才获得系统性突破，为后续中文信息处理技术发展奠定基础。

2. 光与电的交响：告别铅与火

作为"748工程"的重要参与者，著名科学家王选教授领导的团队提出了"点线压缩复原技术"，这项技术通过点线压缩的方式，将复杂的汉字形状转化为简单的存储格式，大大减少了存储空间的占用。这一突破性的技术不仅解决了汉字的存储问题，也为中文激光照排系统的研发奠定了基础。

1979年，中国印刷界迎来了第一张使用汉字激光照排系统印刷的报纸；

1980年，成功排印出中国第一本激光照排图书；

1987年，《经济日报》率先采用华光Ⅲ型系统，出版了世界上第一张采用计算机屏幕组版、整版输出的中文报纸。

后来，华光Ⅲ型系统逐步替代了传统的铅字印刷，标志着中国印刷业彻底告别铅与火，迎来光与电的时代。汉字信息处理技术被誉为20世纪中国最重要的科技成就之一，并为全球印刷技术的发展做出了贡献。

> **知识窗口：点线压缩复原技术**
>
> 这是一种将复杂汉字简化存储的方法。以"龍"字为例，采用传统方式存储这个字需要记录每个像素点，非常占用空间。而使用点线压缩复原技术，我们可以把这个字分解成基本的点和线，用简单的数学公式描述它们的位置和连接方式，即可还原字形。就像用积木搭建城堡，我们只需要记住积木的类型和位置，就能还原出完整的建筑。这项技术让计算机可以用很小的存储空间保存大量汉字。

3. 图形的魔法：计算机中的汉字显示

1974年，首届SIGGRAPH会议召开，自此计算机图形学、人机交互和字体相关技术领域开始进入研究者的视野。该领域研究的核心任务是，如何在屏幕或者相关设备上面显示二维或三维图像、图形。类似如何生成相应的形状、如何在计算机上设计一个字形，都是属于三维图形学的范畴。文字是计算机中最常见的一个图形元素，字体相关技术如辅助设计、渲染、分析等也逐渐成为计算机图形学领域重要的研究方向之一。图1展示了早期计算机图形学领域字体相关技术。

[SIGGRAPH 1991]　　　　　　[SIGGRAPH 2005]

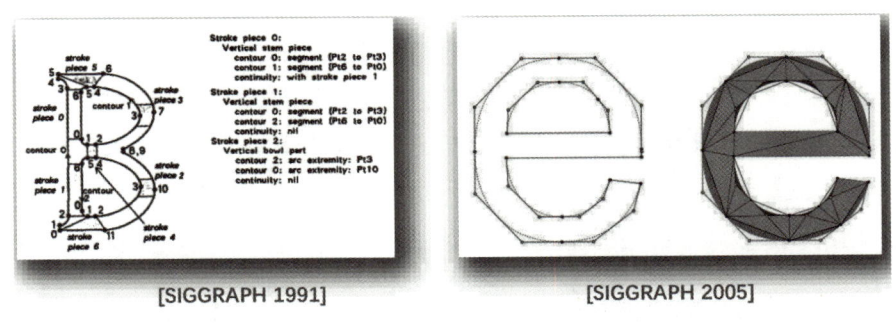

图 1　早期计算机图形学领域字体相关技术

在计算机图形学和字体生成技术发展初期，研究者更多地关注于字体渲染分析，而非字体生成。这一现象的形成有着深刻的技术背景和社会需求因素。首先，互联网的迅速发展带来了信息展示方式的革命。网页、软件界面、数字文档开始充斥在用户的日常生活中，这些平台需要高质量、高效率的字体渲染技术来确保文字的清晰显示和美观布局。因此，研究者投入大量精力来优化字体的显示效果，包括字体的抗锯齿处理、色彩渲染、动态效果添加等，以给用户更好的体验。其次，虽然当时对个性化字体的需求逐渐增长，但当时的技术条件限制了直接进行字体生成的可行性。字体生成是一个复杂且具有创造性的过程，涉及美学、文化、技术和市场需求等多个方面。相比之下，渲染和分析技术更容易通过算法优化和计算能力提升来实现，因此成为研究的热点。最后，当时的市场对于"字库"的需求尚未达到如今的规模。虽然书刊、报纸、媒体等传统领域对特色字体有一定的需求，

但这种需求并未形成强烈的市场推动力。

在 2010 年前，字体生成技术主要依赖于传统数字化方法，即由专业设计师手工书写后，再经过扫描、重建等一系列工作得到在计算机中显示的字体。然而制作一套中文字库并不容易，工艺设计师需要经过大量的理论学习，并在理论学习的基础上一笔一画地将汉字设计出来，扫描装库制作手写字体。但是汉字数量庞大，结构复杂。以最新的国家标准《信息技术　中文编码字符集》（GB 18030-2022）为例，其收录的汉字数量高达 87887 个，即便是最小的国标字库也涵盖 6000 多个汉字。同时，汉字的结构千变万化，既有简单的独体字，也有极其复杂的字形，例如"龘"字就包含 48 个笔画，对设计师的耐心和技艺都提出了极高要求。另外，每个人的书写习惯各不相同，即使是同一字体，不同设计师的笔触也会带来风格上的差异。

二、人工智能助力：智能时代的字体革命

随着科技的进步，人工智能技术已开始广泛应用于字体生成领域。与传统方法相比，人工智能技术能够基于少量学习样本和算法，快速补全和生成完整字库，大幅提升了字体设计的效率和灵活性。以"王羲之字库"为例，传统数字化方法需要大量收集王羲之的书法摹本、临本或刻帖[1]，如《集王圣教序》[2]，再经过字稿扫描、多次筛选、调整字形等一系列工序得到可用的字体。然而，书法作品中的单字数量有限（如《集王圣教序》仅包含约 1904 字），远未覆盖现代汉字字符集。若要补全缺失字形，传统方式需依赖书法家进行模仿创作，成本高昂且耗时较长。为此，研究者尝试开发一款具备中文字体生成能力的高级智能体，通过学习《集王圣教序》等有限样本，自动生成风格一致的新字形，从而高效实现从千余字到数万字的扩展。基于人工智能技术的"王羲之字库"生成流程如图 2 所示。

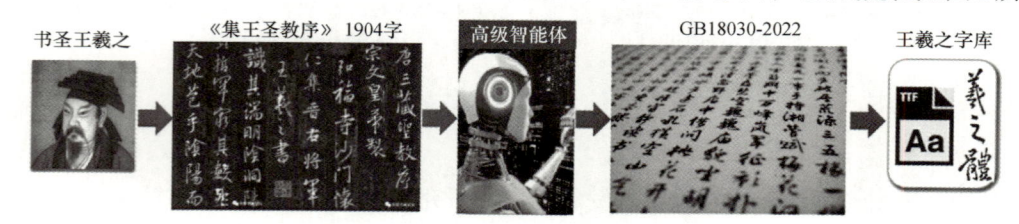

图 2　"王羲之字库"生成流程

（一）智能拼图：部件优化拼接新方法

在早期的字体生成技术发展中，英文字母由于其结构简单，成为研究和应用的焦点。2010 年，东京大学的研究人员在 Smart Graphics 会议上提出了一种创新的"模板字库匹配变形"方法。这一方法的核心在于，设计师只需精心设计一个字母，例如大写字母"A"，

---

[1] 王羲之真迹已无存世。
[2] 该帖为唐代怀仁集王羲之字而成，涵盖了王羲之书法的典型风格特征，被认为是学习王羲之书法最理想的学习样本。

然后通过智能匹配和变形技术，就能快速生成一整套协调一致的英文字库，如图 3 所示。这种方法在保证字体风格一致性的前提下，显著降低了人工设计成本。

在中文字体生成领域，早期的研究也取得了相应进展。2011 年，在 IEEE 多媒体技术与应用国际会议上，一项基于"偏旁部首部件复用"的方法被提出。中文汉字的结构复杂，但许多汉字具有相同的偏旁部首。研究人员利用这一特点，通过手写几个包含基础偏旁部首的汉字，然后通过智能提取和拼接这些偏旁部首，就可以生成目标字体，如图 4 所示。这种方法有效地简化了中文字体的设计过程，提高了字体生成的效率。

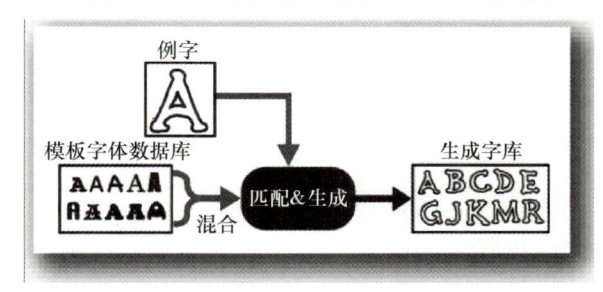

图 3 "模板字库匹配变形"方法生成英文字库

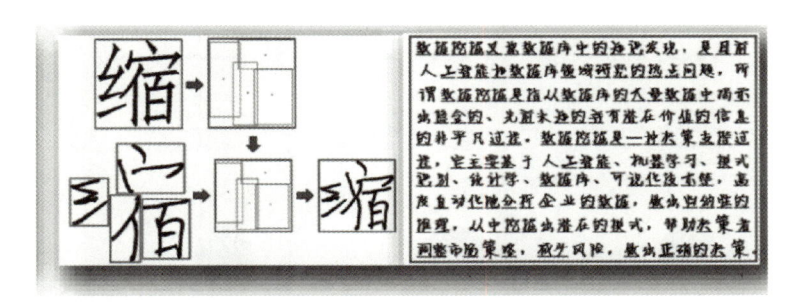

图 4 "偏旁部首部件复用"方法生成目标字体

随着技术的进步，更多的研究开始关注字体风格迁移和优化拼接。2012 年，连宙辉教授团队基于计算机图形学领域，提出了一种基于模板匹配与计量刚性形状差值的字体风格迁移算法。这一算法能够将一种字体的风格迁移到另一种字体上，实现了字体风格的无缝转换，如图 5（a）所示。2013 年，他们进一步开发了基于实用部件优化拼接的中文字库自动生成系统。这一系统通过字形预处理、笔画部件结构库生成、后续处理等步骤，能够从几百个汉字的手写样本中自动生成完整的中文字库，极大地提高了中文字体生成的自动化水平，如图 5（b）所示。2014 年，中文字库自动生成系统 Flexifont（其首页如图 6 所示）对互联网开放，使得普通用户也能轻松制作自己的手写体中文字库。Flexifont 平台的推出，不仅降低了字体生成的技术门槛，也使得个性化字体的创作变得更加普及。用户可以通过这个平台，简单地输入自己的手写汉字，然后系统会自动完成字体的生成过程，生成具有个人特色的字体。这一创新不仅受到了用户的广泛好评，也给中文字体设计领域

带来了新的活力。在现代广告、媒体、社交网络等领域，这种个性化字体的应用极为广泛。例如，品牌设计中往往需要独特的字体风格，通过人工智能技术可以快速生成符合品牌调性的字库。

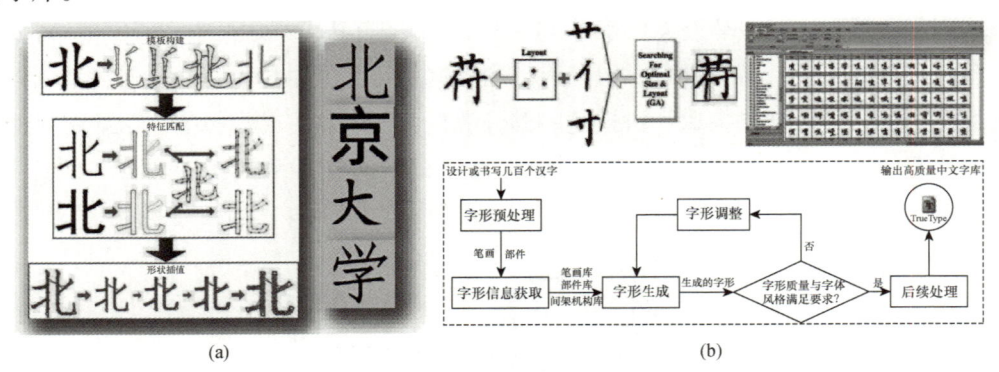

图 5　字体风格迁移和优化拼接方法

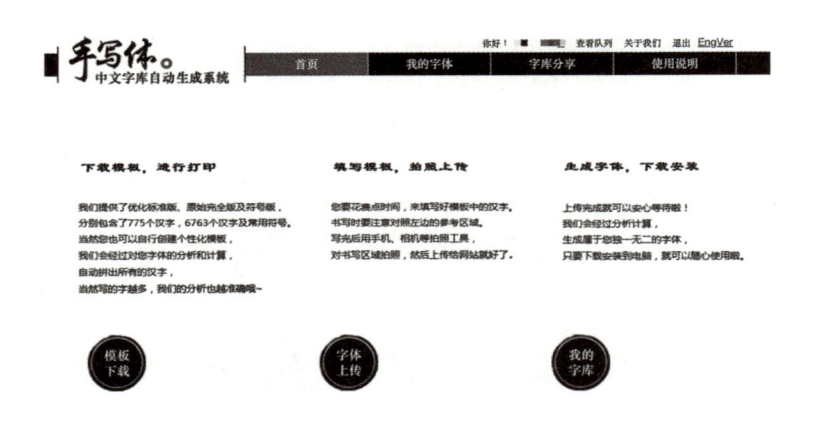

图 6　中文字库自动生成系统 Flexifont 首页

（二）对抗进化：GAN 的革命性突破

2014 年，生成对抗网络（Generative Adversarial Networks，GAN）横空出世。GAN 是一种特殊的神经网络架构，主要用于生成数据，尤其是生成与真实数据高度相似的合成数据。

GAN 的核心思想是通过生成器（Generator）和判别器（Discriminator）两个神经网络之间的对抗过程来生成数据。生成器接收一个随机噪声（噪声向量）作为输入，并将其转换成看起来像真实数据的输出；判别器区分生成器的生成数据和真实数据，即接收生成器的生成数据和真实数据作为输入，并输出一个概率值（表示输入数据是真实数据的概率）。在训练过程中，生成器和判别器进行对抗性训练。生成器试图生成越来越真实的数据，而判别器则试图更准确地区分真实数据和生成数据。这种对抗过程类似于一个造假者（生成器）和一个鉴别者（判别器）之间的博弈。造假者不断改进造假技术，而鉴别者则不断提高鉴别能力。最终目标是达到一个平衡点，即判别器无法区分真实数据和生成数据，此时生成器生成的数据在统计学上与真实数据达到无法区分的程度。

在计算机视觉领域，研究者发现，GAN 在处理复杂图像和图形生成方面具有巨大的潜力，这为创造新的视觉效果和设计元素提供了强大的工具。然而，在 GAN 技术的初期，生成的图像和图形存在明显的瑕疵，容易被人眼识别出来，这限制了它们的应用。在这一时期的字体生成领域，传统的图形学方法与基于深度生成模型的方法并存，各自在不同的应用场景中发挥着作用。传统方法依赖于精确的算法和规则，能够产生质量稳定的输出，但往往缺乏灵活性和创新性。而 GAN 以其独特的对抗训练机制，为图像生成带来了更多的随机性和创造性，尽管效果还不完美。

2015 年，一项名为"手写风格文本生成"（My Text in Your Handwriting）的研究工作展示了传统方法在手写字体生成方面的应用。该研究通过切割和拼接等技术手段，将少量输入英文文本扩展成风格一致的连贯段落，如图 7 所示。这种方法虽然需要手工操作，但它证明了传统图形学技术在处理特定问题时的有效性。

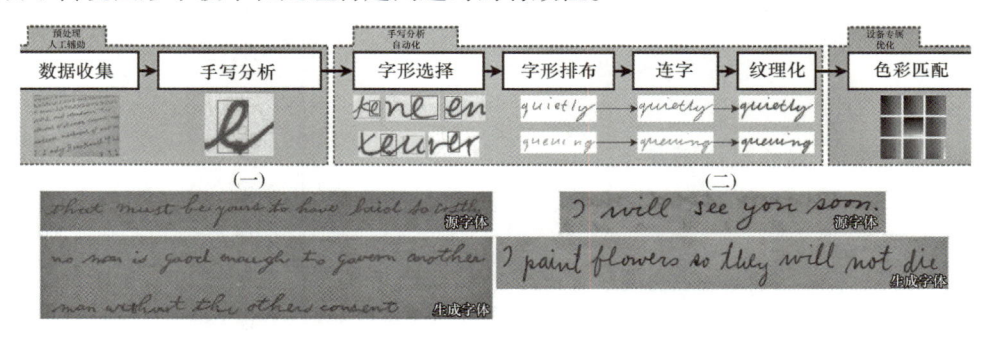

图 7　手写字体生成方法

与此同时，在中文字体生成领域，研究者们也采取了类似的策略，结合了浅层神经网络和图形学方法来满足大规模手写中文字库的需求。典型方案是先使用神经网络学习几百个手写汉字的书写风格，然后利用图形学技术对手写风格进行重绘和扩展，从而生成完整的字库。这种方法虽然在技术实现上较为复杂，但它成功地将人工智能的学习能力与图形学的精确控制相结合，为中文字体的自动生成提供了新的思路。

这些研究工作表明，尽管 GAN 在图像生成方面具有巨大的潜力，但在实际应用中，传统方法仍然扮演着重要的角色。随着技术的不断发展，我们可以预见，未来的中文字体生成将更加依赖于人工智能和机器学习技术，但传统图形学方法的精确性和可控性仍将发挥重要作用。通过持续的技术融合与跨学科创新，我们有望实现更高效、多样化的数字字体生成体系，满足智能化时代的需求。

（三）深度进化：迈向智能生成新纪元

随着深度学习技术的不断进步，2017 年成为中文字体生成的重要转折点。在这一年，深度生成模型开始在中文字体生成的学术领域崭露头角，基于图像到图像的模型如

DCFont 模型，通过精细的特征提取和重建网络，实现了从规范的楷体字无缝转换成风格独特的手写体，利用跳跃连接（Skip Connection）和残差块（Residual Block）等深度学习技术，以确保字体转换的质量和准确性。2019 年，学术界再次取得了突破，首次实现了动态纹理特效字库的生成。这一技术只需设计师设计一个具有独特动态效果的字体，就可通过神经网络和生成模型将这种动态效果风格迁移到其他字上，如图 8 所示。这一创新减少了对大量训练样本的依赖，而是通过学习单个指定风格的动态特效字的视频，实现了对大量字体的泛化。

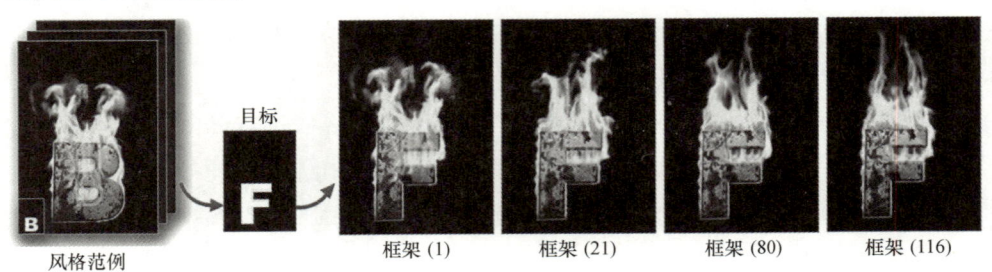

图 8　动态纹理特效字库生成

> **知识窗口：动态纹理特效字库**
>
> 　　这是一种能让文字"活起来"的技术。传统的字体是静态的，而动态纹理特效字库能让文字产生各种动态效果，比如火焰燃烧、水波荡漾、金属流转等视觉效果。通过人工智能技术，设计师只需设计一个带特效的字，系统就能自动将这种动态效果应用到整个字库中。这项技术广泛应用于视频开场、网页设计、游戏界面等领域，为文字添加了前所未有的表现力。

　　这些技术的出现，不仅简化了动态字体的生成过程，还极大地拓展了设计师在创作时的想象空间。动态效果字体的相关技术在广告、动画设计和网页设计等领域发挥了重要作用。通过在字体中加入动画元素，动态特效字体极大地增强了视觉表现力，为数字内容增添了活力和吸引力。设计师可以通过输入一些简单的参数，让人工智能生成不同风格的动态字体，如闪烁、旋转、渐变等效果。这些动态效果不仅能够吸引观众的注意力，还能够在视觉上传达更多的情感和信息。这种技术的发展，使得动态字体不再局限于专业的动画师或字体设计师，而是变得更加亲民和易于使用。即使是没有专业背景的用户，也能够通过简单的操作，创造出具有专业水准的动态字体效果。这不仅提高了设计的效率，也降低了创作的门槛，使得更多的人能够参与到创意表达中来。

三、未来已来：人工智能字体的新探索

（一）个性定制：打造你的专属字体

近年来，学术界也有了一系列全新的方法来实现中文字体生成，甚至将其应用到了现实中的许多中文字体写作。2020 年，北京大学的研究者在《Attribute2Font：从属性特征生成理想字体》（*Attribute2Font：Creating Fonts You Want From Attributes*）中提出视觉特征变换模块、属性注意力模块和半监督学习机制，给定任意字体属性值，系统即可自动生成个性化定制风格的完整中英文字库。如图 9 所示，设计师想要设计一款书法的、豪放的、有中国风的字体，该系统就会自动把这种字体和对应的属性值输出，通过编辑对应的属性值进行人工微调，就可以获得理想的字体。

图 9　Attribute2Font 自动生成字体

2021 年，针对矢量字体端到端生成的难题，北京大学连宙辉教授团队提出利用双模态（图像和轮廓）学习方法，将图像模态与外轮廓绘制指令的序列模态相结合，直接进行矢量字体的生成。具体而言，使用者仅需要输入一系列矢量字体与外轮廓的绘制指令，系统就可以将字体风格特征抽取出来，通过推理直接生成一个完整的英文字库。

> **知识窗口：矢量字体**
>
> 矢量字体就像是用数学公式画出来的字。与普通的点阵字体不同，矢量字体不是由像素点构成，而是由一系列数学曲线描述字体的轮廓。这就像用橡皮筋围成的形状，无论怎么拉伸，都能保持完美的形状。这种特性使得矢量字体可以无限放大而不会变得模糊，在各种尺寸的显示设备上都能保持清晰。

（二）智能书写：机器如何运笔

在机器书写方面，我们可以通过序列点集来描述书写轨迹，利用内嵌单调显著性机制的递归神经网络（RNN）重建恢复出书写轨迹的字体风格。基于书写轨迹序列、动作属性等输入，在经过网络学习后提取出书写动作特征来书写相对潦草的一个字形，更进一步地还可以进行书写风格插值从而实现更多变更有趣的机器手写。这种神经网络可以模仿特定风格的手写字体，甚至能模仿人类的潦草笔迹。同时，通过设置不同书写风格的插值，机器还能写出更加生动多样的文字。图 10 展示了基于 RNN 的机械臂写字。

图10 基于 RNN 的机械臂写字

四、展望未来：数字与艺术的完美邂逅

随着移动互联网和智能设备的普及，人们对个性化字体的需求越来越强烈。无论是社交媒体的个性签名、电子阅读的视觉优化，还是广告设计、数字出版等领域，独特的字体风格都能增强内容的吸引力。未来，人工智能字体生成技术将进一步发展，不仅局限于静态字体，还会拓展到动态字体、3D 字体的生成中。

与此同时，随着深度学习模型的不断优化，人工智能系统生成字体的质量和速度将进一步提升。例如，通过引入更多的数据和更复杂的模型，人工智能系统可以更加精准地模仿和生成各种风格的字体，甚至能够在用户输入少量样本的情况下，生成整个字库。人工智能字体生成的商业化应用也在不断扩展。许多字体设计公司已经将人工智能技术融入其设计流程中，以提高效率并降低成本。例如，一些著名的字体设计公司已经使用人工智能来处理部分字库的生成，而设计师则专注于艺术创意的部分。未来，这种人机协作的方式将成为字体设计行业的主流。

尽管人工智能技术在字体生成方面取得了显著进展，但在某些方面仍面临挑战。当前的人工智能字体生成系统虽然可以模仿书法家的风格，但在创造性和原创性方面还无法与真正的书法家相提并论。人工智能更多的是在已有数据的基础上进行仿造，而非从根本上创造出全新的字体风格。现阶段的人工智能系统本身不具备自主性的美学评价能力与美学理解能力，更多的是依靠于人类注入的数据，根据人的不同审美输入不同的训练集，字体生成的艺术标准与人类判别标准对齐。此外，生成高质量的矢量中文字体仍然是一项技术难题。展望未来，随着人工智能技术的不断进步，字体设计将不仅限于模仿与复刻，还将迎来更多的创意与创新。无论是文化传承还是现代设计，汉字都将继续在数字时代焕发新的活力，成为连接过去与未来的重要桥梁。如果你希望探索书法、字体等内容且对人工智能和计算机图形学的实际应用而感兴趣，中文字体生成将是一个十分诱人的科研领域。

思考

1. 你认为人工智能字体生成技术如何助力汉字文化在国际范围内的传播？能否通过人工智能生成兼具东方美学与全球化审美的字体，推动汉字成为跨文化交流的视觉语言？

2. 当人工智能生成的作品达到甚至超越人类书法家的技艺水平时，书法艺术的评价标准是否会发生变化？如果一幅人工智能书法作品被拍卖出高价，其价值应归属于算法、数据提供者还是系统开发者？试思考技术介入后，艺术价值的归属与伦理争议。

3. 当人工智能生成书法作品时，如何确保其能对传统书法技法进行真实还原（如笔锋、墨韵）？是否存在技术手段（如动态笔触模拟）能更精准捕捉书法家的个人风格？若人工智能生成的"王羲之风格"字库被广泛使用，是否可能模糊历史真迹与数字仿品的界限？试从文化遗产保护角度思考字体生成技术的影响。

视觉魔法：
令人惊叹的智能字效

主讲人：刘家瑛

主讲人简介

　　刘家瑛，北京大学王选计算机研究所研究员，博士生导师，电子出版新技术国家工程研究中心副主任，电气电子工程师学会（IEEE）会士。研究领域为智能媒体计算与视觉理解；累计发表高水平论文100余篇，获得中国授权发明专利70项、美国授权专利4项。担任 *IEEE Transactions on Image Processing*、*IEEE Transactions on Circuits and Systems for Video Technology* 等期刊编委，获北京市技术发明奖二等奖、CSIG石青云青年女科学家奖、北京大学教学卓越奖、王选杰出青年学者奖、IEEE ICME最佳论文奖等，主讲的全球MOOC课程被评为首批国家精品在线开放课程、国家级一流本科课程。

协作撰稿人

　　谭　樾，北京大学信息科学技术学院2022级本科生。

视觉魔法：令人惊叹的智能字效

你是否曾被朋友圈里精美的文字海报吸引？透着金属光泽的logo、燃烧着火焰的艺术字、飘逸如云的书法字迹……这些令人惊叹的视觉效果背后，可能是艺术设计师们在Photoshop中投入大量时间与精力凝结而成的心血。而现在，人工智能正在改变这一切。通过深度学习和计算机视觉技术，普通用户也能轻松创造出专业级的艺术字效果。让我们一起揭开智能字效生成的神秘面纱，看看计算机是如何成为新时代的"视觉魔法师"，将简单的文字变成绚丽的艺术作品。

一、为什么我们需要智能字效？

（一）移动互联网催生的新需求

随着信息技术的快速发展，移动互联网和社交网络的普及，数字化多媒体技术在人们生活中扮演着越来越重要的角色。统计数据显示，各大社交平台每天都会上传海量的内容，例如，抖音、快手平台日均上传短视频数千万条、Instagram每天上传上亿张照片（或视频）。这些吸人眼球的巨额数字背后，揭示出用户在作为内容消费者的同时，也成为内容的生产者和传播者。

（二）从图像处理到智能生成的演进

技术发展也催生了新的需求。在互联网1.0时代，人们主要关注数字图像的质量，如解决分辨率不足、噪声、模糊等问题。进入互联网2.0时代后，人们对图像的艺术性、创造性和可编辑性提出了新的要求。用户不再仅仅追求图像的保真度，还希望通过滤镜、模板美化照片，为照片配上文字，或组合不同的照片内容等方式，满足个性化表达与审美需求。随着互联网3.0时代的到来，智能化成为新主题。如何为用户提供便捷可控的图像处理工具，支持智能的图像生成和编辑，成为新时代数字图像处理技术的重要挑战。这些技术的研发和普及对信息产业和多媒体应用领域的发展具有重要价值。

二、拆解文字风格化的技术内核

作为响应该需求的技术领域，图像生成技术是图像处理、计算机视觉、计算机图形学等跨学科领域中的研究热门之一。图像生成是与图像理解高度相关又概念相对的技术。图像理解属于机器学习中的判别分类/回归问题，旨在描述一张图像，即从图像预测标签，是一个信息抽象化的过程。而图像生成任务则相反，其目标是用一个生成式模型搭建起输入信息与输出内容间的桥梁，生成满足特定需求的新图像。

根据输入的参考信息的类型，图像生成技术又可细分为图像生成、纹理合成、图像风格化、图像修复、图像编辑、图像转换等子类技术。其中，图像风格化又称为风格迁移，即将一张具有艺术特色的图像风格迁移到一张普通的图像上，使原有的图像保留原始内容的同时，具有独特的艺术风格，如卡通、漫画、油画、水彩、水墨等。图像风格化是一项应用场景广泛的代表性技术，被广泛应用于艺术创作、图像增强等多种场景。本文主要介

绍针对文字字效的图像风格化（即"文字风格化"）。

让我们不妨设想这样一种智能化服务机制：当用户在微信中发布一段较长的文字，如表达开学的兴奋心情时，系统能够识别其中的关键词（如"开学了"），在本地相册围绕这一主题选择一张优质图片，并以艺术化方式将关键词融入其中，从而为用户的图片分享带来便利。这里的关键性技术之一是如何设计艺术化的字效，使文字在融入的同时保持与图片风格的契合。

文字风格化任务看似简单，实际上存在成本和效果的权衡。一方面，普通用户可能受限于专业技术（如对Photoshop软件的熟悉程度）和审美水平，导致呈现的效果达不到预期。另一方面，专业的人工设计过程往往极其耗时耗力。例如，通过对淘宝平台的调研可知，一个最基本的黑白字通过一系列的图层设计，最终渲染出一个具有美学效果的艺术字，这一制作过程需花费近百元的设计费，并且可能要3天以上才能交付，经济成本和时间成本都很高。所以，若希望在短时间内生成特定风格的艺术字字库，仅依靠人工方式几乎不可能实现。在此应用背景下，科学家们成功利用图像生成技术提高设计效率，降低普通用户的创作门槛，让艺术贴近大众。

三、理解风格迁移的基本原理

鉴于文字风格化属于图像风格化的分支，让我们先一览图像风格化问题的基本脉络，再针对字效迁移任务作深入探究。

> **知识窗口：字效迁移**
>
> 字效迁移是一种将特定艺术风格应用到普通文字上的技术。就像给文字"穿新衣服"，可以把普通的黑色字体变成金属质感、火焰效果或者水墨风格。这个过程不是简单的图片叠加，而是需要理解文字的结构和目标风格的特征，然后巧妙地将二者融合。现代技术可以让这个过程在几秒钟内完成，而传统设计师可能需要花费数小时。

（一）风格迁移问题的数学表达

首先对图像风格化问题进行简单建模。问题目标为将风格图像 x_s 中的风格迁移至内容图像 x_c，得到风格化结果 y。记图像风格化模型为 G，则典型的图像风格化流程可以表示为如下公式：

$$y=G(x_s, x_c) \tag{公式1}$$

我们用浅显的语言介绍公式1的含义。假设你有一张照片（如风景照，即公式1中的 x_c）和一幅油画（如梵高的《星空》，即公式1中的 x_s），现在你想把油画的笔触和色彩风格"套用"到风景照上，但保留照片里的原始内容（如山、房屋的位置）。这个过程就是给照片套上一层模板。计算机实现这个效果需要解决两个关键问题：

（1）内容保留：生成的新图片要和原照片在主体结构上一致，比如房子不能变成扭曲的色块。

（2）风格模仿：新图片的笔触、颜色搭配要像目标艺术作品，比如让照片出现星空的漩涡纹理。

这背后的技术难点在于：

（1）如何定义"像原照片"（即 y 与 x_c 在内容方面的相似性）和"像目标艺术作品"（y 与 x_s 在风格方面的相似性）。

（2）设计一个智能系统（风格化模型 G），让它自动平衡这两个要求，生成既保留内容又充满艺术感的图片。

总结来说，图像风格化问题的核心是如何设计有效的风格化模型 G，生成满足目标分布的结果，在内容和风格两方面的相似性上取得最佳。

（二）监督学习与无监督学习的迁移策略

按照是否有干净、无特效的标准字体或图像（在下文简称"引导图像"）作为输入，进一步可以将图像风格迁移分为监督学习和无监督学习两种方法。

监督学习方法可以理解为通过一对字样进行学习，其中包括一个引导图像 S 和一个风格图像 S'。模型利用这些数据进行训练，以获取它们之间的映射关系。一旦模型学习到这种映射关系，就可以将其应用于目标图像 T，生成具有相同风格的输出图像 T'。监督学习的风格迁移过程如图 1 所示。

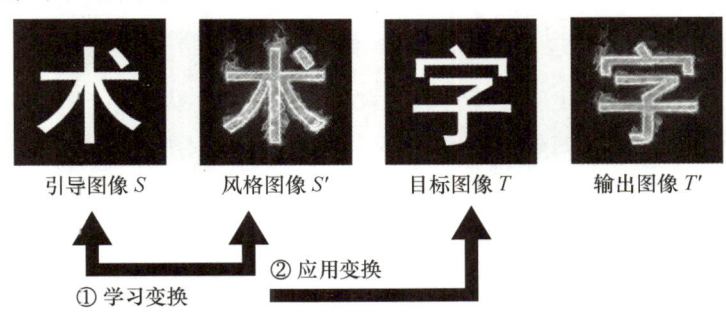

图 1　监督学习的风格迁移过程

无监督学习方法不依赖于未风格化的干净图像作为引导图像，而是仅使用带有特定风格的风格图像。无监督学习的风格迁移过程如图 2 所示。

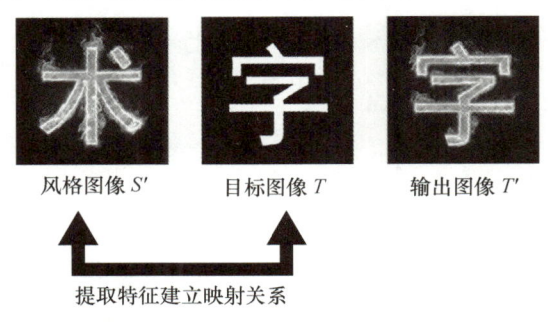

图 2　无监督学习的风格迁移过程

（三）三种风格迁移模型

根据风格的建模方式，可以将目前常见的风格迁移模型分为三类：全局模型，局部模型和数据驱动模型。

第一类是全局模型，它旨在通过对风格图像和目标图像的全局统计特征进行提取和比较，实现风格的统一。具体来说，一张图像的总体颜色可以用图像均值等全局统计特征来描述，而图像的对比度可以用方差等全局统计特征来描述，其他的风格也能找到对应的全局统计特征。如果我们可以提取风格图像的这些全局统计特征，并将这些特征应用到目标图像中（例如通过调整两者的均值和方差），使得目标图像与风格图像的全局统计特性尽可能接近，这时就可以说目标图像具有与风格图像相似的风格。

第二类是局部模型，我们都知道画家在绘画时是用画笔一笔一笔绘制的，每一笔都可以看成是这幅画的基本组成元素，代表了这幅画的局部风格。局部模型就是将图像的风格建模为局部的图像块或特征块（可以想象成是画笔留下的一种正方形或长方形的笔触）。在风格迁移过程中，通过处理这些局部的图像块或特征块的映射关系，可以更准确地捕捉图像的细节信息，提升风格迁移的效果。

第三类是数据驱动模型，它依赖大量的数据集来提炼风格特征。这种方法主要是利用计算机强大的计算能力和存储能力，从大量作品中总结出潜在规律，并利用这些规律指导新的图像生成。数据驱动模型是近年来深度学习发展的重要成果，极大地推动了图像风格迁移技术的进步。

在探讨这三类方法时，我们发现它们各自具有优势和劣势。

全局模型的优势在于它不需要收集任何风格图像的数据集，但它在建模复杂纹理结构方面存在困难，因为它通常采用一种简单和统一的方式来处理局部特征。相较之下，局部模型则擅长处理细节纹理，且同样不需要风格图像数据集，但它无法以整体视角来刻画全局内容。而数据驱动模型不需要严格界定特征是局部的还是全局的，而是直接学习两个集合之间的映射关系，且能够捕捉到人类可能尚未意识到的内涵。然而，数据驱动模型面临的最大挑战是如何收集海量的数据集。三种模型的优势与劣势比较如表 1 所示。

表 1　三种模型的优势与劣势比较

风格模型	全局模型	局部模型	数据驱动模型
优势	无须训练数据	无须训练数据；具有更好的纹理细节	更真实的风格
劣势	字效无法被简单地建模为全局统计特征	难以捕捉全局空间分布	需要数据集；只能处理 2 种风格或难以扩展到新风格

四、让机器学会设计师的思维

（一）基于统计的文字字效生成算法

文字字效生成问题主要研究，如何设计一个自动化字效生成系统将各式各样的字效迁移到目标文字上，渲染出精美的文字艺术作品，从而提高艺术字设计的效率，降低普通用户的技术门槛。具体来说，这个系统需要用户提供三张图片（如图 3 所示）：源文字 S（普通黑体字"术"）、源文字对应的源字效 S'（带有火焰特效的黑体字"术"），以及想添加特效的目标文字 T（普通黑体字"字"）。系统应能够分析源文字与源字效之间的关系，然后将同样的特效样式迁移到目标文字上，最终生成既保留目标文字形态、又完美融合特效风格的目标字效 T'（带火焰特效的黑体字"字"）。用数学公式表达为 $S:S'::T:T'$，即将 S' 相对于 S 的风格样式迁移到 T 上，得到 T'。

图 3　文字字效生成过程示意

为了实现上述效果，我们引入了基于统计的文字字效生成算法。这种方法属于监督学习，也就是说，在应用该方法时，首先需要给定一对字 S 和 S'，将这一对字作为输入，然后系统将从中学习到的字效应用到新的目标文字上，最终得到一个输出结果。

同时，我们采用了局部模型，即分块去刻画当前文字所具有的字效。因为我们对 30 个经过专业设计的艺术字进行观察后，得到了一个基本规律：字效图像中纹理模式与其空间位置密切相关，与文字骨架距离相近的块也具有相似的颜色和尺度，即相似的纹理模式。例如，在火焰字效中，距离文字骨架较远的块位于背景部分，主要为单一黑色；而距离文字骨架较近的块位于文字边缘，主要为火焰纹理。因此，我们采用了局部模型。

下面介绍基于统计的文字字效生成算法的具体思路。这个算法的核心思路可以分为三步：

第一步：通过分析大量文字纹理样本，发现文字骨架（笔画中心线）到周围纹理块的距离会影响纹理分布。算法会先建立这个距离与纹理位置的对应规律，形成基础参考标准。

第二步：把文字特效生成转化为数学优化问题，并设定一个包含三个核心指标的优化公式，既要保证局部纹理细节合理（如笔锋转折处的纹理衔接），又要符合整体纹理分布规律（如横竖笔画的纹理密度），同时还要保持纹理过渡自然不生硬。

第三步：采用分步迭代的方式，逐步调整优化这三个指标，最终找到同时满足多方面要求的最佳纹理布局方案。

其主要思想是对 T' 中的每个图像块 p，都在源字效 S' 中查找相似的图像块 q，然后

将 q 的内容拼贴到 p 处，完成目标图像的合成，如图 4 所示。

图 4　基于统计的文字字效生成算法的示意

（二）解析目标方程的三重约束

为了解决上述问题：为每个 p 找到对应最优的 q，构建了公式 2 所示的目标方程：

$$\min_q \sum_p E_{app}(p,q) + \lambda_1 E_{dist}(p,q) + \lambda_2 E_{psy}(p,q) \quad \text{（公式 2）}$$

下面逐项分析公式 2 的组成部分：

第一项 E_{app} 是外观项，由字形项和字效项两部分组成。从图 4 可以看到，在考虑 p 和 q 的相似性的时候，我们不仅要考虑其在 S′ 和 T′ 之间的字效是否相似（也就是字效项，保证纹理的迁移），还要考虑其在 S 和 T 之间字形是否相似（也就是字形项，约束文字字形）。

第二项 E_{dist} 是分布项，用于约束 T′ 的纹理与 S′ 的纹理保持相似的空间分布，故而实现了空间风格的迁移。前面我们分析过在火焰字效中，距离文字骨架较远的块位于背景部分，主要为单一黑色；距离文字骨架附近的块位于文字边缘，主要为火焰纹理。同样地，我们在为 p 找寻 q 时，希望 q 距离文字骨架的距离与 p 距离文字骨架的距离尽可能相似。

第三项 E_{psy} 是心理视觉项，主要考虑设计过程中的随机性因素。例如，当人为设计火焰艺术字时，各火焰既不能完全一样，也不能完全不同，设计师会追求变化与统一。同理，在文字风格迁移时，如果直接寻找最相似的块，可能导致某些源块被频繁使用，过度重复的纹理容易造成机器生成感，降低质量。因此，当我们为目标字效中所有的 p 都找到 q 之后，我们会约束同一个 q 不能被匹配很多次，以更好地保持纹理自然性。

实验结果表明，这套基于统计的文字字效生成算法能生成与源字效在局部纹理细节和全局纹理分布方面更一致的纹理效果，例如火焰、熔岩、锈蚀等文字效果。图 5 中展示的实例充分展示了算法在风格转移中的有效性和多样性。

（三）高效构建艺术字体库

基于统计的文字字效生成算法还可以应用于艺术字体库的生成（如图 6 所示）。其最大的优势在于，相比设计师手动设计字体所需的大量时间和高昂成本，使用该算法可以在分钟级别内完成单个字的生成，约 2～3 天就可以输出一个基本的常用中文字库。此外，艺术字体库也能为后续的数据驱动方法提供有效支撑。

视觉魔法：令人惊叹的智能字效

彩色原图

图 5　基于统计的文字字效生成算法的具体实例

图 6　基于统计的文字字效生成算法用于构建艺术字体库

进一步的研究表明，该算法不仅可以生成文字，还可以生成图标符号。只要满足一定

的结构特性，就能利用这些图标的映射关系，生成类似水墨画风格或者具有金属质感的图标，如图7所示。这一发现展示了该算法在不同应用场景中的广泛适用性和灵活性。

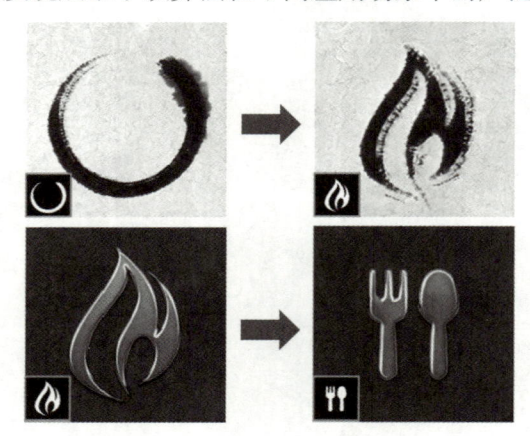

图7 基于统计的文字字效生成算法生成水墨画风格或者具有金属质感的图标

五、自由创造：摆脱规则束缚的智能设计

基于统计的文字字效生成算法通过统计字效图像中纹理模式与其到文字骨架距离的关系，建立了字效纹理空间分布先验，指导纹理合成过程。但是该算法严格要求输入的风格图像为一张高度结构化的字效图片。同时，该算法采用监督学习的思路，在源字效图像之外，还需要一张像素级对齐的源文字图像作为引导图像，让系统学习源文字图像和源字效图像之间的对应关系。但在现实生活中，往往很难获得这样一对输入，这严重限制了该方法的实用性。

> **知识窗口：像素级对齐**
>
> 像素级对齐是指两张图片在每个像素点上都能精确匹配。想象你在透明的玻璃上画了一个"A"字，又在另一张玻璃上画了这个"A"字的艺术效果，当两张玻璃完全重叠时，两个字的每个笔画都能精确重合，这就是像素级对齐。这种严格的对应关系在机器学习中很重要，但在实际应用中很难获得，因为现实世界的艺术字一般没有它们对应的"原始字体"版本。

于是，在进行这一系列尝试后，不局限于现有的监督学习应用场景，我们产生了一些对于新的应用场景的想法：

应用场景一：当我们看到杂志或是广告牌上，某种具有吸引力的字效或纹理时，是否可以将其直接映射到我们所需的文字上。例如，在看到"火焰"这两个字时，脑海中自然会浮现出熊熊燃烧的火焰画面，那么能否将图 8 所示熊熊燃烧的风格图像 S 与目标文字 T 结合，直接生成一个具有火焰效果的"火焰"艺术字呢？

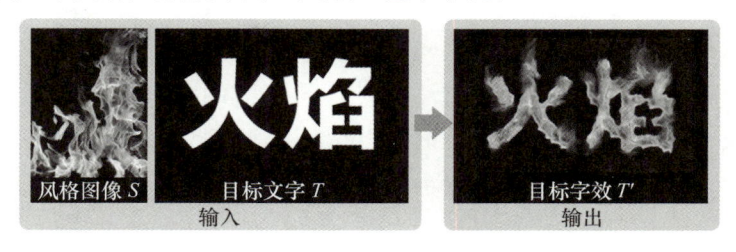

图 8　通过图片加文字生成艺术字

应用场景二：作为重度的社交媒体用户，我们可能希望朋友圈所分享的图像不仅能够反映所输入的文字内容，更希望这些图片是经过精心设计的，而非随意从网上找到的。这就引出了一个想法：是否可以将图 9 所示的当前文字应用特定纹理，并将其有效融入背景图片呢？

这两个应用场景涉及无监督艺术字生成算法。

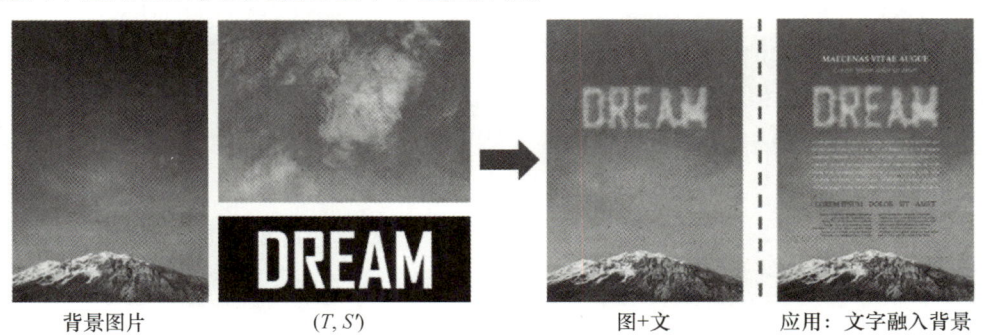

图 9　风格化文字并融入背景

（一）无师自通：突破监督学习的局限

上述场景可归结为基于无监督学习的艺术字生成算法的两个子任务：文字风格化和图文排版设计。文字风格化是指利用某种纹理图作为引导，为当前文字进行设计，最终生成理想效果的艺术字。图文排版设计是将生成的艺术字无缝嵌入背景图像中，获得诸如海报和杂志封面的平面设计作品。下面，详细介绍基于无监督学习的艺术字生成算法是如何完成这两个子任务的。

（二）文字风格化：联合结构迁移与纹理迁移

与先前工作不同，这里的文字风格化并不需要成对的映射关系，但纹理本身具有特定的结构属性。因此可以在结构上协调纹理与字体，以实现有效的纹理迁移，我们称此方法为联合结构迁移与纹理迁移的文字风格化，主要由三个核心步骤构成：结构图提取、保护文字可识别性的结构迁移、基于图像显著性的纹理迁移。

> **知识窗口：图像显著性**
>
> 图像显著性就像一张照片的"视觉焦点"——当你快速扫一眼图片时，最先吸引你注意的亮眼区域。例如，在一片树林中，有一个穿红衣服的人（红色在绿色背景中很显眼），或者黑暗中唯一发光的灯泡，大脑会本能地优先关注这些高对比、鲜艳或与众不同的部分。图像显著性就像用"无形的"高光笔给图片的"重点内容"自动标亮了一样，帮助眼睛快速锁定关键信息。

第一步：如图 10 所示，为了缩小文字图像和参考纹理图像之间的视觉差异，对纹理图像进行结构图像提取操作，可以得到风格图像的外轮廓（生成枫叶形状的黑白结构），从而可以建立纹理与文字在结构上的初步映射关系。然而，由于文字轮廓与风格纹理轮廓之间具有巨大的结构差异，直接使用上述提取的结构图像 S 和文字图像 T 进行风格迁移得到的目标字效具有不自然的纹理轮廓，效果会显得生硬。

第二步：需对纹理和字体进行结构调整，使结构图像与字体自然融合，确保字体呈现出合理的结构特征。随后，进行纹理迁移，沿袭上面提出的纹理迁移框架，使用目标方程进行求解。但这里出现了一个问题，在无监督学习中，S' 是一张纹理图像，缺乏字效图像的规则结构，因此原本的纹理分布先验不一定成立。因此，在之前目标方程公式 2 的基础上，我们加入了显著项 E_{sal}。显著项鼓励在文字内部使用显著纹理合成，在文字外部使用不显著的平坦区域，从而增加文字的可识别性。图 11 展示了使用显著项与不使用显著项生成效果的差异。图 12 展示了加入结构调整和纹理迁移后生成的文字效果。

$$\min_q \sum_p E_{\text{app}}(p,q) + \lambda_1 E_{\text{dist}}(p,q) + \lambda_2 E_{\text{psy}}(p,q) + \lambda_3 E_{\text{sal}}(p,q) \quad \text{（公式3）}$$

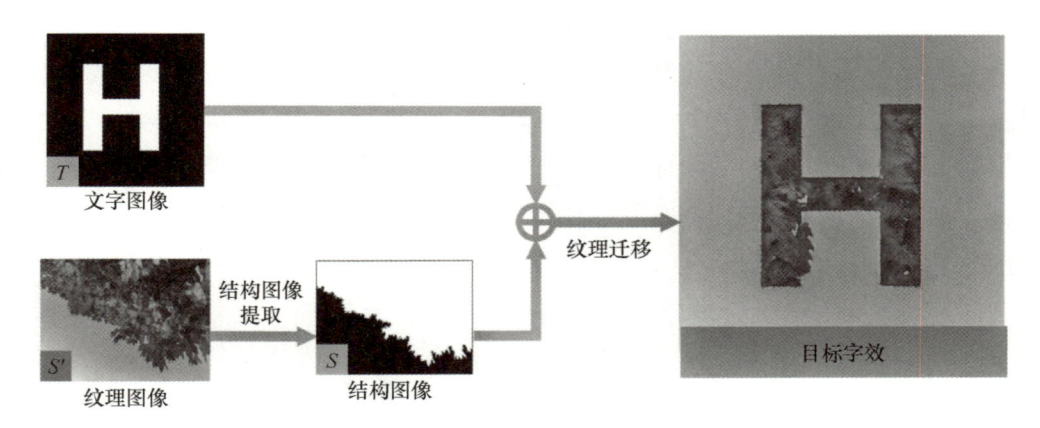

图 10　仅依赖结构图提取操作会造成生成效果生硬

视觉魔法：令人惊叹的智能字效

风格图像　　　　　不使用显著项　　　　　使用显著项

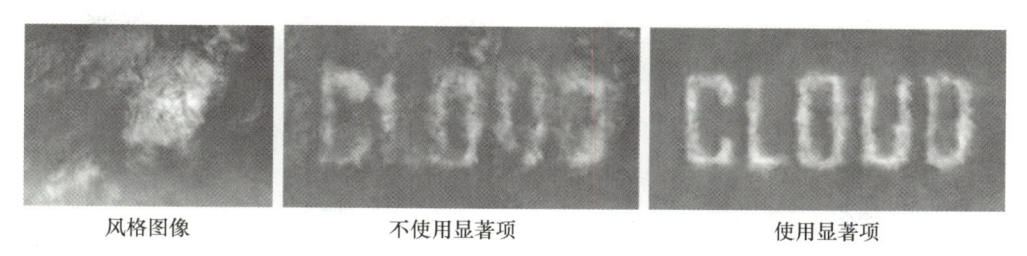

图 11　使用显著项与不使用显著项生成效果的差异

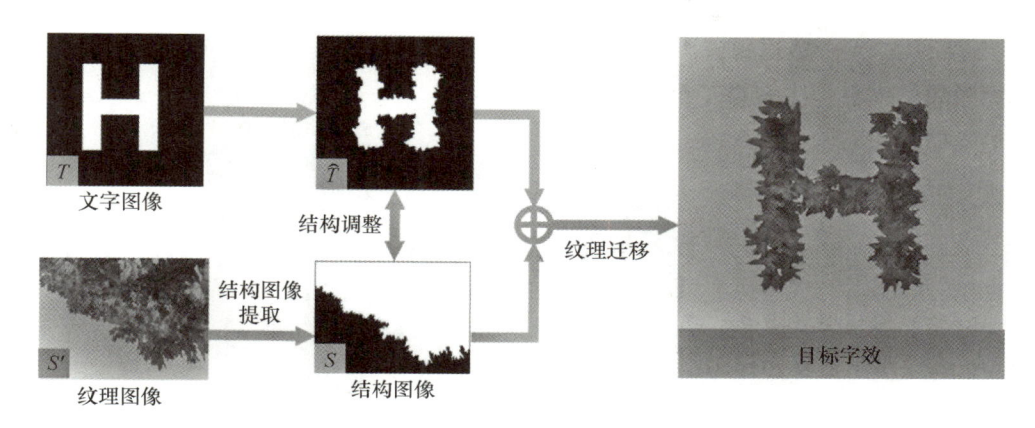

图 12　加入结构调整和纹理迁移后生成的文字

（三）图文排版设计：上下文感知的图文和鸣

下面介绍第二个子任务——图文排版设计。

首先，如果风格图像与背景图像在颜色风格上差异较大，那么文字嵌入后可能会产生明显的颜色不连续性。因此，对于具有较大颜色差异的风格图像与背景图像，需要使用基于线性变换的颜色迁移技术统一它们的颜色风格。

其次，要进行文字布局确定。目标文字在背景图像中的摆放位置对文字能否无缝嵌入到背景中有着决定性作用，经验丰富的设计师通常会考虑多个因素：避免将高纹理度的文字放置在变化剧烈的密集型背景区域，倾向选择相对平坦且不易引人注目的位置，同时避免遮挡背景图中的重要内容。类似地，为了确定最优的文字布局，我们将文字布局确定问题建模为一个惩罚最小化问题，并确定了方差惩罚、显著性惩罚、一致性惩罚和美学惩罚四个惩罚项，考量了局部方差（寻找平坦区域）、非局部显著性（防止遮挡物体）、纹理一致性（防止颜色差异）、排版对称性（避免角落摆放等）。图 13 将提出的四个惩罚项进行了可视化，这四项联合确定了最佳的文字布局（越红的地方惩罚越大，越蓝的地方惩罚越小，算法只需要在其中选择最蓝的地方放置文字即可）。

最后，采用图像修复的思路将文字嵌入到背景图像中。图像修复是图像处理领域一个经典的问题，用于修补图像内部的缺失部分。生成的文字可能与背景图像和风格图像在颜色和边缘上存在差异（如图 14 所示），上下文区域的像素值约束与文字结构引导能为纹理迁移提供非常强的边界约束，有利于保证在文字与背景图像的交界处无痕地过渡。

193

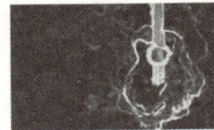

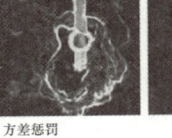

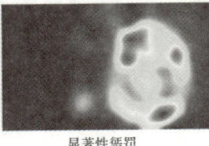

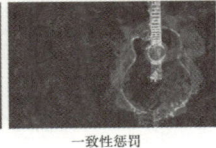

图 13　各惩罚项效果示意

图 14　需要进行图像修复的情形

在实际应用中，该方法适用于不同语言和字体，具有较强的鲁棒性（即承受故障和干扰的能力）。通过这种设计思路，我们可以实现艺术化字体的生成并自然地嵌入背景图像中。在图 15 展示的案例中，用于字体艺术化呈现的纹理块可以直接从背景图像中提取，确保了生成的艺术化字体与背景的自然融合。即使在风格图像与背景图像差异较大的情况下，通过智能化的融合处理，也能实现无缝衔接的效果。

图 15　艺术字和背景的自然融合

此外，我们还可以将该方法应用于符号生成和表情包制作等领域。图 16 展示了使用水波图像渲染涟漪状的星座符号。

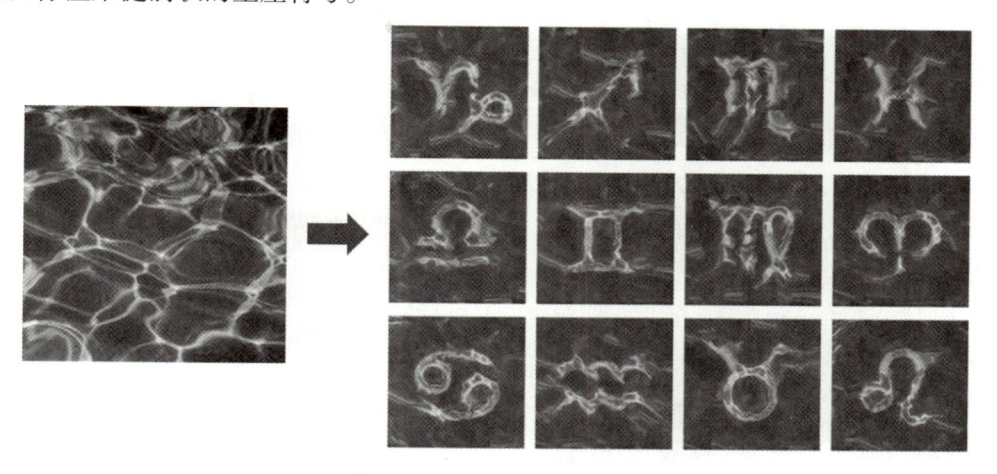

图 16　使用水波图像渲染涟漪状的星座符号

六、数据之美：当人工智能邂逅海量艺术

随着互联网 3.0 时代的到来，基于深度学习的方法为图像处理与计算机视觉等领域带来了革命性变革。数据的极大丰富支持深度学习方法更深入地挖掘数据背后的价值，对更复杂的图像信息进行建模，处理更加多样化的应用问题。

（一）数据的力量：深度学习带来的革命

在艺术字生成问题上，监督学习和无监督学习都属于传统方法，它们出现于 2016 年左右。当时深度学习方法已经存在，但受限于实际可用的样本数据量不足。基于前期两个工作的基础，逐渐积累了大量的成对艺术字数据，这使得后续研究自然而然地转向了深度学习方法。事实上，许多计算机视觉的研究都遵循这样的发展路径：早期因数据匮乏而采用传统方法，待数据积累到一定程度后，便可以运用深度学习方法来学习传统方法难以掌握的内容。

知识窗口：深度学习

深度学习是一种模仿人类大脑工作方式的人工智能技术。与人类通过不断观察和学习来掌握技能一样，深度学习系统通过分析大量数据来"学习"以完成特定任务。例如，要教会计算机识别猫，传统方法需要人工编写规则（如"有尖耳朵""有胡须"等），而深度学习则是让计算机自己从成千上万张猫的照片中归纳出"猫"的特征。这种技术已被广泛应用于图像识别、语音识别、自动翻译等领域。

当深度学习方法能够将当前字体中的风格特征提取出来，即将具有特定风格的字体还原为基础的黑白字体时，被剥离的部分便是其风格特征。这种风格特征难以用语言准确描述，也难以用数学公式形式化表达。但这对计算机而言并不构成障碍，因为它只需要学习如何提取这些特征，然后将其应用到新的字体上，就能实现风格化。除了文字风格化，它还可以实现人像的脱妆效果，或将老年人的照片转换为年轻时的样貌。这种思路的应用范围极其广泛，不仅适用于视觉领域，还可以扩展到自然语言处理等方面。广义而言，只要存在成对的转换关系，即使这种转换本身难以准确定义，神经网络也能够通过有效地学习，找到其中的映射关系。

因此，艺术字生成技术自然而然地向数据驱动模型演进。

首先，在数据方面，为获得充足的数据支撑，构建了一个规模庞大的字效数据集（如图 17 所示），来支持网络的训练。

图 17　规模庞大的字效数据集（部分）

其次，在模型方面，构建了基于编码器－解码器结构的字效迁移生成对抗网络，并在大规模数据集上训练模型，学习基本的映射关系。这种方法能够实现多样化的应用，包括风格化、去风格化及风格编辑等，这些功能都可以在同一个框架下完成。字效迁移生成对抗网络的目标是学习一组文字图像和一组对应的字效图像之间的双向映射关系。这个过程可以理解为两个主要任务：一为风格化，即组合风格（图 18 中左上角图像 T 的字效）和内容（图 18 中左下角图像 E 的字形），获得图 18 中右下角的输出图像 E；二为去风格化，即去除图 18 中左上角图像 T 的字效，得到图 18 中右上角的输出图像 T。字效迁移生成对抗网络中主要用到了两种重要技术——自编码器和生成对抗网络。

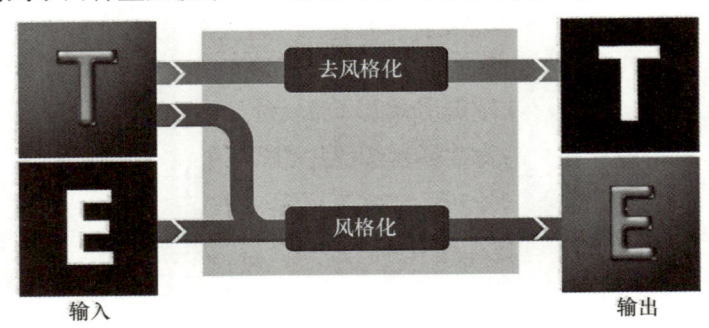

图 18　字效迁移生成对抗网络

（二）自编码器：自动提取风格特征的奥秘

我们发现文字这种原始数据的变化是有限的（不可能每一个像素点都完全是随机的），因此如果能够找到它们之间的变化规律（通常是比原始数据更简单的），那么就可以用更加简便的表达形式来表示数据，在下游任务（如风格化、去风格化）训练的时候就可以用更简单、更少的数据来学习到原来想要让机器学习到的内容。由此，我们引入自编码器（如图19所示）。在自编码器中，有两个神经网络，分别为编码器（Encoder）和解码器（Decoder），其任务分别是：

编码器：将读入的原始数据 x（图像、文字等）转换为一个向量 z（也就是一串数字），向量 z 的数字个数要远小于原始数据所包含的数字个数，因此是一种更简单、更紧致的数据表达。

解码器：将上述的向量 z 还原成原始数据形式的 x'。

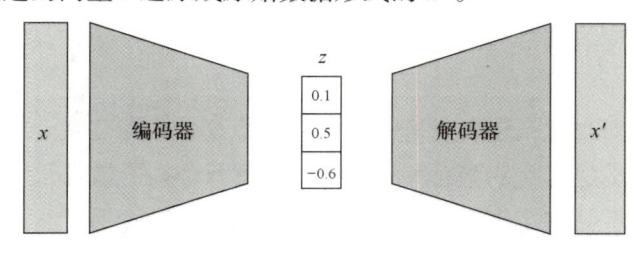

图 19　自编码器

当我们训练好一个自编码器后，在实际应用中（例如图像分类任务中），我们只需要自编码器中的编码器部分，其主要用处就是对原始数据（高维、复杂）抽取较低维度的隐式特征（经过处理、低纬度），作为下游任务的输入，例如输入到一个分类器中预测图像属于哪个类别。具体在字效迁移生成网络中，内容编码器专注于提取普通文字的内容特征，风格编码器专注于提取字效图像的风格特征。提取的特征会被传递给文字迁移生成对抗网络，利用这些特征来完成风格化和去风格化任务。

（三）生成对抗网络的竞争机制

下面我们再对生成对抗网络的基本原理作简单介绍。

在生成对抗网络中，有生成器和判别器两个神经网络。生成器的作用是生成一张图像。判别器则是以生成器生成的图像作为输入，并输出一个数值，这个数值则代表图像质量的高低；图片质量越高，该图像看起来越像真实样本。

以进行文字风格化任务为例，先需要准备一个字效库，里面都是真实的艺术字（"真实"相对于生成器生成的字而言）。一开始生成器的参数是随机的，生成器还未习得将普通黑白字转换成艺术字。判别器做的事情就是输入一个字，判断它是生成器生成的，还是字效库中真实的艺术字。训练开始后，第一代生成器会尝试生成一些简单的艺术字，但这些很容易被第一代判别器识破。于是生成器开始进化，第二代生成器学会了添加基本纹理效果，这些改进后的作品往往可以"骗过"第一代判别器。但判别器也在同步进化，第二

代判别器学会了通过更细致的特征来辨别真伪。这种对抗过程不断循环：第三代生成器能生成更精细的艺术字来"骗过"第二代判别器，而判别器又会升级到第三代来提高鉴别能力。就这样，在生成器和判别器你追我赶的对抗中，生成器产生的艺术字变得越来越逼真，最终达到与字效库中的真实样本难分伯仲的水平。

图 20 展示了基于风格化和去风格化的字效迁移生成对抗网络的效果。第二行展示了去风格化结果，风格特征被有效地去除。第三行展示了风格化结果，该网络学习到了有效的字形和字效特征，因此能准确地迁移字效风格并保持目标字形。同时，相较于基于局部模型的方法，神经网络一经训练，测试时生成效率非常高，在 NVIDIA GeForce GTX 1080 GPU 显卡上，生成一张图像只需要大约 10 ms 的时间。

图 20　基于风格化和去风格化的字效迁移生成对抗网络的效果

相比于传统方法，基于深度学习的方法带来了多个方面的性能提升，但其本质是从海量样本中学习共性的特征，并不是一种智能化的创作。

（四）意外发现的风格插值能力

我们在研究中发现了一个非常有趣的现象：图 21 中的四个角上的字是字效数据库中已有的字，但通过提取神经网络中间层的特征并重新组合，能够生成一些全新的字体效果。这些新生成的字体在神经网络的输出中是从未出现过的。这是因为字效迁移生成对抗网络能够学习和理解什么是风格，我们可以对风格进行插值运算或编辑调整。

其应用范围还延伸到了人像光影渲染领域。如图 22 所示，用户可以利用数据库中不同光影条件下的人脸图像，实现各种程度的光影效果渲染。例如，第二行将不同光照条件都统一为正面打光，或者将第三行的光影应用于第四行正中间的图像上，得到第四行的其他 6 个结果。

视觉魔法：令人惊叹的智能字效

图 21　通过风格插值或编辑调整生成新字体

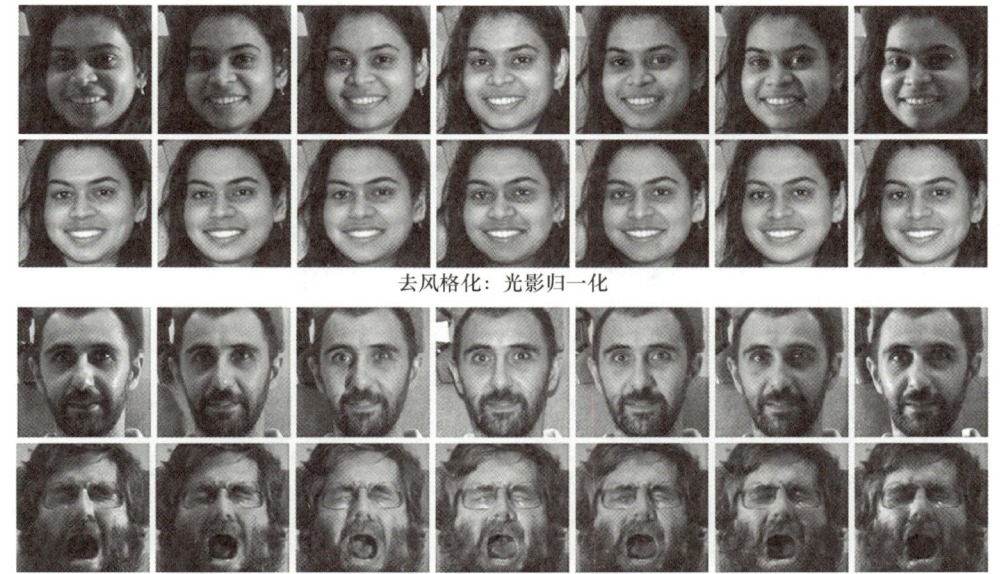

去风格化：光影归一化

风格化：基于样例的光影渲染

图 22　风格插值延伸到人像光影渲染领域

彩色原图

彩色原图

七、让静态文字跃动起来

（一）从静态到动态的演进

随着移动互联网的发展和社交媒体的兴起，视频和动态图像成为深受用户欢迎的视觉载体，较静态图像而言，它们更生动且承载更多信息量，因此将静态的艺术字生成扩展到动态的艺术字生成具有潜在的应用价值。当我们快速翻动连环画时，会有一种图像动起来的错觉。同理，如果能够得到若干帧同一文字形状变化的图像，将其连续播放起来，就会形成雪花逐渐凝结的文字或者动态燃烧的火焰字。因此，风格程度可控的艺术字生成模型

199

也能被应用于动图设计场景。

然而,现有的风格控制模型主要对纹理的强度和纹理的大小进行控制,缺乏形状方面的研究。我们需要另加考虑:如何对艺术字的形变进行建模呢?显然,可控的艺术字生成应该满足以下两个目标:① 艺术性。任意风格程度下,生成的艺术字都应模拟参考风格的形状特征。② 可控性。字形的形变程度应满足实时调整和连续变化。基于此,我们可以提出一种双向结构匹配框架对字形风格程度进行建模。

(二)可控的形变与渲染

为了解决该问题,我们提出了双向结构匹配框架,其包含两个阶段,如图23所示。首先使用Photoshop等常见的图像编辑工具以及抠像技术提取风格图像的结构图像。阶段一为反向结构迁移,即反向将文字形状风格迁移到结构图像,得到简化结构图像,同时我们可以设置简化程度。阶段二包括正向结构迁移和正向纹理迁移。通过这两个阶段,模型就学会了将文字边缘调整为枫叶边缘,再给枫叶结构图像贴上枫叶。简而言之,神经网络学习如何从纹理图像得到不同简化程度的结构图像的逆过程,从而学会对结构特征和纹理特征建模,并在测试阶段将它们迁移到文字上,得到艺术字。

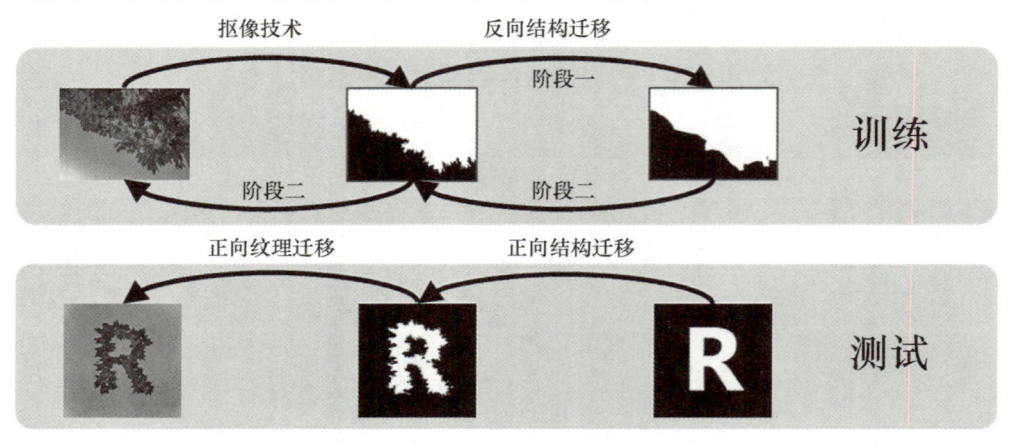

图23 双向结构匹配框架

如前所述,在阶段一,我们可以设置简化程度,如图24所示,对于原始的结构图像X,我们可以获得三种简化程度的X。在阶段二,训练网络可将简化后的图像块映射为简化前的原始结构图像。图像块(a)(b)(c)分别展示了在阶段二的正向映射中,简化程度为轻度、中度和重度的匹配结构。可以看出不同粗细粒度下相似的水平笔画结构映射到原始结构图中不同的形状,简化程度越高,其映射的形状相较水平笔画的差异也越大;反过来,模型学到的文字形状调整力度也越强。

我们可以把控对简化的程度,从而得到一系列不同风格化程度的艺术字。如图25所示,训练网络学会了细节丰富的连续风格程度变化,从左到右依次提升文字的形变程度,展现了叶子由稀疏到茂盛的生成过程。

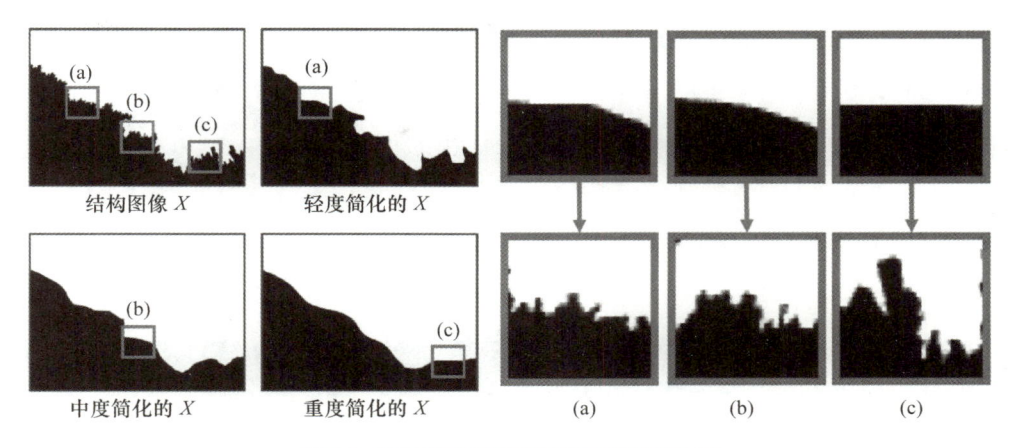

图 24　不同简化程度的结构图像及其映射

图 25　不同风格化程度的艺术字

（三）动态字效的广阔应用

图 26 展示了不同自然图像作为参考风格图像的字效生成结果。网络能准确将文字的边缘调整为云朵、火焰、岛屿、叶片、裂纹、雾凇的样貌，生成好看的艺术字。

图 26　自然图像作为参考风格图像的字效生成结果

图 27 展示了动态的文字生成效果，可以模拟烟雾的飘散，也可以模拟冰晶的生长，每一帧都呈现出不同程度的风格化渲染效果。当然我们还可以延续之前的应用场景，把这种动态效果嵌入到背景图中。

图 27　动态的文字生成效果

八、总结和展望：大模型时代的风格化新范式

研究字体风格化的过程类似于人类学习绘画的过程：始于机器学习的最基础的监督学习，就像是完全临摹他人已经画好的画；随后的无监督学习，就像参考别人的画再模仿其风格画出自己的作品。积累了这两种方法的研究成果后，可以获得大量的艺术字样本，构建字效数据库，这使得数据驱动方法成为可能。也就是说，攒够作品累积足够的经验后，我们已经融会贯通，胸有成竹，给文字加金属、水墨等酷炫效果，甚至让静态字"动"起来。

这个非常自然的视觉研究过程类似"打怪升级"的游戏，问题本身源于现实应用需求（像游戏任务）。但计算机技术并不可能一蹴而就地给出完整解决方案，科研工作者需要从最基础的问题入手，逐步扩展研究范围，循序渐进地提升技术的支持效果（就像游戏中需要先练基础技能，再挑战高阶副本）。

火爆全网的可以生成精美视频的可灵和帮你答疑解惑的 DeepSeek，它们都采用了目前最先进的技术，被称为人工智能大模型，就像《哈利·波特》里的老魔杖一样，效果拔群，魔杖一挥，就能生成各种有趣的文本、图像和视频。整体而言，中文设计比英文复杂得多，在设计层面，与由 26 个字母组成的拼写制英文相比，中文字体更强调结构化关系，这就带来了特殊的设计考量，而且中文艺术字数据少，常要拿外文模型"补课"。但近几年，我们已经见识到了字效生成的迅速发展，相信在不久的将来，可能会出现一个大模型，它能一键生成你的专属书法，让设计既智能又有中国风！

思考

1. 你还能想到现实生活中哪些内容和风格解耦的例子，可以用于某种风格迁移完成的有趣应用吗？

2. 字体也是一种重要的风格，你觉得字体和字效有哪些异同，你觉得本文介绍的方法能应用于字体设计吗？

3. 当前最火的人工智能创作方式是文生图：基于自然语言直接生成一张图，例如告诉大模型"一团火焰"就能生成一张火焰图像。基于一个文生图模型和本文已经介绍的技术，设计一个文生艺术字模型，你能想到哪些可能的方案？

从仿生到超越：
类脑视觉和类脑计算

主讲人：黄铁军

主讲人简介

黄铁军，北京大学计算机学院教授，多媒体信息处理全国重点实验室主任，教育部"长江学者奖励计划"特聘教授，北京智源人工智能研究院理事长，中国计算机学会会士，中国人工智能学会会士，中国电子学会会士，中国图象图形学学会会士，国家"万人计划"科技创新领军人才，国家杰出青年科学基金获得者；主要研究方向为智能视觉信息处理和类脑智能；曾获国家技术发明奖二等奖、国家科学技术进步奖二等奖、中国标准创新贡献奖突出贡献奖、吴文俊人工智能科学技术奖杰出贡献奖、中国电子学会创新成就奖，2024年日内瓦国际发明展评审团嘉许金奖。

协作撰稿人

蒋仲漠，北京大学信息科学技术学院"图灵班"2023级本科生。

北大名师开讲：信息科技如何改变世界

为什么我们拍摄运动中的物体时总会模糊？为什么高速行驶的汽车轮毂在视频里看起来好像在倒转？这些困扰摄影师和工程师的问题，竟在人类视网膜中找到了答案。从最早的银版摄影到今天的数码相机，我们一直在追求更快的快门速度、更高的分辨率，却始终没有突破"定时曝光"这个看似理所当然的范式。直到科学家们转向研究生物视觉系统，一个革命性的发现才应运而生：人眼观察世界的方式与传统相机完全不同。这个发现不仅改变了我们记录光的方式，而且启发了一场从芯片到计算机的革命。让我们一起探索这场从模仿生物到超越生物的技术飞跃。

一 记录光影的历史进阶与局限

（一）视觉的记录：从化学到数字

照相术无疑是人类最伟大的发明之一，它开启了记录光的时代。1827年，法国人约瑟夫·尼埃普斯采用他发明的"日光蚀刻法"，得到了人类第一幅照片《在勒格拉的窗外景色》（如图1所示）。他在白蜡板上敷上一层薄沥青，然后利用小孔成像原理，让阳光照射（来自看到的景色的亮处）8小时使沥青硬化（类似曝光的过程），而未被光照的未硬化部分则能用薰衣草油和石油洗掉，最后留下的沥青就是黑白的图像。1839年，法国人路易·达盖尔发明了"银版摄影"，将曝光时间缩短至约30分钟。达盖尔成功拍摄出照片后，冲到大街上大喊："我抓住了光！我捕捉到了它的飞行！"实际上，前一句是确切的，后一句言过其实——静止的照片并不能表达光的飞行过程。

图1 《在勒格拉的窗外景色》

知识窗口：银版摄影

银版摄影是指把镀银铜板暴露在碘或溴蒸气里，生成一层均匀的卤化银感光表面。经过30分钟的曝光，光线照射到镀银铜板上不同区域的强度不同，导致不同区域保留的卤化银的多少也不同（光照强的区域，卤化银少；光照弱的区域，卤化银多），再利用水银蒸气进行显影。

早期照相曝光时间很长，因此只能记录静止的楼房和街道，路过的人留不下影子。1845 年，英国程序员阿达·洛芙莱斯安静地坐了 30 分钟，留下了一张宝贵的照片。为了缩短曝光时间，1888 年，美国柯达公司生产出了新型感光材料"胶卷"，将银盐[主要是溴化银（AgBr）]感光材料附着在塑料片上作为载体，有效缩短了曝光时间，实现了胶片相机的普及。

1895 年，卢米埃尔兄弟发明了电影。电影的本质是利用视觉暂留现象，通过每秒播放 12 幅胶片——后来改为 24 幅——让观众产生连续感受。但显然，电影不能表达超过 24 Hz 的运动现象，例如我们会看到电影中旋转的车轮好像在倒转。

知识窗口：视觉暂留

视觉暂留（也称为瞬态视觉）是指人眼在观察到一个景象后，视觉神经元会持续发放一串神经脉冲信号，大脑视皮层收到后形成的脉冲序列维持大约 0.1～0.4 秒。正是由于视觉暂留，连续播放的静态画面才能在人脑中形成连续运动的感觉。这也意味着人眼有其固有的时间分辨率限制，高于这个频率的运动可能无法被准确感知。

需要特别指出的是，视觉神经元及传送视觉信号的视纤维是并行阵列，不同位置的信号独立传输，虽然单个神经元每秒发放神经脉冲的数量往往不超过 10 个，但是人类视觉的时间灵敏度远高于 10 Hz。也因此，人眼观看高速旋转的车轮不仅没有出现倒转现象，甚至还能看见高速旋转轮毂后面的刹车装置。

1925 年，英国科学家约翰·洛吉·贝尔德发明了电视，淘汰了胶片，直接用电信号表达光过程，但仍然继承了图像序列这种表达方式，只是换了一个专用词——视频。组成视频的每幅图像称为 1 帧，典型电视制式为每秒 25 帧或 30 帧。近年来，电视已经发展到高清和超高清阶段，帧率（图像显示的频率，即每秒多少帧）达到 50 Hz 或 60 Hz。显然，电视也无法呈现高于其帧率的物理过程。

20 世纪 60 年代，固体图像电传感器登上历史舞台，1969 年，美国贝尔实验室的威拉德·博伊尔和乔治·史密斯发明了电荷耦合器件（Charge Coupled Device，CCD），启动了相机的数字化。1993—1997 年，美国科学家埃里克·福苏姆等发明了互补金属氧化物半导体（CMOS）图像传感器，成像质量超越 CCD，开启了数码相机革命。

> **知识窗口：CMOS 图像传感器**
>
> CMOS 图像传感器是现代数码相机的核心器件，通过光电转换将光信号转化为电信号。每个像素都包含一个光电二极管和独立的信号处理电路，可实现逐像素的光电转换和信号读出。与早期的 CCD 传感器相比，CMOS 图像传感器具有功耗低、集成度高、可实现像素级并行处理的优势。可惜的是，今天的 CMOS 图像传感器仍沿用了胶片相机定时曝光的模式，限制了其在高速成像等场景的应用潜力。每个 CMOS 像元实际上都是独立的光探测器，具备异步工作的能力，这为脉冲相机的实现提供了硬件基础。

（二）定时曝光成像原理的两难困境

定时曝光成像原理不可避免高速运动带来的运动模糊问题，例如，照相时"手抖"会导致照片模糊。缩短曝光时间可以减轻运动模糊，但又会导致光累积不充分，图像动态范围窄（即对比度低、边界不清晰、区域不分明）。改进光学系统和器件性能无法从根本上解决这两难的困境。从照相术到数码相机，将近两个世纪的发展，当初的主导技术化学化工早已让位于电子数码，但是图像和视频的传统概念深入人心，形成的惯性思维极其强大，并未因为多次技术革命而改变。

在刚发明照相术的年代，荷兰物理学家克里斯蒂安·惠更斯的波动说和英国物理学家艾萨克·牛顿的粒子说还势不两立。1905 年，著名物理学家阿尔伯特·爱因斯坦提出光量子假说，成功统一了波动说和微粒说：光子属于粒子，是具有特定频率的独立粒子，光则是由无数独立的光子组成的粒子流。因此，摄影需要解决的是如何捕捉和表达光子流，但是，电视和数码相机忽视这一物理事实，继续采用静止图像表达动态的光子流过程，丧失了重新定义视觉表达概念的历史机遇。图像的"像"继承了照相的"相"，却遮蔽了摄影的"影"，忘记了摄影"捕光捉影"的初心。

事实上，胶片成像是光致化学反应过程，只能采用定时曝光方式。CMOS 图像传感器的每个像元都是独立的光探测器，可以独立地记录光的高速变化过程。同步曝光成像既非必要，亦非唯一方式。由于固守图像和视频的传统概念，数码相机所有像元按照胶片相机模式同步工作，未能发挥 CMOS 像元阵列可以异步记录高速视觉过程的能力。

二、摄影原理革命

（一）脉冲连续摄影原理

针对传统相机的原理性缺陷，以高精度表达光物理过程的时空信息为目标，北京大学黄铁军教授提出了脉冲连续摄影新原理：各像元从清空状态开始独立积累电荷，当达到额定阈值时产生一个脉冲作为积满标志，并自动复位重新开始累积，如此循环。这样，每个像元采集的光子流序列就被转换成了脉冲序列,所有像元的脉冲序列按照像元的空间分布排列成阵列,就是对相机入射光的一个数字化表达,表达精度由累积阈值 Q 决定。

> **知识窗口:模拟信号与脉冲信号**
>
> 模拟信号是连续变化的,如温度计中温度的变化、音响中音量的大小,其数值可以在允许范围内取任意值。而脉冲信号则是离散的、突发的,类似于开关的通断,只有高低两种状态。生物神经元就是通过这种"全或无"的动作电位来传递信息的。传统相机采用模拟信号记录光强,而脉冲相机模仿神经元,用脉冲信号的宽度来表示光强,实现了更接近生物视觉的信息处理方式。这种信号形式不仅能有效克服传统相机的运动模糊问题,还为发展类脑计算提供了基础。

也就是说,新原理把光子流转换成一个脉冲流,当累积阈值 $Q>1$ 时,每个脉冲对应 Q 个光子,实现了物理到信息的 $Q\to 1$ 映射,两个脉冲之间的时间间隔(或者说后一个脉冲的脉宽)是出现 Q 个光子的时长;当 $Q=1$ 时,脉冲流就是数字意义上的光子流,脉冲之间的时间间隔等于光子之间的时间间隔,实现了物理到信息的一一映射。因此,脉冲流阵列是对光子流阵列的一个有效渐进逼近,随着光电器件探测能力的提升,可以不断逼近直到完整表达光子流的物理过程。图 2 展示了传统相机成像与脉冲摄影对比,上方为传统相机成像,下方为脉冲摄影。达盖尔未能"抓住了光的飞行",脉冲摄影做到了!

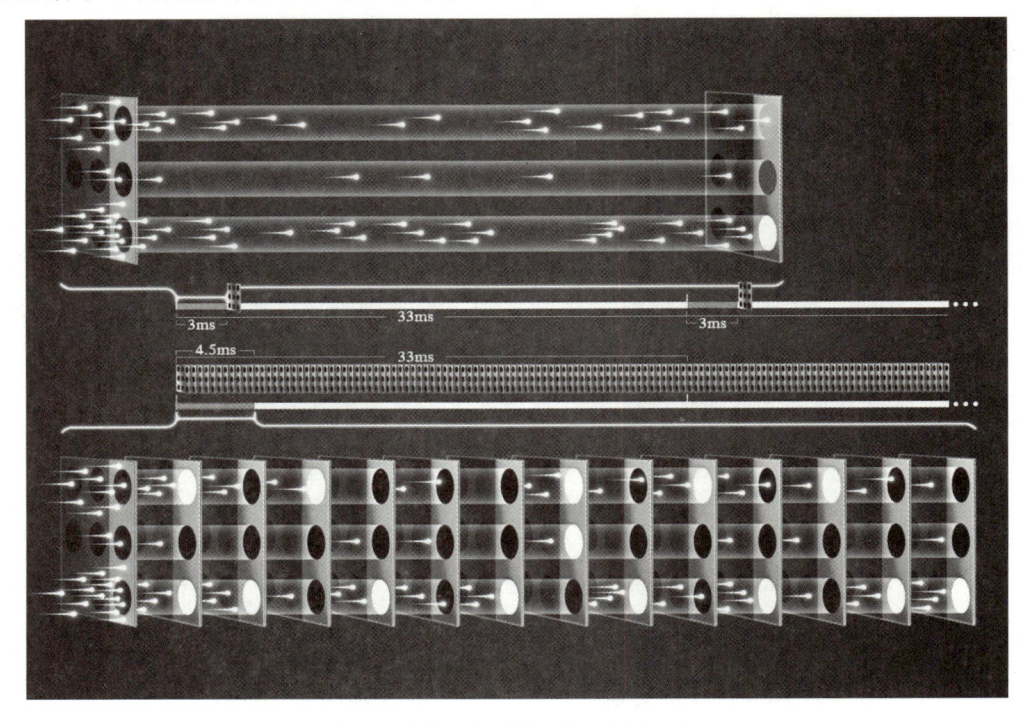

图 2 传统相机成像与脉冲摄影对比

脉冲流阵列有效记录了光过程，就可以从中实现各种视觉信息处理任务，其中之一是从中生成任意时刻的图像。脉冲摄影不存在传统定时曝光成像固有的运动模糊问题，因此可以实现超高速、高动态、无模糊连续成像。

（二）脉冲摄影的灵感来源于生物视觉

脉冲摄影可以在原有硬件基础上，通过重写调度逻辑、更新系统软件，实现近千倍的性能提升。这是巨大的创新，但灵感也早就存在于我们自身——生物视觉。人类视网膜有三种视锥细胞。它们对特定的光敏感，中心波长分别为 700 nm、531 nm 和 420 nm，也就是红光、绿光和蓝光。大脑就是这样"推断"颜色的：如果只接收到一种视锥细胞的信号，就"想象"为一种纯色；如果来自三种视锥细胞的信号强度相同，就"想象"为白色。

> **知识窗口：显示器上的白色和黑色**
>
> 自然界的白光（如太阳光）包含了可见光谱的所有波长，而黑色则几乎没有可见光反射或发射。显示器中的"白色"只是红、绿、蓝三种窄带光的叠加，"黑色"则是三原色光均处于不发光状态。尽管显示器的白色和黑色在物理本质上与自然界的白色和黑色完全不同，但由于人类视觉系统的工作原理，三种视锥细胞对它们的响应模式相似，使得我们在感知上无法分辨这种差异。这种生理特性为显示技术提供了重要基础。

神经元有动作电位和静息电位，当刺激强度达到一定阈值时，就产生神经冲动。对于视网膜而言，也是相同的，光刺激的强度越高，就能在越短的时间内达到阈值，因此释放神经递质的频率更快。

这正是脉冲相机的核心原理！人眼本来就不是"逐帧"观察世界的。脉冲相机冲破图像幻相，用"视象"表达光过程，摄影终回"捕光捉影"的本心。

三、视觉编码的变革

（一）视频编码的困境

2002 年，数万台我国制造出口的高密度数字视频光盘（Digital Video Disc，DVD），由于未支付专利许可费，在欧盟地区被海关扣押。这是改革开放以来，我国首次遭遇的重大知识产权问题。

由国际电信联盟和国际标准化组织联合制定的 H.265/HEVC 是国际主流视频编解码标准。其专利由多个国际专利池（Patent Pool）持有，我国企业需按设备销量、内容规模等支付许可费，一年缴纳的专利费达百亿！毕竟计算机从美国发源，我国是后发的追赶者，而计算机各个领域、各个发展阶段，早就"专利丛生"。想要开发我国自己的新格式，就必须穿过这片"专利丛林"，并且"片叶不沾身"：即使仅使用少量专利，也可能需要支付完整的许可费用。这对于我们进行技术的自主创新是难上加难。

> **知识窗口：专利池**
>
> 专利池是一种知识产权管理机制，是指将多个专利持有者的专利集中起来，形成一个共同的专利组合。专利池可能采取捆绑许可，即要求只要使用池中任一专利的实体就必须接受整个专利池的许可。

2002 年，我国开始自主研发国家数字音视频编解码技术标准（AVS）。在这 20 年间，我国共制定了三代国家标准，实现了重大突破，打破了国际上的技术封锁。这项技术不仅支持了从标清到 4 K、8 K 超高清电视的跨越式发展，还成功应用于 2008 年北京奥运会、庆祝中华人民共和国成立 70 周年大会、2022 年北京冬奥会等重大活动的直播、转播。特别是在超高清视频领域，AVS3 技术的编码效率已经超越了同期的国际标准。

（二）生物视网膜的编码机制

在传统意义上，视频编解码不属于计算机视觉领域，因为前者是"看到"，后者是"看见"。但对于人眼的深入研究，或更广泛意义的生物视觉的研究，意外地推动了这个领域的认知。

2010 年，*Neurons* 上的文章 *Eye Smarter than Scientists Believed: Neural Computations in Circuits of the Retina*（《眼睛比科学家认为的更聪明：视网膜网络中的神经计算》）中指出："虽然通常认为眼睛是个简单的预过滤器，但现在看上去视网膜解决了各异的特定任务并将结果显式地提供给了下游脑区。"

如今已经普及的高清视频（200 万像素，30 帧/秒）的原始带宽为 1.5 Gbps，人类两只眼睛加起来的空间分辨率与之相当。但是，眼睛通往大脑的视神经束的"数据带宽"还不到 10 Mbps。那么，幽居于颅骨内的大脑如何从这稀疏的神经脉冲流中解码出清晰的世界？如果能揭开生物神经系统的编码机理，就能找到极高效的视觉信息编解码算法。

（三）从视频编码到脉冲编码换道超车

黄铁军教授作为国家数字音视频编解码技术标准工作组秘书长，全程参与了视频编码专利的分析。2015 年年底，黄铁军教授提出的脉冲摄影原理，终于实现了"面壁十年图破壁"的梦想。

脉冲摄影技术是 200 年来首次针对摄影原理的革命，它彻底改变了"视频是静态图像序列"这一传统认知范式。在此之前，所有的视频编码专利都建立在这一基本假设之上，形成了严密的"专利丛林"。但脉冲视频采用全新的信息表达方式，用脉冲序列替代了传统的图像序列，从根本上规避了现有的专利壁垒，为我国在新一代视频技术领域实现弯道超车创造了独特优势。

这项技术已形成完整的自主知识产权体系，根专利《对时空信号进行编码的方法和装置》在中国、美国、日本、韩国及欧洲国家等全球主要的国家和地区已获得授权，并在

2024年获得日内瓦国际发明展上最高级别的评审团嘉许金奖，相关技术已延伸到脉冲相机、视觉计算芯片等多个方向。这预示着我国在新一代视觉信息处理技术领域已经确立了先发优势，有望引领全球技术创新。

四、类脑视觉

（一）脉冲视觉

计算机视觉起始于 1966 年，当时麻省理工学院教授西摩·帕佩特和马文·明斯基正在筹建人工智能实验室（次年成立），启动了一项军方资助的打乒乓球的机器人研究，却忘了在申请书中列入视觉系统预算。于是，他们组建了一个本科生攻关小组，帕佩特告诉小组长："'计算机连上摄像头，描绘它看到什么'这个项目一个暑期就能搞定。在今年夏天结束时，我们将会开发出电子眼。"当然，"电子眼"并未开发出来，但从那时开始直到现在，视频摄像头就成了计算机视觉研究的标准配置。

采用视频作为视觉信号源，计算代价和视频帧率成正比，高速机器视觉需要高速相机和昂贵的计算硬件。与视频相比，脉冲相机采集的高速脉冲流能更准确地捕捉高速运动场景，还记录了更丰富的时空信息，为计算机视觉领域带来了全新机遇。北京大学计算机学院视频与视觉技术研究所的师生们把脉冲相机作为计算机视觉的新型"电子眼"，开展了脉冲域视觉算法研究，提出基于脉冲神经网络的光流和深度估计、目标检测跟踪识别方法，发表机器视觉和人工智能领域顶刊顶会论文 70 多篇，对标传统计算机视觉开源算法体系 OpenCV，创立了脉冲视觉算法体系 SpikeCV 并开源（网址为 https://spikecv.github.io，网站首页如图 3 所示）；研制了比当前常用视觉系统快千倍的机器视觉系统，用笔记本电脑算力实时跟踪识别高速目标（距离 0.75 m，切飞速度 30 m/s）并控制激光器精准命中。

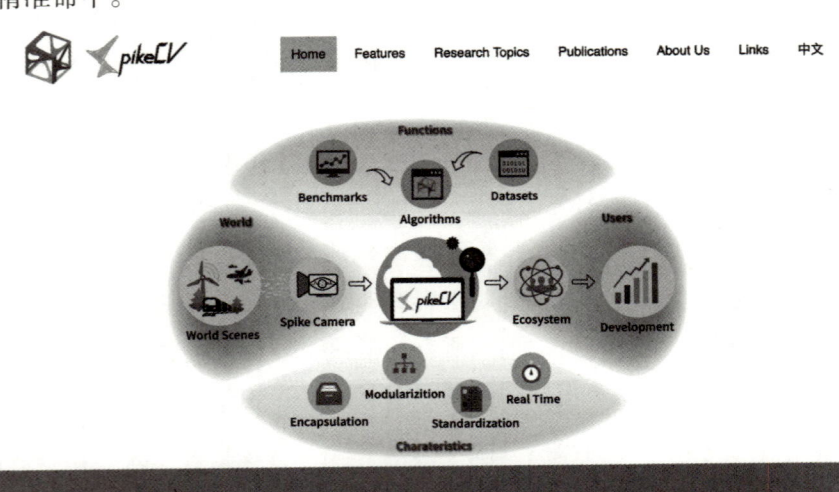

图 3　SpikeCV 算法开源网站

（二）类脑视觉

脉冲视觉是类脑视觉的先锋，但探索还远未结束。

目前计算机视觉的主流技术路线是深度学习和视觉大模型，与生物视觉适应复杂环境的能力还有很大距离。生物视觉是亿万年进化的结果，已经为一些复杂功能进化出了专门的结构，因此"算法"就可以相对简单。

通往人类大脑的视觉、听觉、触觉、味觉等感知神经共计 300 多万根，而每只眼睛就占 100 多万根。从这个角度来说，视觉是在五感中最复杂的。正如文章 *Eye Smarter than Scientists Believed: Neural Computations in Circuits of the Retina* 所言：生物视网膜还有大量巧妙特性等待发现。

视皮层是大脑皮层中研究最多，也是人类了解最深的部分，但就像加拿大神经学家大卫·休伯尔所言：我们可以看见中等距离的山峦，但还远远看不到尽头。自 1959 年起，他和另一神经学家托斯登·威塞尔通过对猫咪进行的一系列实验，发现了视觉系统中的一个重要现象：在猫咪的大脑初级视觉区域（也就是我们所说的 V1 区），有些神经元只对特定方向的线条敏感。同时，他们还观察到了一种叫做"眼优势柱"的结构。从那时起，我们对灵长类动物大脑视觉皮层的了解越来越深入。现在，我们已经清楚地知道了从接收视觉信号的第一站 V1，到后续的 V2、V3、V4、V5 等不同功能区的划分。

科学家们已经绘制出了这些视觉区域之间的连接图谱，就像一张详细的地图，展示了它们是如何相互联系和协作的。不过，要绘制出更细微的神经网络图，也就是具体到神经元和它们之间的连接点的层面，还需要我们付出更多的努力。

五、类脑计算

（一）早期探索

类脑视觉是类脑计算的重要组成部分。类脑计算是模仿生物神经系统结构和工作原理的计算架构，比传统计算机更配得上"电脑"这种名字。类脑计算的想法在计算机发明时就已经萌发了。冯·诺依曼曾说过：大脑视觉系统本身的连接模式可能是（视觉）原理中最简单的逻辑表达或定义，大脑最简单的完整模型就是大脑本身，任何形式的简化描述都会使事情变得更复杂，而不是更简单。

1978 年，美国神经学家弗农·蒙特卡斯特发现了大脑皮层的功能柱结构，他认为大脑皮层处理视、听、触等感知信息的原理是一样的。因此，一旦发现了大脑的视觉"算法"，也适合其他感知通道。因此，对于机器视觉的研究是通用人工智能发展不可或缺的关键步骤。

1981 年，美国生物学家杰拉尔德·艾德曼提出了统称为"综合神经建模（Synthetic Neural Modeling）"的理论，即逼近真实解剖和生理数据的神经系统大规模仿真，并研制了一系列"仿脑机"。仿脑机仿真的是不同脑区（如海马体或小脑），通过从多种仿真神经回路中进行选择而实现学习。2005—2007 年开发的"达尔文 10 号"和"达尔文 11 号"模拟了约 50 个脑区、10 万个神经元和 140 万个突触连接，重点研究啮齿类动物的空间记

忆形成机制。基于仿脑机的足球机器人参加 RoboCup 机器人足球公开赛，曾 5 局全胜卡内基梅隆大学的经典人工智能系统。

与艾德曼关注神经元群体和神经环路不同，卡弗·米德的关注点在神经元的硬件实现，开创了"神经形态工程"（Neuromorphic Engineering）这个方向。2009 年，他的学生在斯坦福大学研制出了神经形态电路板 Neurogrid。每块 Neurogrid 板支持 100 万个神经元和 60 亿个突触连接，能耗只有 5 W，在神经系统模拟方面可媲美能耗 1 MW 的超级计算机。

（二）类脑之路：结构仿脑，功能类脑，性能超脑

近年来，人工智能突飞猛进，背后主要是依靠人工神经网络的发展，某种意义上已经走上了类脑之路，只是迄今为止的人工神经网络都过度简化，至少在三个层次上，与生物大脑神经网络还远不能相提并论，具体如下：

第一，人工神经网络采用的神经元模型是沃伦·麦卡洛克和沃尔特·皮茨在 1943 年提出的，与生物神经元的模型相距甚远。

第二，人类大脑是由数百种不同类型的数百亿的神经元所构成的极为复杂的生物组织，每个神经元通过数千甚至上万个突触和其他神经元相连接，即使采用适当简化的神经元模型，用目前最强大的计算机来模拟人脑，也还有两个数量级的差异。

第三，生物神经网络采用动作电位表达和传递信息，按照非线性动力学机制处理信息，目前的深度学习等人工神经网络在引入时序特性方面还处于初级阶段。

以计算机为平台模拟实现神经网络只是过渡性的权宜之计，嫁接在计算机上的人工智能就像一头"半人半马"的怪兽。例如，AlphaGo 采用了 1920 个中央处理器（CPU）和 280 个图形处理器（GPU），功耗达到了 1 MW，是与之对战的李世石大脑功率（20 W 左右）的 5 万倍。

人脑是实现人工智能最好的参照物。正如欧盟"人类大脑计划"（Human Brain Project）建议报告中指出的：

除人脑以外，没有任何一个自然或人工系统能够具有对新环境与新挑战的自适应能力、对新信息与新技能的自动获取能力、在复杂环境下进行有效决策并稳定工作直至几十年的能力。没有任何系统能够在多处损伤的情况下保持像人脑一样好的鲁棒性，在处理同样复杂的任务时，没有任何人工系统能够媲美人脑的低能耗性。

为了和经典计算机区分，真正的"电脑"可称为"类脑计算机"或"神经计算机"，是仿照生物神经网络，采用神经形态器件构造的，以多尺度非线性时空信息处理为中心的智能机器。具体来说，它是从结构层次仿真入手，采用微纳光电器件模拟生物神经元和突触的信息处理功能，仿照大脑皮层神经网络和生物感知器官构造出仿生神经网络，在仿真精度达到一定程度后，加以外界刺激训练，使之产生与生物大脑类似的信息处理功能和系统行为。背后的基本理念是绕过"理解智能"这个更为困难的科学难题，先通过结构仿真等工程技术手段制造出类脑计算机，再通过训练间接达到智能模拟的目的。这条技术路线

可总结为：结构层次模仿脑，器件层次逼近脑，智能层次超越脑。

（三）类脑芯片

2014 年，IBM 公司在超级计算机上进行大脑皮层仿真的基础上，为了突破规模瓶颈，开发了类脑处理器 TrueNorth。2014 年，著名期刊 Science 将其列入年度十大进展。其神经元采用简单的漏电积分发放（Leaky Integrate-and-Fire，LIF）模型，每片集成 4096 个核，每核内有 256 个输入神经元和 256 个输出神经元；每片总计 100 万个神经元和 2.56 亿个突触连接，耗费 54 亿个晶体管。芯片功耗低至 65 mW，相当于同等晶体管数量的传统 CPU 功耗的 1/5000 左右。2019 年，清华大学的研究团队在 Nature 期刊发表全球首款异构融合类脑计算芯片"天机芯"（Tianjic），在典型功耗 400 mW 下实现实时目标检测、语音控制、障碍物避让和平衡控制等复杂任务。2021 年，荷兰埃因霍温科技大学的研究者提出了 μBrain 类脑架构，首次实现了不依赖于全局时钟的类脑计算芯片，在手势识别任务中功耗仅 70 μW。2022 年德国海德堡大学的研究者开发了第二代 BrainScaleS-2，它能够支持复杂的突触可塑性方法。2023 年，IBM 推出类脑芯片 NorthPole，速度是 TrueNorth 的 4000 倍。

（四）类脑器件

如果说 TrueNorth 等芯片代表了类脑计算的今天，那么全新的神经形态器件将决定类脑计算机的明天。要在一个有限的物理空间中以较低功耗实现大脑规模的神经计算机，必须研制尺度和功耗都与生物相当甚至更小的神经形态器件。

不同于基于电子传输的传统 CMOS 器件，以离子型忆阻器为代表的新兴器件以结构和微观原理的相似性，提供了模拟生物神经元中离子输运和膜电位的全新路径。2016 年 8 月，IBM 苏黎世研究院宣布，用锗锑碲化物材料研制出世界上第一个人工相变神经元。9 月，美国马萨诸塞大学阿默斯特分校的研究者采用扩散型忆阻器，成功研制逼近突触的器件。10 月，普林斯顿大学的研究者宣布成功研制光神经元。2020 年，北京大学的研究者基于忆阻器提出了多端耦合的脉冲神经元电路，实现了对多路时空信号的整合和调制功能。2021 年德国明斯特大学联合英国牛津大学和洛桑联邦理工学院的研究者成功采用光学忆阻器，研制出具备片上学习功能的大规模神经形态加速器。2024 年 1 月，韩国延世大学的研究者成功研制了基于自整流忆阻器的人工神经元。2024 年 8 月，瑞士苏黎世联邦理工学院宣布用忆阻器纳米设备构建了具有多种突触机制的神经突触器件。

在类脑计算的赛道上，发展路径与经典计算机将截然不同。中美两国在这一领域的起点相近，但我国凭借在神经形态器件领域长达 20 余年的持续深耕，已展现出独特的发展潜力。北京大学、清华大学、南京大学、中国科学院上海微系统与信息技术研究所、华中科技大学和国防科技大学等单位的成果表明，我国很有可能对这一领域产生巨大影响。虽然这些新型器件距离大规模应用于神经形态计算系统仍需攻克诸多挑战，但它们正如同 20 世纪晶体管和集成电路重塑传统计算范式一般，必将从根本上重新定义类脑计算的未来图景。

（五）"电脑"超越人脑

我们的大脑是一个足够复杂的结构，所以才能映射和表达外部世界存在的复杂结构；我们的大脑还是一个动态复杂的系统，所以才能感知和处理复杂的动态世界；我们的大脑这个动态系统对形式的加工过程中所进行的变换和抽象，则是知识的源头。当然，我们的大脑还是一个复杂度有限的结构，复制这样的结构只是制造更复杂结构的起点。类脑计算机的梦想很早就出现了。天才发明家尼古拉·特斯拉说过：我认为任何一种对人类心灵的冲击都比不过一个发明家亲眼见证人造大脑变为现实。这是因为，一旦"电脑"变为现实，超越就同时发生了：

（1）速度：神经形态器件可以快多个数量级；

（2）规模：没有颅骨的限制；

（3）寿命：电子系统即使有损耗，也可以复制迁移到新系统而实现永生；

（4）精度：生物大脑的很多缺陷和"短板"可以避免和弥补；

（5）协作："电脑"之间"精诚合作""万众一心"；

（6）进化："电脑"可以自己设计自己；

（7）……

未来的电脑会成为什么样子？我们何时能理解自己的智能，并制造出更高的智能？2024年年底，黄铁军教授领衔的"类脑计算、感知和智能关键技术路线图"入选2024年度全国学会服务国家战略专项，一幅更为广阔的类脑图画正在展开。希望你们能追求与众不同的创新，给这个领域带来全新突破！

思考

1. 在其他科技领域中，你能否找到与从"模仿生物"到"超越生物"类似的技术发展路径？这些技术有哪些共同特点？未来，人类可能在哪些领域通过仿生设计实现重大突破？

2. 技术范式如何塑造我们理解世界的方式？我们现在可能还被哪些"看似理所当然"的技术范式所局限？如何才能突破这些思维局限？

3. 与传统人工智能方法（如深度学习）相比，类脑计算可能带来哪些独特优势？在未来智能科技发展中，这两种路径可能如何相互影响、融合或分化？作为一名学生，你认为自己可以如何参与这场科技革命？

思维触电：
连接数字与生命的脑机接口

主讲人：李志宏

主讲人简介

李志宏，北京大学集成电路学院教授，集成微纳系统系主任，中国微米纳米技术学会会士，中国医疗保健国际交流促进会健康数据与数字医学分会副主任委员；主要从事微机电系统（MEMS）/纳机电系统（NEMS）理论、设计和加工方面的研究，在生物微机电（BioMEMS）和脑机接口方面取得突出的研究成果；作为项目负责人主持国家重点研发项目、国家高技术研究发展计划、国家自然科学基金项目等10余项科研项目；在本领域高水平学术期刊和国际学术会议上发表论文200余篇，被国际会议邀请作报告10余次，授权专利40余项；担任本领域顶级国际会议电气电子工程师学会国际微机电系统会议（IEEE MEMS），固态传感器、执行器与微系统国际会议（Transducers）国际指导委员会委员等。

协作撰稿人

黄彦皓，北京大学信息科学技术学院2022级本科生。

一些科幻电影中的角色能够用思维操控机器，而在现实中，这种神奇的力量或许可以通过脑机接口（Brain-Computer Interface）实现。现在，全身瘫痪的患者在脑中植入芯片后，仅凭思维就能在电脑上玩赛车游戏；而在北京大学的实验室中，研究者们也在探索如何让瘫痪的肢体重新动起来。这不是魔术，而是脑机接口技术的突破。脑电波如同人体的 Wi-Fi 信号，携带着我们的意图和思想；而脑机接口则是接收并翻译这些信号的设备。它是如何工作的？它还面临哪些挑战？未来它会给社会带来什么样改变？当大脑直接与数字世界对话，人类的认知边界又将如何延展？让我们一起走进这个正在改写人机交互方式的前沿领域。

一、解码大脑：脑机接口的奥秘

（一）思维与机器的对话

脑机接口（如图 1 所示）是一项允许大脑与外部设备直接通信的革命性技术。这个概念最早在 1973 年被提出，当时被称为"Brain-Machine Interface"，但随着计算机技术的发展，我们现在更多地使用"Brain-Computer Interface"这一术语。实际上，在一两百年前，科学家们已经开始研究大脑的电信号。直到计算机问世，人们才意识到人脑与计算机之间或许可以建立直接交流，从而催生了脑机接口技术的发展，促进了大脑与计算机的连接研究。

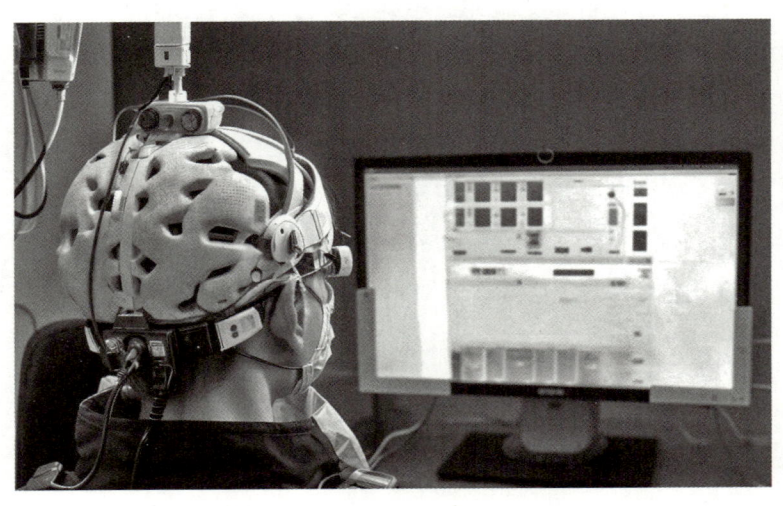

图 1　脑机接口

脑机接口技术的核心在于"解读意图"和"反馈人脑"的双向交互：首先，它能够识别大脑传出的信息，并将其转换成外部计算机可以解读的语言，就好比我们可以通过读取脑电波来了解一个人的意图；其次，它还能将计算机的信息直接传输到大脑中，实现信息的双向交流。

脑机接口的应用前景非常广泛，不仅在临床医疗上有诸多应用，还可以在娱乐和军事模拟等多个领域发挥作用。随着技术的不断进步，脑机接口在提升人类生活质量、探索大脑奥秘方面展现出巨大的潜力。当然，它也带来了新的伦理和技术挑战，需要我们在未来的发展中不断探索和解决。

（二）跨越障碍的桥梁

脑机接口作为一项具有划时代意义的未来科技，其深远影响可能远超当前人们的认知边界。当科学家们克服重重挑战，将其普及化时，它将改变千家万户的日常生活，大大推动人类社会的发展进程。

以高位截瘫患者为例，尽管他们的大脑、脊髓中心及四肢在生理上都是完好无损的，但由于神经通路的中断，他们失去了与外界沟通和控制身体的能力，无法正常生活。在这种情况下，脑机接口技术就有潜力成为连接神经系统和运动系统之间的一座桥梁，绕过损伤的部分，重新建立大脑与脊髓或肢体之间的连接，或者直接通过大脑信号来控制外部设备或假肢。这对于传统医学来说是一个遥不可及的梦想。脑机接口技术不仅能够提高残障人士的生活质量，还能拓展普通人的认知与控制能力，甚至彻底改变我们与数字世界的互动方式。从教育到娱乐，从工作到日常生活，甚至军事领域，脑机接口技术都有可能开启人脑潜能的新纪元，带来革命性的变化。

二 从科幻到现实：脑机接口的发展历程

（一）构想的起点

脑机接口的诞生与演进是计算机等信息科技持续突破而水到渠成的科技成果。

早在一两百年前，科学家们就已经能够观察到脑电波（图2所示为世界上第一张脑电图），但限于脑科学和信息学的发展，人们所能提取的信息非常有限。随着神经科学的发展，人们开始了解到大脑的不同区域负责不同的功能，并且能对脑电活动进行系统的测量。在1947年晶体管发明后，计算机技术快速发展；直到1973年，计算机技术趋向成熟，人们真正具备了使用数字信息进行交流的能力。此时，科学家萌生脑机接口构想，希望将脑电波与计算机技术结合起来，使得神经科学和计算机科学这两个原本平行发展的领域，在应用阶段产生了巧妙的交集，脑机接口技术也因此应运而生。

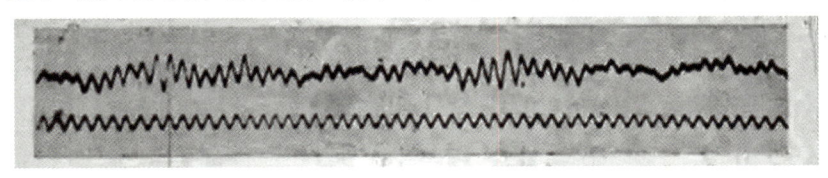

图2　第一张脑电图

知识窗口：脑电图

脑电图是记录大脑电活动的技术，通过贴在头皮上的电极来捕捉神经元产生的微小电信号。这些电信号形成不同频率的脑电波，包括 δ 波（深度睡眠时）、θ 波（浅睡眠或冥想时）、α 波（放松清醒时）、β 波（专注或紧张时）和 γ 波（高度思考时）。脑电图的最大优势是能实时反映大脑活动，响应速度快（毫秒级）；但缺点是难以精确定位信号来源。医生常用它来诊断癫痫和睡眠障碍，而研究人员则利用它开发脑机接口。从最初的纸笔记录，到现在的数字化高密度电极帽，脑电图技术已经走过了近百年的发展历程。

神经科学和计算机科学的交汇不仅推动了脑机接口技术的发展，也为人类探索大脑的奥秘和扩展计算机技术的应用提供了新的可能性。

（二）从实验室走向应用

1988 年，美国认知心理学家劳伦斯·法威尔和伊曼纽·唐钦首次基于事件相关电位（Event-Related Potential，ERP）中的 P300 成分，通过行列闪烁编码范式，设计出了第一套基于 P300 的脑机接口拼写器系统，这标志着基于 P300 的脑机接口范式的诞生。

知识窗口：ERP

ERP 是指大脑对特定事件（如看到闪光、听到声音或做出决定）做出反应时产生的特定脑电变化。例如，即使在嘈杂的教室里，你也会立刻注意到有人喊你的名字——这是因为你的大脑这种在"有意义"的刺激下，产生了特殊的电活动。

P300 就是一种典型的 ERP，它在被刺激后约 300 ms 达到峰值，与注意力和识别有关。在脑机接口研究中，研究者利用这一特性设计了"P300 拼写器"：屏幕上的字母依次闪烁，当出现用户想要选择的字母时，他的大脑会产生 P300 反应，系统检测到这一反应后就能"知道"用户的选择，从而实现"用意念打字"。

仅仅 3 年后，1991 年，美国神经科学家乔纳森·沃尔帕通过训练用户想象运动，自我调节 μ 节律信号的幅值，成功实现了光标的一维控制。

知识窗口：μ 节律

μ 节律是一种特殊的脑电波，主要出现在大脑的运动控制区域。它有一个独特的特性：当你做动作或者只是想象做动作时，这种脑电波会明显减弱。这就像运动员在赛前回想训练动作时，大脑已经在"预演"，产生了与实际运动相似的神经活动。这一特性对脑机接口技术十分重要，因为它可以使完全瘫痪的患者通过"想象"动作来控制外部设备，而不需要实际移动肌肉。通过训练，用户可以学会有意识地控制自己的 μ 节律，例如，想象左手动作使左侧 μ 节律减弱，想象右手动作使右侧 μ 节律减弱，从而创造出可被检测的不同信号模式，进而控制计算机光标向左或向右移动。

1995 年，美国学者格兰特·麦克米兰等人利用稳态视觉诱发电位（Steady-State Visual Evoked Potential，SSVEP）的自我调节机制来实现对传统物理交互系统的控制。这种技术通过非侵入式头皮电极和先进的信号处理技术识别和监控 SSVEP，并通过生物反馈训练人类受试者增加或减少 SSVEP 的幅度。这些反应被转化为命令，用于控制物理设备或计算机程序，进而将其应用于控制一个简单飞行模拟器的侧倾运动。到了 1999 年，清华大学的团队也在此领域取得了突破，他们开发了一种四目标 SSVEP 脑机接口，并用于控制光标在屏幕内的二维移动。

知识窗口：SSVEP

"稳态"就是固定频率，就像当你注视一个以固定频率闪烁的光源时，你的视觉皮层会产生与闪烁频率完全相同的电活动，就像大脑在"跟着节奏打拍子"。例如，一个以 10 Hz 频率闪烁的按钮会在你的大脑中产生 10 Hz 的电信号。这种信号很稳定，容易被检测到，而且不同频率的闪烁会产生不同的反应。这使得 SSVEP 成为脑机接口的理想信号：屏幕上可以同时显示多个以不同频率闪烁的按钮，通过分析用户大脑产生的频率反应，系统就能判断用户在看哪个按钮，从而实现选择功能。更令人惊讶的是，几乎所有人都能自然产生这种反应，不需要特别训练。

20 世纪见证了脑机接口技术从理论探索到实验验证的关键演进，为 21 世纪该领域的爆发式发展奠定了重要基础。

（三）加速奔跑的脑机科技

2014—2025 年 5 月，脑机接口技术取得了显著进展。

2014 年，本领域期刊《脑机接口》（*Brain-Computer Interface*）发布；次年，国际脑机接口学会宣告成立，标志着该领域开启了新的发展阶段。

脑机接口技术在实际应用方面，也不断取得突破。2014 年，一位瘫痪患者在巴西世界杯上通过脑机接口技术和机械外骨骼完成了开球，这展示了脑机接口技术在辅助残障人士方面的潜力。2018 年，Facebook 实现了用意念打字的突破。2020 年，Neuralink 公司成功在猪脑中植入芯片，展示了追踪动物神经活动的能力。2021 年，Synchron 公司的脑机

接口获得了美国食品药品监督管理局的临床试验批准，而斯坦福大学的研究团队则通过脑机接口技术实现了在电脑屏幕上一笔一画实时书写大脑所想的字母。

我国脑机接口技术的发展也紧跟国际步伐。2016 年，我国航天员在天宫二号和神舟十一号的载人飞行任务中，完成了人类历史上首次太空脑机交互试验。2018 年，清华大学脑机接口研究团队为肌萎缩侧索硬化（俗称渐冻症）患者设计了一套中文输入的视觉脑机接口系统。2019 年，清华大学的高上凯教授和高小榕教授团队帮助渐冻症患者重新"开口"说话。同年，天津大学明东教授团队开发的"脑语者"芯片在第三届世界智能大会上亮相，该芯片能够精细分辨并快速解码极微弱的脑电特征。2020 年，浙江大学完成了国内首例侵入式脑机接口的临床研究。2022 年，南开大学段峰教授团队联合上海心玮医疗科技股份有限公司研发的介入式脑机接口在北京完成了首例动物试验。2023—2024 年，清华大学洪波团队研发的无线微创硬膜外脑机接口 NEO 系统，成功通过了多例临床试验，帮助瘫痪患者实现脑控动作功能恢复。2025 年 3 月，北京脑科学与类脑研究所、北京芯智达神经技术有限公司和首都医科大学宣武医院牵头研制的"北脑一号"也在国际上首次实现失语患者语言解码的无线全植入脑机系统，帮助患者重建交流的能力。

> **知识窗口：介入式**
>
> "介入式"这个概念在医学里比较常用，介入式治疗是一种微创技术，医生通过皮肤上的小切口或人体自然腔道（如血管或消化道），插入导管、导丝等器械，在 X 线、超声等影像设备的引导下完成手术。这些器械有的会短期留存（如支架），有的术后直接取出（如导管），介入式治疗的创伤小、恢复快。段峰教授的这次试验是通过颈静脉穿刺后，利用血液将脑传感器输运至大脑，避免了开颅操作（侵入式脑机接口），相对来说更安全、稳定，其信号强度也优于非侵入式脑机接口。

三、破译脑波：脑机接口技术的三块"拼图"

（一）第一块"拼图"：脑信息采集

脑机接口技术在我们的大脑和电脑之间架起沟通桥梁。而这场对话的第一步，就是要学会怎么"听"大脑说的话，这便是脑信息采集。

脑信息采集的方法主要有非侵入式方法和侵入式方法，此外也存在折中的半侵入式方法。就像选择不同的方式去听一场音乐会一样，有的是站在音乐厅外面听（非侵入式），有的是坐在音乐厅里（半侵入式），还有的是直接站在舞台上（侵入式）。

非侵入式方法是指在头皮表面放置电极或传感器来采集大脑活动信号。其中，脑电图通过记录头皮表面的电活动，具有高时间分辨率，但空间分辨率较低；功能性近红外光谱则利用近红外光测量大脑血氧水平变化，它提供较高的空间分辨率，但时间分辨率相对较低。

侵入式方法是指将微电极直接植入脑组织，可以实现单个或多个神经元活动的采集，这种方法提供的信号拥有最高的时间分辨率和空间分辨率，但手术风险和成本都很高。

半侵入式方法是指将传感器置于颅骨下方但未深入脑组织，采集的信号质量介于非侵入式方法和侵入式方法之间。例如，皮层电图通过在大脑皮层表面放置电极，能够提供较高的空间分辨率和时间分辨率，但也需要外科手术植入。

有效的脑信息采集依赖于以下关键技术：

（1）高性能电极设计：电极的材料、形状和布置方式直接影响信号质量。例如，柔性电极可以提高佩戴舒适度和信号稳定性。

（2）信号放大与滤波：大脑信号幅度微弱，易受噪声干扰。高质量的放大器和滤波器能够提取有效信号，抑制噪声。

（3）无线传输技术：为了提高用户的自由度和舒适性，许多脑机接口设备采用无线传输方式，将采集到的脑信号发送至处理单元。

尽管脑信息采集技术取得了显著进展，但仍面临着许多挑战：一是信号质量与稳定性问题。外界环境变化、用户活动以及身体状况波动都会干扰脑电信号，导致采集结果失真。二是个体差异挑战。每个人的大脑结构和功能都有其独特性，这使得同一设备在不同使用者身上的表现参差不齐。三是设备便携性与舒适度问题。研究人员一直在追求在不牺牲信号精度的前提下，开发出轻巧舒适、便于日常使用的脑电采集装置。四是如何解决长期生物安全性与高时间分辨率与空间分辨率信号采集之间的矛盾，这也是脑信息采集方面最为棘手的问题。

未来，随着材料科学、微电子技术和信号处理算法的进步，脑信息采集技术将不断提升，为脑机接口的广泛应用奠定坚实基础。

（二）第二块"拼图"：计算机科学

在脑信息采集之后，需要对采集到的信息进行处理、分析和解码，同时实现与外部设备的交互与控制，这些内容都需要计算机科学的介入。

计算机主要应用在这两个方面：一是应用于信息处理上。从脑信息采集设备中获取的信号通常含有大量噪声和冗余数据，需要通过计算机进行处理和优化，这包括信号的滤波（如低通、高通、带通）、去伪影（如眼动伪影、肌电伪影）以及信号增强（如特征提取、信号放大）。二是应用于脑电信号的解码上。早期计算机主要用于提取脑电信号的核心特征，例如前面所说的P300波形、事件相关去同步化（ERD）模式、SSVEP频率等，并利用计算机算法将这些特征分类或映射为用户的特定意图。随着人工智能技术的发展，计算机不仅可以利用机器学习或深度学习算法，解码大脑信号中的意图或指令，还能实时分析脑信号，将用户意图转化为外部设备的操作指令，如控制光标、机械臂、轮椅等，并在信号传输和设备响应环节追求低延迟和高精度。

计算机科学在脑机接口领域的核心技术主要有以下四个：

（1）数字信号处理技术：主要用于滤除各类噪声和伪影，提升脑电信号的质量。这

类技术运用傅里叶变换剖析频域特征，借助小波变换捕捉时频特性，通过主成分分析技术等提取关键信号成分。

（2）智能算法与分类体系：从传统的支持向量机、线性判别分析到随机森林等机器学习方法，再到卷积神经网络、长短期记忆网络等深度学习架构，这些算法能从繁杂的脑电活动中提取出有意义的特征模式，进而解读用户意图。

（3）实时处理与嵌入式系统：这类技术确保了从信号采集到指令执行的高效转化。特别是在便携式设备（如无线脑波耳机）中，嵌入式系统的轻量化设计使得复杂处理能在微小芯片上完成。

（4）数据可视化平台：这些工具将抽象复杂的脑信号转化为直观的图形表达，让研究人员能够一目了然地把握大脑活动规律，也使普通用户能更好地理解和参与到脑机交互中。

然而，现有的技术还远远不够。要知道，一个人的大脑大约有数百亿个神经元，每个神经元又有数千个突触与外界相连，即使是最精妙的计算机也完全无法复刻如此复杂的连接网络。而人脑产生的数据复杂又庞大，这对信号处理的去噪方法、算法精度、处理延迟等问题带来了巨大挑战。

（三）第三块"拼图"：神经科学

作为大脑打交道的技术，脑机接口的第三块"拼图"一定是神经科学。它帮助我们揭开大脑信号的神秘面纱，特别是在脑电信号的产生机制、神经元活动和大脑网络的理解上起着至关重要的作用。

首先，大脑中的神经元就像一个繁忙的都市中的交通网络，它们通过电信号相互沟通，而这些电信号就是脑机接口技术需要捕捉的"信息"。神经科学家研究这些信号的产生机制，例如，神经元如何通过电位变化来传递信息？这些变化如何转化为可测量的脑电波？这些脑电波可分为 α 波、β 波、μ 波等，它们就像是大脑活动的"指纹"，每一种都与特定的认知和运动过程相关。

其次，神经科学让我们深入理解大脑的各个区域如何各司其职。例如，运动皮层就像大脑中的"运动教练"，控制着我们身体的每一个动作。脑机接口技术通过捕捉运动皮层的信号，可以帮助那些失去运动能力的人通过控制外部设备重新动起来。而感觉皮层则像一个"感官接收站"，处理来自身体各部位的感觉信息，让我们能够感知外部世界。视觉皮层和注意力网络则与我们如何处理视觉信息和集中注意力有关，这对于开发基于视觉刺激的脑机接口技术至关重要。

最后，神经科学还揭示了大脑中复杂的神经网络是如何相互作用和传递信息的。这些大脑网络的活动，例如神经同步化和去同步化，与脑机接口中的信号变化紧密相关，为我们设计更精准的信号解码算法提供了科学依据。

简而言之，神经科学的研究不仅让我们更深入地理解大脑的工作原理，也为脑机接口技术的发展提供了坚实的基础。随着神经科学的不断进步，我们有望设计出更高效、更精确的脑机接口系统，让大脑与机器的交流变得更加流畅。

四、挑战与突破：脑机接口的关键难题

（一）"钢铁"与"果冻"的融合

在追求高精度侵入式脑机接口的道路上，材料兼容性是横亘在科研人员面前的第一道天堑。

首先，当前主流芯片采用的都是硅基材料，这种材料硬度较高，与人体最柔软的脑组织形成强烈反差。这种硬度差异堪比将钢制齿轮强行嵌入"果冻"，更不用提大脑皮层复杂的曲面结构与深邃沟回。两种材料的物理特性差异巨大，这不仅会造成机械损伤风险，更直接影响电极与神经元的高效耦合。

其次，这些电子零件还要学会和人体组织"交朋友"。传统金属材料就像外来入侵者，时间一长身体会产生排斥反应，就像伤口结痂那样把电极包裹起来，导致信号越来越弱。利用一些新型的纳米材料的修饰成为解决这个问题的一个途径。例如，碳纳米管——这种比头发丝细十万倍的材料，既能像蜘蛛网一样轻柔包裹神经细胞，形成良好接触，又有超强的信号传导能力。但碳纳米管也无法解决所有问题，如神经信号依赖离子传导，而电子设备依赖电子传导，两者就像说着不同语言，接触时会产生"信号干扰"。

因此，我们需要请一位"翻译官"——电子-离子混合导体界面，目前使用较多的是一种叫"聚（3，4-乙烯二氧噻吩）"（PEDOT）的特殊导电塑料。它既能听懂电子的"语言"，又能理解离子的"方言"，能够流畅转换两种信号。这种材料还自带"隐身术"，柔软湿润的质地让大脑以为它是"自己人"，大大降低了排斥反应。

（二）从微弱电流中找寻思维

无论是非侵入式脑机接口技术还是侵入式脑机接口技术，当前都还存在技术难点。

当采用非侵入式脑机接口技术时，科学家需要隔着头发、头皮和颅骨等多重生理屏障，间接获取大脑皮层产生的微弱电活动。这些信号本质上是大脑中数十亿神经元协同放电产生的微弱电流（约 50 μV），相当于要从整个城市的电力波动中识别出一盏台灯的开关状态。信号在穿越脑脊液、颅骨等多层组织时会发生严重衰减，最终采集到的往往是神经元群体的整体活动模式。目前研究者已能通过分析不同频段的脑电波（如 α 波、β 波、γ 波）判断人的专注度、睡眠阶段甚至简单运动意图，并通过反馈式电刺激改善失眠、抑郁等症状，但仍受限于信号分辨率。

当采用侵入式脑机接口技术时，借助微机电系统制造的柔性电极（直径小于 100 μm），科学家可将传感器直接植入大脑皮层。由于电极达到了单个神经元的大小，这种技术能记录单个神经元的放电活动——"锋电位（Spike）"的毫秒级电脉冲（约 100 μV）。因此，人们可以精确地了解不同的脑区的功能，例如：视皮层是处理视觉信号的单元、听觉皮层是可以感知听觉的单元、运动皮层可以指挥各种运动。通过分析视觉、听觉、运动等脑区数千个神经元的"锋电位"序列，科学家已实现让瘫痪患者用思维控制机械臂抓取物体，或让失语者通过脑机接口拼写单词。美国企业家埃隆·马斯克团队展示的脑控电子游戏，

正是基于对猕猴运动皮层数百个电极信号的实时解码。

然而，现有技术仍面临三重瓶颈：单个电极最多维持数年便会因免疫反应失效；目前最多仅能同时记录几千个神经元（不足全脑的千万分之一）；"锋电位"与具体行为意图的对应关系仍需依赖机器学习进行海量数据训练。

无论是采用非侵入式脑机接口技术采集的宏观脑波，还是通过侵入式脑机接口技术获取的微观"锋电位"，最终都需转化为可执行的数字指令。这要求构建多层信号处理系统：

（1）前端放大器将微伏级信号从同等量级的噪声中提取出来并提升至可处理范围。

（2）自适应滤波器消除心跳、肌电等生理信号的伪迹干扰。

（3）神经网络模型从纷繁复杂的神经信号中解码出真实意图。

（三）神经网络的复杂迷宫

人类大脑堪称自然界最精密的计算系统，其核心由 800 多亿个神经元构成精密网络。每个神经元通过平均 6000～10000 个突触与其他神经元建立连接，这意味着人脑内突触总数高达 100 万亿量级。这种三维立体连接的复杂程度，远超人类现有任何人工系统的结构。

当前最强大的超级计算机 Frontier（如图 3 所示）虽已突破 900 万个计算核心的物理单元数，但其每个核心与相邻节点的连接数只有个位数，与人脑神经元的三维全连接模式形成鲜明对比。更本质的区别在于：人脑突触具有动态可塑性，能根据经验实时调整连接权重，而计算机的电路连接是固定不变的。

图 3　超级计算机 Frontier

在信息处理维度上，大脑展现出独特的并行-串行混合计算特性。单个神经元通过离子通道实现毫秒级的脉冲信号传递，而由数万个神经元构成的微柱结构可并行处理多模态信息。这种机制使大脑在约 20 W 功耗下达成远超传统计算机的能效比——例如，模拟其突触活动需消耗数万瓦量级的超级计算资源。

（四）透明大脑的伦理边界

随着脑机接口技术的进步，科技势必会触及人类边界，引发一系列潜在的社会问题。

脑机接口尤其是侵入式脑机接口技术，会带来伦理问题：① 通过开颅手术将电极植入大脑中具有较高的风险，意外造成的脑损伤将带来不可估量的后果。因此侵入式脑机接口技术在伦理上难以在健康人群中应用。② 无线通信模块可能存在安全漏洞，如果有一天黑客能像破解 Wi-Fi 那样攻破脑机接口（虽然这一天还比较遥远），怎么办？2017 年，卡巴斯基实验室模拟攻击显示，通过逆向工程脑电信号，黑客可诱发癫痫发作或篡改运动指令；美国国防高级研究计划局研发的"闭环神经调节系统"已能实时干预情绪，若技术滥用，可能成为新型"思想控制武器"。更令人不安的是，当脑机接口与人工智能深度绑定，人类的"自由意志"可能被算法预测甚至诱导。就像短视频推荐算法让你不知不觉刷手机数小时，未来"神经推荐系统"或许能直接在你的决策回路中植入偏好。③ 除了以上脑攻击手段，还应担心的是像"三体人"那般的"透明大脑"——当佩戴侵入式脑机接口后，我们的所思所想都向外界暴露无遗。④ 脑机接口仍面临比 5G 标准更复杂的互通难题。人脑的个体差异明显，例如同一"抬手"指令在不同大脑中激活的神经元组合差异达 43%[①]。另外，不同设备之间也存在技术壁垒：马斯克的 Neuralink 公司使用"锋电位"排序算法，而 Paradromics 公司采用场电位解析，数据格式互不兼容。这催生出神经时代的关键路线之争：是建立全球统一的脑机接口技术标准（类似通信领域的 ISO 协议），还是允许企业各自发展封闭的技术生态系统（如同智能手机操作系统市场的分化格局）？更深远的影响在于，如果某公司掌握了数十亿人的神经数据特征库，是否意味着它将成为人类认知的"终极管理员"？

五、改变世界的力量：脑机接口的应用场景

（一）重获运动的希望

脑机接口具有极高的医学价值。例如，如果一个人不幸颈髓断裂，那么颈部以下所有的身体部位都无法运动，造成高位截瘫，对生活造成巨大不便。虽然患者的四肢仍然健在，却无法听从大脑的指挥而进行运动。类似霍金的渐冻症患者遭受着巨大的疾病痛苦，脑机接口技术让患者可以尝试植入芯片来获取脑信号，然后再用这些信号刺激肌肉和运动神经，让部分肢体运动起来。基于类似的原理，用摄像机获取信号来刺激视皮层，帮助盲人"看"到这个世界，或提取神经信号，让失语者重新说话。现有临床试验已经让我们看到曙光，相信在不远的未来，这些技术就能得到更多实质性应用，帮助残障人士提高生活质量。

北京大学李志宏教授课题组目前正在进行一项关于脑和脊髓电刺激的研究，有望直接应用于唤醒植物人。在应用层面，我们的研究主要集中在两个方面：一是微型化电极来读取单个神经元信号；二是与植入手术及相关疾病进行关联研究，这部分工作将与首都医科大学附属北京天坛医院及北京大学相关附属医院合作，拓宽研究的应用范围。

---

① BETHLEHEMRAI, SEIDLITZJ, WHITESR, et al. Brain charts for the human lifespan[J]. Nature, 2022(604): 525–533.

（二）增强现实中的思维触控

对于健康的人群来说，侵入式脑机接口可能短时间内难以被接受。不过，非侵入式的可穿戴脑机接口的应用前景却很广阔。它虽然在精度上无法与侵入式脑机接口媲美，但胜在安全可靠，普通人也能轻松使用。它对一些常见问题如失眠、轻度焦虑、轻度抑郁、学习注意力不集中等，都能起到监测和辅助治疗的作用。相比传统笨重的脑电帽，非侵入式的可穿戴脑机接口采用了更精密的柔性电极，体积更小、贴合度更好，佩戴起来几乎感觉不到存在，舒适性大幅提升。同时，它的电路设计更精准，能在复杂的噪声环境中准确识别微弱信号。此外，它还会借助人工智能技术，实现信号的高效解码和编码。

未来，非侵入式的可穿戴脑机接口有望在多个领域崭露头角。在军事领域，随着战争形态的不断演变，可能会演化出通过脑机接口直接控制的指挥方式。在娱乐领域，例如在娱乐游戏（图4展示了Neuralink公司受试者通过非侵入式的可穿戴脑机接口玩游戏）、元宇宙等场景中，它能带来更沉浸式的体验。在类脑计算领域，脑机接口的出现有望成为探索大脑奥秘的有力工具。它能帮助研究者从宏观的大脑结构，逐步深入到微观的神经元计算过程，为制定真正的类脑计算方案提供关键依据。

图4　Neuralink公司受试者通过非侵入式的可穿戴脑机接口玩游戏

六、脑机技术的未来

（一）脑机技术的突破方向

技术突破正沿着多条轨道齐头并进：在硬件设备方面，脑机接口技术正在向"隐形化"进化。现有产品很多还是有线连接，拖着长长的电线，新一代设备则追求微型化的无线设计，既要保持稳定，又要实现精准采集。在软件方面，脑机接口技术面临更艰巨的挑战，大脑有数千亿个神经元和数万亿个突触，随着电极数量的不断增加，最终获得的信号会更多，造成解码难度呈指数级上升。实时解析神经信号就像要从如同一场覆盖全球的暴风雨中，实时追踪并分类每一滴雨的轨迹，这对算力的需求呈指数级飙升。材料科学更是这场革命的基石。既要研发像人体组织般柔软的生物相容材料，又要确保信号传输20年不衰减；既要开发能随脑组织自然蠕动的弹性基板，又要攻克植入针头与脑组织的力学适配难题。光遗传学等前沿技术正在尝试用光脉冲精确定位单个神经元，这种跨学科的创新或许会带来意想不到的突破。每一步技术跨越，都在为脑机接口真正落地生根积蓄力量。

（二）脑机接口技术的远景展望

脑机接口正在为高位截瘫患者打开新世界的大门。Neuralink 公司的受试者已经可以通过意念操控电脑光标、玩电子游戏等。浙江大学医学院附属第二医院通过脑机接口技术，让患者使用大脑直接控制的机械臂代替瘫痪肢体完成自主进食动作——当患者咬下油条的瞬间，这不仅是技术的突破，更是生命尊严的重建。但要真正改写这类患者的人生剧本，还需要观察这些"脑控"能力能否持续稳定地支撑他们的日常生活，例如独立完成洗漱、穿衣等基础动作，而不仅仅是游戏娱乐。但这些突破性进展或将引发连锁反应：当某个核心应用场景被彻底攻克，整套技术生态都会迎来裂变式发展。

在未来四五十年内，脑机接口技术可能还难以引发社会级变革。伦理和技术如同双重枷锁：健康人群对颅内置入芯片的天然抗拒，叠加人类对自身大脑认知的局限——我们至今无法完全解析千亿神经元如何编织出意识与情感。但这恰是技术进化的迷人之处：通过解码抑郁情绪的生物电波、追踪阿尔茨海默病的神经信号衰减，我们或许能找到延长健康寿命的金钥匙。这种探索甚至可能反哺人工智能，毕竟人脑能以 20 W 的功耗完成超级计算机兆瓦级能耗的复杂运算，这种高效决策机制一旦破译，或将催生新一代类脑智能。

脑机接口的突破离不开跨学科的思维碰撞。实验室里，神经科学家和工程师们正在创造一种新的合作方式——前者用神经递质和电信号解读大脑的奥秘，后者用算法和模型翻译这些生物密码。关键不在于让生物学家精通编程，或是让程序员熟记神经解剖图谱，而在于建立共同的认知基础：工程师需要理解神经信号背后的生物学意义，神经科学家则要掌握数据处理的基本逻辑。这种互补而非全才的合作模式，正在为脑机接口领域打开新的可能性。

思考

1. 在你看来，脑机接口是否会对人类社会产生革命性的影响吗？如果会，最具颠覆性的影响可能是什么？

2. 假设脑机接口技术已经成熟且安全可靠，作为健康的人，你是否会选择植入？请阐述你的理由。

3. 你最喜欢的学科是什么？你认为该学科的发展会对脑机接口技术带来哪些影响？反之，脑机接口又会如何推动该学科的进步？

从 1G 到 6G：
"蜂窝"改变世界移动通信进化史

主讲人：邱博雅

主讲人简介

邱博雅，北京大学电子学院博雅青年学者、助理教授、博士生导师；主要从事大规模超表面天线传输技术、智能通信与感知等方面的研究；在本领域发表高水平论文 80 余篇；现任 IEEE Transactions on Vehicular Technology、IEEE Communications Surveys and Tutorials 期刊编委。曾获得 2024 年全球通信大会（GLOBECOM）最佳论文奖、2024 年 IEEE 国际通信会议（ICCC）会议最佳演示奖、2023 年 IEEE 通信学会认知技术委员会论文贡献奖、2022 年 IEEE 通信学会亚太地区杰出青年学者奖、2020 年 N2WOMEN 全球十大女性新星、2021—2023 年度斯坦福大学全球前 2% 顶尖科学家（World's Top 2% Scientists）等。

协作撰稿人

程志超，北京大学电子学院 2025 级博士研究生。

徐佳怡，北京大学信息科学技术学院"智班"2022 级本科生。

想象一下，此刻的你正在用手机浏览着短视频，与朋友在群聊中分享今天的趣事，或许还在用导航规划明天出行的路线。这一切看似平常的日常操作，在40年前却是科幻电影里才有的场景。那时候，一部手机不仅要价几万元，体积还跟砖头一样大，被人们称为"大哥大"。而现在，我们不仅可以用智能手机观看高清视频，还能进行实时的视频通话，甚至能通过5G网络操控千里之外的机器人。这一切的巨大变化，源于移动通信技术的高速发展。从最初只能打电话的1G，到现在能支持远程手术的5G，再到未来可能实现全息投影的6G，移动通信技术发展的每一步都在改写人类的生活方式。让我们一起回顾这段精彩的技术进化史，看看这场改变世界的通信革命是如何一步步展开的。

在当今的信息时代，蜂窝移动通信已经成为全球范围内人们日常生活中必不可少的一部分。从打电话、发送短信，到访问互联网，蜂窝移动通信技术支撑了全球数十亿用户的通信需求。自20世纪80年代蜂窝移动通信技术首次投入商用以来，经过多次技术革新，移动通信不仅实现了从模拟到数字的飞跃，还从单一的语音通信发展为今天的数据密集型服务。5G网络的推出，标志着我们进入了超高速率、超低延迟的新时代；而6G技术的研发则指向了更远大的目标，预计将进一步改变我们的数字生活方式。那么什么是蜂窝移动通信？它又是如何贯穿1G到6G演进的呢？今天我们将带大家回顾一下蜂窝移动通信的发展历程，展望未来6G的发展趋势。

一、通信的古早记忆：从烽火到电波

（一）烽火狼烟：人类最早的远程通信

在人类文明的发展历程中，通信一直是社会的重要组成部分。从古代的烽火、信鸽和驿站到近现代的电报、电话，信息传递的方式不断演进。人类通信的历史可以追溯到数千年前。

早在古代，人类便利用视觉和听觉手段进行远距离通信，如通过烽火传递战争信息、通过驿站传递文书。然而，这些早期的通信方式受限于传输距离、速度和信息量等因素，无法适应日益复杂的社会需求。

（二）电报革命：跨越大洲的第一声问候

19世纪初，电报的发明彻底改变了远距离通信的方式。1837年，塞缪尔·莫尔斯发明了电报机，利用电信号传输莫尔斯电码，实现了快速的远程信息传递。电报系统迅速扩展到全球，信息可以在几分钟内跨越大陆和大洋，大大提高了信息传递的效率。

接着，亚历山大·格拉汉姆·贝尔在1876年发明了电话，进一步提升了通信的即时性和易用性。电话可以直接进行语音传输，使得人与人之间的通信更加自然和高效。

然而，这些早期的通信方式都依赖于有线传输，存在铺设成本高、信号受限等问题。

> **知识窗口：电报的发明**
>
> 莫尔斯最初并不是一名发明家，而是一位画家。1832 年，他在一艘从欧洲去往美国的轮船上，与一位科学家聊天时了解到电磁学的最新研究。这次偶然的对话让莫尔斯意识到，电信号或许可以用于长距离通信。他回到美国后开始研究电报技术，并最终在 1837 年成功发明了电报机和莫尔斯电码。这一发明革新了信息传递的方式，将以往依赖书信和信使的缓慢通信转变为"即时可达的通信"。

> **知识窗口：电话的发明**
>
> 电话的发明过程同样充满传奇色彩。贝尔的母亲和妻子都是听障人士，这让他对声音的传播充满了兴趣。他最初的研究方向是如何帮助听障人士感知声音，但在实验过程中，他意外地发现声音可以通过电信号传输。1876 年，他的助手在实验室里接收到了人类历史上首次通过电话传输的完整语句："沃森先生，请过来，我需要你。"这标志着世界上第一通电话的成功，也彻底改变了人类的沟通方式。

（三）无线电：摆脱铜线的束缚

电报和电话虽然带来了通信革命，但仍然依赖有线连接。无线通信的起源可以追溯到 19 世纪末，随着德国物理学家海因里希·鲁道夫·赫兹对电磁波理论的验证和意大利发明家伽利尔摩·马可尼成功实现了无线电传输，无线电技术开始兴起。无线电技术通过电磁波在空气中传递信息，不再需要依赖有线设备。这项技术首先在军事和航海中得到了广泛应用，为船舶和飞机提供了长距离的通信支持。随着技术的进步，无线电逐渐进入民用领域，广播和电视成为无线通信的早期商业化应用。

无线电的发明虽然解决了有线通信的局限，然而，早期的无线通信设备庞大且不便携，难以实现移动通信，且信号干扰问题限制了其应用范围。人们开始设想，通信设备如果能够摆脱固定的有线连接，是否能支持移动中的人群自由通信呢？这为蜂窝移动通信的产生埋下了伏笔。

二、蜂窝网络：移动通信的金钥匙

蜂窝网络的提出是现代移动通信的根本突破。1947 年 12 月，美国贝尔实验室的研究人员道格拉斯·瑞因首次提出了"蜂窝（cellular）"的构想，突破了如何在有限的频谱资源下支持大量用户通信的难题。

从 1G 到 6G："蜂窝"改变世界移动通信进化史

> **知识窗口：频谱**
>
> 频谱是电磁波在频率维度上的分布范围，可以理解为无线通信的"道路"。就像我们在城市中需要道路来运输货物一样，无线通信需要频谱来传输信息。频谱的高低决定了信号的传播特性。较低频段的信号在空间中穿透能力强、覆盖范围大；较高频段的信号传输速率高，但覆盖距离较短。频谱资源是有限的自然资源，不同的无线通信服务（如广播、电视、移动通信等）都需要使用特定的频段。由于频谱资源稀缺且珍贵，各国都建立了严格的频谱管理制度，通过规划和拍卖等方式分配频谱资源。

蜂窝网络的诞生源于对如何提高无线频谱资源利用率的需求。在无线通信中，频谱资源是有限的，如何在相同的频率下支持大量用户进行通信成为关键问题。蜂窝网络通过将通信区域划分为许多小区[①]（即"蜂窝"），不同的小区使用不同的频率进行通信，从而避免了相邻小区之间的信号干扰。相隔较远的小区可以复用相同的频率，从而最大化频谱的使用效率。

在蜂窝网络中，每个小区由一个基站负责通信，如图1所示。基站是蜂窝网络的核心设备，它通过无线信号与用户设备（如手机）进行通信，并将数据传输到核心网络。基站的合理部署决定了小区的覆盖范围和信号质量。

用户可以在不同的小区间移动，当用户从一个小区移动到另一个小区时，网络系统通过"切换"机制确保通信的连续性。在切换过程中，用户设备会自动从当前小区的基站切换到目标小区的基站，而不会中断通话或数据连接。

这种分区设计使得无线通信不仅限于固定地点，而是能够支持大规模移动用户，从而开启了真正的移动通信时代。

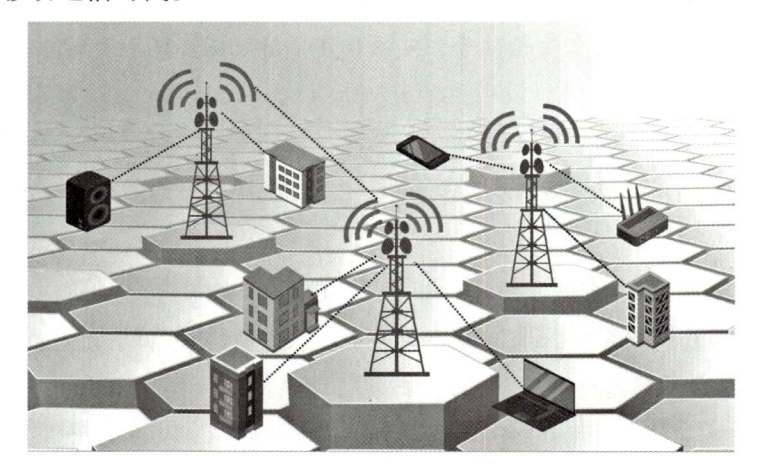

图 1　蜂窝网络场景示意图

[①] 这里的"小区"并非日常生活中的居民住宅小区，而是指无线通信系统中覆盖的区域。

三、蜂窝移动通信的六代进化之路

蜂窝移动通信技术自 20 世纪 80 年代问世以来，已经历了六次关键的发展阶段，每一代技术的更新都推动了通信能力的显著提升。从最初的模拟信号传输到如今的万物互联，每一次的技术革新不仅满足了社会不断增长的通信需求，也奠定了未来通信发展的基础。

（一）1G 初启：移动通信的"大哥大"岁月

第一代蜂窝移动通信技术（以下简称"1G"）于 20 世纪 80 年代初问世，标志着人类通信技术进入了一个全新的时代。1G 的出现，使得人们首次能够通过移动设备进行无线语音通话，不再受限于固定电话线。作为蜂窝通信的初代技术，1G 存在许多局限，且其发展在世界各地表现出明显的地域差异。接下来，我们将详细探讨 1G 的技术特点、全球及我国的 1G 发展情况，以及它为后续移动通信技术发展所奠定的基础。

1G 系统采用的是模拟信号传输技术。与后来的数字信号不同，模拟信号在传输语音时会直接转换音频信号的频率和幅度，这意味着通话的质量取决于信号的强度和稳定性。1G 通常使用频分多址（Frequency Division Multiple Access，FDMA）技术，即每个用户占用一个独立的无线电频率进行通信。这种技术的优势在于实现了多用户的通信功能，但缺点也十分明显：每个通话都需要占用独立的频率资源，导致系统容量有限。当用户数量增加时，频谱资源变得紧张，通话容易出现拥塞。此外，由于 1G 技术采用的是模拟信号，其通话容易受到外界干扰，特别是在移动设备远离基站时，信号质量显著下降，出现通话中断或杂音的问题。更为重要的是，1G 的安全性较低，由于模拟信号未加密，电话内容容易被非法窃听，这也是 1G 系统在安全性上的一大短板。

> **知识窗口：模拟信号**
>
> 模拟信号是一种连续变化的信号，可以取任意值。例如，人类的声音信号是一种典型的模拟信号，它的振幅和频率在时间轴上是连续变化的。1G 移动通信系统使用的就是模拟信号。由于模拟信号容易受到噪声和信号衰减的影响，在长距离传输或无线环境下，通话质量可能会变差，出现杂音、失真等问题。

在全球范围内，1G 的商业化应用始于日本和美国。1979 年，日本电报电话公司推出了全球首个商用蜂窝网络系统，这一系统覆盖了东京，并在短时间内迅速扩展到日本其他大城市。日本的 1G 网络是全球蜂窝通信的先驱，开启了移动电话的新时代。1983 年，美国的高级移动电话系统（Advanced Mobile Phone System, AMPS）在芝加哥地区率先投入使用。AMPS 使用的是模拟信号传输技术，这也是当时全球大多数 1G 系统采用的标准。由于美国地广人稀，1G 在早期主要服务于大城市和重要交通枢纽，而在郊区和农村地区覆盖有限。

我国在 1G 时代起步较为缓慢。直到 1987 年，我国才有了自己的蜂窝移动通信网络。当时，我国的移动通信主要服务于政府部门和少数高端商务用户，网络覆盖范围有限，且设备主要依赖进口。当时的 1G 设备被称为"大哥大"，体积大、价格昂贵，只有少数人能够负担得起，因此，当时移动通信在我国的普及度极低。

> **知识窗口："大哥大"**
>
> "大哥大"是 20 世纪 80—90 年代第一代模拟移动电话的俗称。这种手提电话因体积庞大、重量较重（约重 1 kg）、外形酷似砖头而得名。当时，"大哥大"价格昂贵，一部动辄数万元，成为身份地位的象征。
>
> "大哥大"采用模拟制式，只能进行语音通话，通话质量较差且容易被窃听。同时，它的功耗大、待机时间短，往往需要随身携带备用电池。尽管从现在来看，"大哥大"的性能简陋，但它开创了移动通信的新纪元，是移动通信发展史上重要的里程碑。

虽然我国在 1G 的应用上与西方发达国家相比起步较晚，但改革开放的推动使得我国迅速认识到移动通信的巨大潜力。20 世纪 90 年代，随着经济的发展和技术的引进，1G 网络逐步覆盖至北京、上海等大城市。尽管初期的网络规模较小，但它为我国后续移动通信的快速发展奠定了基础，为在 2G 时代迎头赶上全球移动通信发展潮流提供了宝贵的经验。

（二）2G 裂变：数字化浪潮中的短信风暴

在经历了 1G 时代的初步探索后，移动通信逐渐迎来了全新的变革时期，第二代移动通信技术（以下简称"2G"）于 20 世纪 90 年代初推出。2G 的最大特点在于它告别了 1G 的模拟信号传输技术，采用了数字信号传输技术，为语音通信、通信安全和网络容量带来了大幅度的提升。与 1G 相比，2G 不仅提升了通话质量，还首次引入短信服务和早期的数据通信功能，开启了移动通信向数字化、全球化迈进的进程。

2G 的核心技术之一是数字信号的使用。与 1G 的模拟信号不同，数字信号能够更有效地抵抗外界的干扰，因此通话质量大幅提升，用户在通话过程中听到的噪声显著减少。得益于此，用户体验更加流畅，语音清晰度有了质的飞跃。与此同时，2G 时代引入了更为先进的多址技术，除了 FDMA，还包括时分多址（Time Division Multiple Access，TDMA）、码分多址（Code Division Multiple Access，CDMA）等技术。TDMA 通过将无线信道划分为不同的时间片，每个用户在分配到的时隙中发送信号，就像车辆按照红绿灯的时间指示依次通行，从而避免了相互干扰。而 CDMA 则采用独特的编码技术，使所有用户可以在同一频带上传输数据，并通过特定的解码方式分离各自的信息，这类似于在嘈杂的环境中，每个人用不同的语言交谈，彼此之间仍能听清自己语言的信息。

这些技术的应用使得移动网络能够更高效地分配频谱资源，显著提升了网络的用户容

量。相比于1G网络，2G网络更加智能化，支持更多用户同时接入，极大地提升了移动通信的可扩展性。

2G不仅在技术上实现了质的飞跃，在通信安全性上也有了重大突破。1G时代的模拟信号缺乏足够的安全措施，通话容易被第三方监听，导致用户隐私难以保障。2G通过采用数字加密技术，在每次通信过程中对数据进行加密，从而显著提高了通话的安全性。这一改进对于个人用户和企业用户而言至关重要，尤其是在涉及商业机密或个人隐私的信息交换时，2G的加密技术为用户提供了更为安全的通话环境。

2G带来的另一个具有划时代意义的功能就是短信服务。这一简单的文本通信服务使得用户可以通过移动设备发送和接收短信息，既经济又便捷。短信服务不仅突破了移动通信只能用于语音通话的限制，还为用户提供了一种低成本的交流方式。在语音通话费用相对较高的时代，短信成为一种重要的日常通信方式，尤其受到年轻人群体的欢迎。短信的出现为移动通信的社交属性注入了新的活力，用户不仅可以通过语音通话保持联系，还可以通过短信进行非同步的交流，极大地拓宽了移动通信的应用场景。

在2G时代，全球移动通信技术得到了快速发展。1991年，芬兰的Radiolinja公司率先推出了全球首个商用的全球移动通信系统（Global System for Mobile Communications，GSM），标志着2G时代的正式开启。GSM作为2G的主流标准，由欧洲电信标准化协会制定并迅速推广至世界各地。其标准化设计和国际漫游功能，使得用户能够在不同国家使用相同的设备进行通信，极大地方便了国际旅行和跨国商务交流。与欧洲不同，美国主要采用了CDMA技术，由高通公司开发。这一技术同样提升了网络效率和用户容量，成为美国及亚洲部分地区的主流选择。日本、韩国等国家也在2G时代中扮演了重要角色，其推出的2G服务推动了移动通信的普及。

在我国，2G的引入标志着移动通信开始大规模普及。1995年，我国推出了全国性的GSM网络，逐步覆盖了全国各大城市。相较于1G时代昂贵且笨重的"大哥大"，2G手机体积更小，价格也更加亲民，迅速成为大众消费品。伴随着2G网络的扩展，我国的移动通信用户数量迎来了爆发式增长，移动通信迅速走入寻常百姓的日常生活。我国在2G时代不仅实现了移动通信的普及，也逐步建立起了自主研发的通信技术体系。随着GSM网络的推广，国内通信设备制造企业如华为、中兴等公司逐渐崭露头角，开始在国际市场上占据一席之地。我国的移动通信技术在这一时期积累了宝贵的经验，为后续3G和4G时代的崛起奠定了坚实的基础。

2G的影响不仅局限于通信本身，它还为后续的移动互联网奠定了基础。虽然2G的传输速率相对较低，主要用于短信和简单的数据传输，但它为未来移动设备的数据化应用提供了可能。在2G时代，人们开始意识到，移动设备不仅是通话工具，还可以成为信息获取、数据传输的关键终端设备。这一观念的转变为后续3G、4G的高速数据通信服务的发展奠定了基础。

（三）3G 跃迁：互联网装进口袋的魔法

随着移动通信的迅速发展，用户对通信服务的需求不再仅限于语音通话和短信功能。人们渴望能够随时随地获取信息、进行高速数据传输，而这一需求促使了第三代移动通信技术（以下简称"3G"）的诞生。3G 的核心特征为高速数据传输能力和支持多媒体功能，它不仅实现了移动互联网的初步普及，还为智能手机时代的到来铺平了道路。

与 2G 相比，3G 最大的进步在于其传输速率有了极大提升。2G 网络的数据传输速率相对较低，主要用于语音通话、短信及简单的上网服务，用户体验受到很大限制。而 3G 技术的推出，使得移动网络的数据传输速率从以 Kbps 量级提升到了 Mbps 量级。这样的速率使得用户不仅可以享受基础的语音通话和短信服务，还可以实现视频通话、网页浏览、电子邮件、音频流媒体等功能。这些新的应用场景，不仅拓宽了移动通信的使用范围，也改变了人们与世界互动的方式。

3G 最早由国际电信联盟提出，并定义了一系列标准，其中最具代表性的标准是宽带码分多址（Wideband Code Division Multiple Access, WCDMA）和 CDMA2000。这些技术通过更高效的频谱利用率，极大提升了网络容量，并实现了更加稳定的高速数据传输。WCDMA 基于 CDMA 的原理，但通过更宽的频带传输数据，使得传输速率更高，通信更加稳定。WCDMA 是全球范围内主要的 3G 标准，被欧洲和亚洲许多国家采用。CDMA2000 则在 CDMA 的基础上进行优化，提高了数据传输效率，在美国等地区得到广泛应用。与此同时，我国也推出了自己的 3G 标准——时分同步码分多址（Time Division-Synchronous Code Division Multiple Access, TD-SCDMA），这一标准结合了 TDMA 和 CDMA 的优势，使无线资源的分配更加灵活，也使得我国成为全球通信技术领域的重要参与者。

3G 不仅带来了技术上的进步，也引发了通信市场的重大变革。移动运营商们通过 3G 网络推出了多种新型服务和套餐，满足了用户日益增长的上网需求。3G 网络极大地推动了移动互联网的发展，上网不再局限于家庭或办公室，而是成为人们日常生活的一部分。无论身处何地，只要有信号，用户就能够与世界保持连接。

在 3G 技术的支持下，移动终端设备也迎来了发展机遇。传统的手机在 3G 时代逐渐被智能手机所取代。这些智能手机不仅具备传统手机的功能，还能够像小型计算机一样运行各种应用程序，满足用户多样化的需求，美国苹果公司在 2007 年推出的 iPhone 系列手机是这一时期手机的典型代表。反过来，智能手机的普及进一步推动了 3G 网络的使用，使得移动通信的边界大大扩展。人们不仅用手机打电话、发短信，还用手机浏览网页、观看视频、玩游戏。

在全球范围内，3G 技术的推广促进了移动通信和互联网行业的迅猛发展。以欧洲和亚洲为代表的地区，率先采用了 3G 技术，并迅速建立了完善的 3G 网络基础设施。2001 年，日本通信运营商 NTT DoCoMo 推出了全球第一个商用 3G 网络，引领了 3G 时代的潮流。欧洲则依托 WCDMA 标准，在多个国家建立了广泛的 3G 网络，使得用户能够跨国使

用 3G 服务。美国则选择了 CDMA2000 技术，并迅速扩展 3G 网络的覆盖范围，推动了智能手机的普及。

我国在 3G 时代的崛起同样引人注目。2009 年，我国正式推出了基于自主研发标准 TD-SCDMA 的 3G 网络，标志着我国在全球通信技术领域取得了重要进展。TD-SCDMA 的商用化推广意义重大，体现了我国在自主技术创新方面的努力与突破。在 3G 网络的推动下，我国的移动通信市场进入了高速发展阶段，用户数量快速增长，智能手机成为人们生活中不可或缺的工具。

3G 时代的到来还促进了移动应用生态系统的形成。随着智能手机的普及，各类移动应用程序层出不穷，涵盖了社交、娱乐、教育、商务等多个领域。各种社交媒体平台在 3G 时代得到了广泛的应用，人们通过手机可以随时随地与朋友分享生活；而移动游戏、视频流媒体等应用的兴起，则进一步提升了 3G 网络的使用需求和用户体验。可以说，3G 的出现不仅是一次技术进步，而且是一场信息革命。它让信息获取和传播变得更加快捷、便捷，为后来的移动互联网繁荣发展打下了坚实基础。

随着用户对移动互联网的需求日益增长，3G 网络在带宽和传输速率方面的限制开始凸显，特别是在视频流媒体、高清图片下载等大数据量传输的场景下，3G 的传输能力已经难以满足用户的期待。

（四）4G 腾飞：开启移动互联的黄金时代

随着全球对移动通信需求的持续增长，特别是移动互联网的普及，人们对网络速度、数据容量和连接质量提出了更高的要求，3G 技术已难以满足大规模数据传输、高清流媒体及日益复杂的移动应用需求。在这一背景下，第四代移动通信技术（以下简称"4G"）的出现，彻底改变了移动通信行业的面貌，并标志着移动互联网时代的来临。

4G 技术的核心突破在于更高的数据传输速率和更大的网络容量。相比于 3G，4G 网络的传输速率高达每秒数百兆比特，甚至能达到 1 Gbps。这种提升让用户不仅能够更加顺畅地进行视频通话、观看高清视频，甚至可以实现大规模文件的即时下载和上传。这一性能的提升，使得网络在支持更多设备同时在线的情况下，依然能够保证较高的服务质量，不出现卡顿和网络拥堵的问题。这种高速、稳定的网络环境，也为新兴的移动应用和服务提供了坚实的基础。

4G 技术的基础是长期演进（Long Term Evolution，LTE）技术，它采用了更为先进的频谱利用方式和网络架构。在核心技术上，4G 通过正交频分多址（Orthogonal Frequency Division Multiple Access，OFDMA）技术和多输入多输出（Multiple Input Multiple Output，MIMO）技术的引入，实现了频谱效率的大幅提升。OFDMA 技术允许多个用户同时使用同一频段而不互相干扰，相当于将一条宽阔的高速公路分成多个独立的车道，提升了网络容量。而 MIMO 技术则通过多根天线同时接收和发送信号，就像同时开通多条信息通道，提高了信号传输的可靠性和传输速率。这些技术的结合，使得 4G 网络的性能远超 3G 网络。

随着 4G 网络的普及，高清音视频的流媒体服务成为可能。用户可以随时随地通过手机观看高清视频、直播，甚至进行实时的高清视频通话，这在 3G 时代是难以实现的。此外，4G 的高速网络还使得移动游戏、云服务和社交媒体等应用取得了飞速发展。特别是视频流媒体服务的兴起，例如爱奇艺和腾讯视频，得益于 4G 网络的普及，用户可以在移动设备上流畅观看高清视频，无须担心加载缓慢或视频卡顿的问题。

4G 网络的全球推广始于 2009 年，瑞典和挪威成为全球最早推出商用 4G 网络的国家。随着 LTE 技术的发展，全球越来越多的国家和地区开始部署 4G 网络，通信设备制造商和运营商们纷纷加大对 4G 基础设施的投资。美国、日本、韩国及欧洲等国家和地区迅速建设了覆盖广泛的 4G 网络，并推出了各种数据套餐，极大提升了用户的网络体验。

在我国，4G 的推广同样迅速且规模庞大。2013 年，我国正式启动了 4G 商用服务，标志着我国进入了高速移动互联网时代。中国移动、中国联通和中国电信等主要运营商迅速在全国范围内建设 4G 基站，推动了 4G 网络的广泛覆盖。4G 网络不仅在城市地区快速普及，还逐渐覆盖了农村和偏远地区，进一步缩小了数字鸿沟。我国 4G 用户数量的迅猛增长也推动了通信设备制造行业的进一步壮大，华为、中兴等中国企业凭借 4G 时代的技术创新和市场表现，逐渐在全球通信市场中占据了重要地位。

4G 的普及不仅推动了移动互联网的发展，还深刻改变了人们的生活方式和社会运作模式。4G 让智能手机成为人们生活中的重要工具，移动支付、打车、外卖平台等基于 4G 网络的移动应用开始流行，彻底改变了人们的消费方式和出行方式。我国的移动支付服务如支付宝和微信支付，依托于 4G 网络的普及，迅速成为日常生活中最为普遍的支付方式之一。此外，打车、外卖平台的崛起，也得益于 4G 网络的高速传输能力，使得用户能够实时下单、定位和支付。

尽管 4G 技术带来了诸多好处，但随着设备数量的激增和数据需求的快速增长，4G 网络的限制也逐渐显现。尤其在大规模用户同时在线或有超高带宽需求的应用场景中，4G 网络的传输速度和容量逐渐不堪重负。例如，高清视频直播、虚拟现实等对网络性能要求极高的应用场景，已经超出了 4G 网络的承载能力。为了应对这些挑战，移动通信行业开始着眼于下一代移动通信技术，以解决 4G 网络面临的瓶颈问题。

（五）5G 革命：万物互联的智慧交响曲

第五代移动通信技术（以下简称"5G"）的到来，标志着通信领域的一次重大革命。相较于 4G 通信，5G 在传输速率、服务延迟和终端连接密度等方面都有了显著的提升，催生了各种新兴应用场景。这一技术的核心理念是满足快速增长的移动数据需求，同时实现更广泛的物联网连接，进一步推动社会和经济的数字化转型。

5G 具有高速率、宽带宽、高可靠、低时延等特征。5G 由典型性能指标和一组关键技术来定义。其中，典型性能指标是指"Gbps 用户体验速率"，而关键技术包括大规模天线阵列、超密集组网、新型多址接入和新型网络架构等。随着无线移动通信系统的发展，面向个人和行业的移动应用高速发展也带动了移动通信相关产业生态地不断演进，使得

5G 不仅是更高速率、更大带宽、更多连接的空中接口技术，而且也是面向用户体验和多种移动业务应用的多元化智能网络。

5G 的最大优势在于其超高的传输速率。5G 网络的理论传输速度可达每秒数千兆比特，远远超过 4G 的速度。例如，在理想情况下，4G 网络下载一部 1 GB 的高清电影可能需要 1～2 分钟，而 5G 网络仅需几秒钟。这一特点使得用户可以更快速地下载和上传数据，实现无缝的高清视频播放和高质量的在线游戏体验。同时，5G 网络的低延迟特性（通常在 1 毫秒以下）使得实时应用成为可能，例如，在 5G 网络的支持下，自动驾驶能够迅速响应突发状况，远程手术可以精准同步医生的操作，虚拟现实能提供更加沉浸式的体验。此外，5G 还在连接密度方面进行了重大的提升。5G 网络能够支持每平方千米连接超过一百万个设备，这一能力使得物联网的全面应用成为现实。在智能城市、智能交通、工业自动化等领域，5G 网络能够支持大量的智能设备实时连接，从而实现数据的快速传输和处理。这种大规模的设备连接能力，为各行业的数字化转型提供了新的可能性。

在全球范围内，5G 技术的推广与应用从 2019 年起如火如荼地进行。我国率先实现了 5G 商用，迅速在全国范围内部署了 5G 网络。我国的三大运营商积极投入基础设施建设，推动 5G 基站的广泛覆盖，使得广大用户能够享受到高速、稳定的网络服务。同时，5G 的普及也促进了各类创新应用的快速发展，包括智能家居、无人驾驶、远程医疗等新兴领域，极大地提升了人们的生活质量和工作效率。

在社会经济层面，5G 技术的应用将极大地推动许多行业的发展格局变革。以交通行业为例，5G 可以与自动驾驶技术结合，实现车辆之间的信息共享，提升行车安全和交通效率。在医疗领域，5G 支持远程医疗和远程手术，使得医生能够为患者远程在线诊断和治疗。这种变化不仅可以提升医疗资源的利用效率，还能够在偏远地区提供更优质的医疗服务。

此外，5G 技术也为工业互联网领域带来了新的机遇。通过 5G 连接，工厂能够实现实时的数据监控和分析，从而提高生产效率并降低成本。智能制造将借助 5G 的优势，迈向更加自动化和数字化的未来，使得制造业能够快速适应市场变化。

然而，尽管 5G 的潜力巨大，但在实际推广中也面临一些挑战。其中，基础设施的建设成本、网络安全问题及对频谱资源的管理等都是必须面对的关键问题。各国政府和企业需要通力合作，制定合理的政策和标准，以确保 5G 的健康发展和安全应用。

（六）6G 展望：全息世界的科技畅想

第六代移动通信技术（以下简称"6G"）正在逐步成为科技界的焦点。尽管 6G 的商用尚在规划之中，但其潜力和预期已经引发了全球科技行业的广泛关注。6G 被视为将深刻改变人类生活和社会运作方式的重要技术，其目标不仅是提升数据传输速度，更是实现全面的智能化和网络的无缝连接，推动各行各业的变革。

6G 的愿景是提供比 5G 更高的传输速度、超低的延迟和更广泛的连接能力。预计 6G 的传输速率可以达到每秒数十吉比特，甚至可能突破 1 Tbps。这一速度的提升将使得高质量的全息视频通话、沉浸式虚拟现实和增强现实体验成为日常生活的一部分。想象一下，用户在家中就能与远在千里之外的朋友进行实时的全息互动，仿佛彼此就在同一空间。这种跨越空间的即时联系，将深刻改变人们的沟通方式和社交体验。

在延迟方面，6G 的目标是实现近乎零延迟的通信。这意味着信息可以在几乎没有时间延迟的情况下实时传输，这对于自动驾驶、智能制造和远程医疗等关键应用至关重要。例如，在自动驾驶汽车方面，车辆需要快速获取周围环境的数据以做出即时反应，6G 的低延迟将确保车辆之间的通信无缝对接，显著提升行车安全性和道路效率。

在连接能力方面，6G 将能够支持更大规模的设备连接，预计每平方千米可连接数百万个设备，进一步推动物联网的普及与应用。随着万物互联的加速，家庭、城市和工业的智能化管理将成为可能。人们可以通过智能家居系统随时随地监控和控制家中的设备，实现更加便捷和高效的生活。

为了实现这些目标，6G 将引入一系列新兴技术。

一是可重构智能超表面（Reconfigurable Intelligent Surface，RIS）技术。这是一种新型的通信技术，通过智能的反射面来优化无线信号的传播。RIS 能够动态调整信号的反射方向和强度，从而改善信号的覆盖范围和传输质量。这种技术将有助于提升通信效率，特别是在复杂环境中，能够有效降低信号衰减和干扰。通过在城市和乡村的建筑物上部署 RIS，6G 网络可以实现更高效的覆盖和更稳定的连接，满足不同用户的需求。

二是空天地一体化信息网络（Integrated Space-Air-Ground Networks，I-SAG），这也将成为 6G 的重要组成部分。这种网络结构将融合地面基站、无人机、卫星等多种传输方式，实现网络无缝的覆盖。通过将不同的传输媒介结合在一起，6G 可以实现更高的网络可用性和可靠性，为全球用户提供服务。6G 还将利用人工智能和机器学习技术，提升网络的智能化水平。在 6G 时代，网络不仅是一个被动的通信工具，更是一个能够主动适应用户需求、优化体验的智能系统。

6G 的到来还将引发新一轮的产业变革。在医疗领域，6G 将支持远程医疗和健康监测的广泛应用，通过实时数据传输，为医生提供精确的患者信息，实现更高效的治疗方式。在交通运输方面，6G 将助力智能交通系统的实现，支持车辆与车辆、车辆与基础设施之间的实时通信，提升交通安全和效率。

尽管 6G 带来了无限的可能性，但其应用也面临着诸多挑战。技术的标准化、频谱资源的管理、安全性和隐私保护等方面都需要各国政府、企业和学术界共同努力，以制定合理的解决方案。在全球范围内，6G 的研发和推广需要国际合作与协调，以确保技术的兼容性和互操作性。

总的来说，6G 的到来将推动智能城市、智能交通、智能医疗等各领域的发展，创造出更加便捷、高效和可持续的生活环境。随着 6G 技术的不断演进与应用，未来的通信网络将不仅仅是数据传输的渠道，更是推动社会进步的重要动力。我们正站在一个全新的科技时代的门口，未来的通信世界将为人类带来前所未有的体验与机遇。

四、通向未来：移动通信的无限可能

移动通信技术的发展历程，见证了人类在信息传递方式上的巨大变革。从 1G 的模拟信号到 6G 的智能化网络，通信技术不但提升了人们的生活质量，还重塑了社会结构和经济模式。

展望未来，6G 将带来超高速的网络连接和几乎无延迟的通信体验，使全息通信、智能交通、远程医疗等应用成为现实。这些新技术的实现，将大幅提升人们的工作效率和生活便利性，推动各行各业的数字化转型。作为全球通信领域的领军者，我国在 5G 的迅速发展中已积累了丰富的经验，而对 6G 的探索则将进一步巩固我国在全球科技竞争中的地位。

思考

1. 通信技术的发展对我们的日常生活有什么影响？从 1G 到 6G，不同代的移动通信技术分别改变了我们的哪些生活方式？

2. 无线通信会不会有发展极限？未来如果频谱资源越来越紧张，我们还能用哪些方式提高通信效率？

3. 5G 和 6G 如何影响人工智能和自动驾驶？这些技术之间的关系是什么？更快的网络会让人工智能变得更"聪明"吗？

量子技术：
信息领域中的无声惊雷

主讲人：吴 腾

主讲人简介

> 吴腾，北京大学助理教授，博士生导师，北京大学博雅青年学者；主要研究量子磁传感技术及其在暗物质探测、生命科学及计量基准等前沿基础领域的应用，发表论文 60 余篇，获得国家发明专利 20 余项，长期担任 *Science Advances*、*Physical Review Letters* 等量子信息技术领域核心期刊审稿人，主持国家重大专项、国家自然科学基金委优秀青年科学基金等项目；曾获北京大学青年教师基本功大赛一等奖、教学思政奖、最佳教案奖、最佳教学演示奖、宝钢教育奖。

协作撰稿人

宋海博，北京大学信息科学技术学院"信班"2022 级本科生。

蔡青检，北京大学中文系 2021 级本科生。

"量子纠缠能实现瞬间传送？""量子计算机很快就能破解所有密码？"这些夸大其词的说法经常出现在科幻作品中。事实上，量子世界的神奇之处，并非在于这些天马行空的想象，而是在于它确实打开了一扇通向新技术革命的大门。从手机定位的原子钟，到保护网购支付安全的量子加密；从能感知心跳和脑电波的量子传感器，到未来可能改变计算范式的量子计算机——量子信息技术正在悄然重塑我们的数字生活。让我们走进这个微观的世界，看看那些令人着迷的量子现象如何为人类带来技术革新。

一、信息技术：现代社会的数字基石

信息已经成为现代社会的基石。美国数学家克劳德·艾尔伍德·香农在《通信的数学理论》中，首次从数学角度严谨地定义了信息：信息本质上是用来消除不确定性的东西。例如，"太阳从东边升起"这句话几乎不包含信息，因为它没有消除任何不确定性；而"明天上午十点本地区会有小到中雨"中则包含大量信息，因为它明确消除了我们对未来天气状况的不确定性。

为了科学地量化信息，香农借鉴了物理学中描述系统混乱程度的"熵"概念，提出了"信息熵"这一划时代的概念。信息熵越大，表示信息量越大。基于信息熵，香农建立了一套完整的数学模型，巧妙地解决了信息编码、噪声处理、信息加密等关键问题。这一理论为现代通信技术奠定了基础，从早期的电报、电话，到今天的5G技术，甚至未来的6G技术，其核心原理都可以追溯到香农信息论。

随着理论的深入和技术的进步，人类发展出了丰富多彩的信息技术体系，主要围绕三个核心环节：

首先是"信息感知"技术，通俗地说就是通过各类传感器和检测设备获取信息，追求更灵敏的感知能力，以捕捉更微弱的信号。从简单的温度计到复杂的卫星遥感系统，都属于信息感知技术。

其次是"信息传输"技术，实现信息的远距离传递，追求更高效、更安全的通信能力。无线通信、光纤通信、卫星通信等技术都致力于让信息传输得更快、更稳定。

最后是"信息处理"技术，对获取的信息进行存储、计算和分析，追求更快的运算速度和更智能的分析能力。计算机系统、数据库技术、人工智能等都是信息处理技术的重要组成部分。

这三类技术相互支撑、协同发展，如同三根支柱推动着信息技术不断突破创新。例如，人工智能技术就需要强大的信息感知能力来获取数据、可靠的信息传输网络来交换数据及高效的信息处理系统来分析数据。正是由于人类对信息日益增长的巨大需求，信息技术已发展成为全球最重要的支柱产业之一。

在不断探索的过程中，科学家发现量子力学的特性可以为信息技术带来革命性的突破，由此发展出了量子信息技术。这种新型技术将量子力学的基本原理与经典信息科学相结合，在信息感知、传输和处理等方面展现出独特优势。

二、量子信息技术：学科的革命性突破口

量子信息技术是指利用独特的量子效应或特性，依据量子物理原理发展起来的，并在某些方面具有颠覆性特征的新型信息技术。

具体而言，在信息传输方面，量子通信、量子密码具备经典通信技术所无法获得的绝对安全性，可以立即发现通信中的窃听者，保障通信安全性；在信息处理方面，量子模拟、量子计算具备颠覆性的计算能力，可以利用量子模拟的方法处理极其复杂的物理、化学问题，也可以利用量子计算机解决目前在传统计算机上看似无解的众多数学问题；在信息感知方面，量子信息感知技术具备远超经典信息感知技术的高灵敏度，能够探测到极微弱信号。

量子信息技术虽然看上去高深莫测，极具颠覆性，但是实际上离我们并不遥远。以量子信息感知技术为例，这类技术是目前应用程度最高的量子信息技术，其代表主要有原子钟、原子传感器、核磁共振等。原子钟是一个基于原子的精准时钟，目前最好的原子钟可以上亿年不会出现一秒误差，这种精度令人惊叹，高性能的原子钟具有极为重要的应用价值，是实现卫星导航及技术保障的核心技术，也是我们人类能够有统一时钟的技术基础；原子传感器可以实现对信号的极高灵敏度测量，如磁场、电场、转动、重力等各种物理量，并且这种测量方法具备极高的可重复性，不会随着外界环境的变化而改变，这就使得全世界能够共用一套相同的科学测量标准；核磁共振技术已发展了近80多年的时间，是最早出现的量子信息技术，其应用覆盖物理、化学、生物等多个领域，已成为医疗检测、科学研究中极为强大的辅助性工具。

经典信息技术与量子信息技术的区别和联系在哪？对于经典信息技术，其核心是利用宏观物理效应。例如，对于电路系统，技术基础是利用大量电子所形成的电流作为信息的载体，通过设计电路元件控制电流通断（或电压高低）对信息进行编码（电流通或电压高则记为1，电流断或电压低则记为0）；对于通信系统，技术基础是通过对光波（或电磁波）的强度、偏振等进行编码，进而传递信息。而对于量子信息技术，其关注的对象是单个或少量的微观粒子——通过对微观粒子的状态进行操控、读取，实现信息的加载、处理及提取。

量子信息技术的不断发展，得益于人类操控、观测微观世界的能力的不断提升。但值得注意的是，我们对微观世界的认识及理解，仍是相对片面的。伴随着基础理论的不断突破及探测技术性能指标的不断提高，微观世界的更多特性将会被揭示，与此同时，也一定会带来量子信息技术的进一步发展。

三、百年探索中的四个阶段

"量子"一词最早来自拉丁语 quantus，意思是有多少，代表相当数量的某些物质，它的复数形式为 quantum，也就是我们现在常用的一个词语。量子理论自1900年由德国物理学家马克斯·普朗克提出，距今已经走过120余年的历程。总体而言，如果每30年

当作一个发展周期，则量子理论经历了四个时期。

第一个 30 年是量子理论的诞生与初步发展时期，量子化的思想开始逐渐成为物理学家研究微观世界的基本出发点。在这一时期，量子电动力学及量子场论的雏形开始形成。

第二个 30 年是量子相关技术的蓬勃发展时期，出现了核磁共振、原子钟、微波激射器、原子传感器等一系列开创性技术。值得一提的是，在 20 世纪 50 年代末期，激光技术诞生了，这为人类能够更精确地探索微观世界提供了重要的技术手段。

第三个 30 年人类对微观世界的认识进入了一个全新的领域，主要研究对象集中于激光的性质及激光与物质相互作用的物理效应，这一时期的研究与基础理论有关，如量子光学。此外，量子纠缠、量子相干性等重要概念，在这一时期得到了系统而全面的研究。

第四个 30 年也就是从 20 世纪 90 年代到现在，新的量子技术如量子通信、量子计算、量子精密测量等，得到了飞速发展。

由上可知，量子信息技术的发展大致是按照"理论→技术→理论→技术"这样一条螺旋式上升的发展路线来演进的。伴随着量子信息技术的不断发展，人类对微观世界的认识，也必将迈入一个新的阶段。

四、先驱者的足迹：量子理论的四位开拓者

量子物理为量子信息技术提供理论基础，量子物理作为一门学科，它的建立过程得益于很多天才的物理学家，下面我们列举其中的四位学者作为代表进行介绍。

（一）马克斯·普朗克

普朗克是第一位提出量子概念的物理学家，因此获得 1918 年诺贝尔物理学奖。他的突破性发现源于一个看似简单的物理问题——黑体辐射。黑体是一种能完全吸收外来电磁辐射而不发生反射或透射的理想物体。物理学家发现，黑体向外辐射的能量与电磁波波长之间存在特定的分布关系。

> **知识窗口：黑体辐射**
>
> 任何物体都具有不断辐射、吸收、反射电磁波的性质。辐射出去的电磁波在各个波段是不同的，也就是具有一定的谱分布。这种谱分布与物体本身的特性及其温度有关，因而被称为热辐射。为了研究不依赖于物质具体物性的热辐射规律，物理学家们定义了一种理想物体——黑体，以此作为热辐射研究的标准物体。

在 19 世纪末，物理学已发展得相当成熟。经典力学、电动力学、热力学和统计力学被认为足以解释一切物理现象。然而，当物理学家们试图用这些理论解释黑体辐射时，却遭遇了严重的困境：理论计算结果与实验观测完全不符。这个问题如此重要，以至于被英国物理学家威廉·汤姆森称为"飘荡在 19 世纪物理学上空的两朵乌云之一"。

> **知识窗口：汤姆森的"两朵乌云"**
>
> 1900年，汤姆森在一次演讲中提到当时的物理学看似已经完善，但仍然有"两朵乌云"笼罩在经典物理的天空之上，暗示着未解的物理难题：
>
> （1）迈克尔逊－莫雷实验的失败：物理学家当时普遍认为光波的传播需要以太作为传播介质，但迈克尔逊－莫雷实验并未检测到以太的存在，这一问题最终被阿尔伯特·爱因斯坦的狭义相对论解决。
>
> （2）黑体辐射问题：经典理论无法解释黑体辐射的实验结果，按经典物理计算，高频波段的辐射强度应该趋于无限（即"紫外灾难"），但实验却显示它在高频处会衰减。这个问题最终由普朗克的量子假说解决，并开启了量子力学的时代。

为解决这一难题，普朗克提出了一个革命性假设：能量不是连续的，而是分立的。他认为黑体与外界的能量交换必须以某个最小能量单位的整数倍进行，这个最小单位就是"能量子"。他还发现能量子的大小与辐射频率成正比，比例系数被称为普朗克常数，其数值经过100多年的精确测量，最终在2019年被确定为 $6.62607015 \times 10^{-34}$ J·s。

普朗克这一大胆的量子假设完美解释了黑体辐射问题，也许他本人一开始并没有意识到这样一个看似简单的猜想会对整个物理学界产生颠覆性的影响，但这确实开启了物理学的新纪元。在他提出这一概念后的短短30年间，一大批杰出的物理学家齐心协力，共同建立起量子力学的基本框架，开创了现代物理学的新篇章。现今的德国马克思·普朗克研究所就是以这位物理学巨匠的名字命名的，以纪念他对科学的重大贡献。

（二）阿尔伯特·爱因斯坦

继普朗克提出量子假说后，爱因斯坦进一步拓展其思想，并于1905年提出光量子假说，这一创见为他赢得1921年诺贝尔物理学奖。当时，光被普遍认为是一种波，这一观点因麦克斯韦方程组和赫兹实验而备受认可。然而，光的波动说无法解释一个关键的物理现象——光电效应。

这个效应表现为：光照射金属表面时会射出电子，但这一过程呈现出奇特的规律。电子的射出仅与光的频率有关，而与光的强度无关。例如，紫光（高频率）能使金属发射电子，而即使红光（低频率）的强度再高也无法做到。经典的波动理论无法解释这一现象。

1905年，只有26岁的爱因斯坦受到普朗克量子化思想的启发，他推理道：既然黑体辐射的能量是量子化的，那么光实际上也可以看作是很多微小的、不可分割的单元组成。由此，他提出了一个划时代的观点：光是由不可分割的能量单元（光量子）构成。这一假说完美解释了光电效应，开创了量子物理的新篇章。1905年被称为爱因斯坦的"奇迹年"，他在这一年连续发表了4篇划时代论文，涉及光电效应、布朗运动、狭义相对论及其推广（质量－能量等价：$E=mc^2$）。因此，100年后的2005年被定为"国际物理年"，以纪念这一科学史上的非凡成就。

（三）尼尔斯·玻尔

丹麦物理学家尼尔斯·玻尔对量子理论的重大贡献在于他对原子结构的革命性认识。当时，英国物理学家欧内斯特·卢瑟福的原子行星模型虽然看似优美，却面临一个严重困境：按照经典物理学，一个带电的物体做圆周运动要不断向外辐射能量，能量越小，圆周运动的半径就会越小，因此，电子会因能量耗散而越转越靠近原子核，最终与原子核相撞。但是，现实中的原子却稳定存在了数十亿年。

> **知识窗口：原子行星模型**
>
> 原子行星模型是卢瑟福提出的原子结构理论，它把原子比作太阳系的结构，电子像行星一样绕着带正电的原子核旋转。

玻尔提出了量子化的轨道概念。他认为电子没有做圆周运动，只是处于分立的稳定轨道，也就是处于某些特定的"定态"中。如果给电子一个恰当的"激励"，就会让电子从一个定态"跳跃"到另一个定态，这个"跳跃"的过程会对外释放能量并以光谱的形式呈现，其过程遵循能量守恒定律，与爱因斯坦的光子能量公式完美吻合。这一模型不仅解释了原子的稳定性，还成功预言了氢原子光谱的精细结构。玻尔于1922年获得诺贝尔物理学奖。

（四）路易·德布罗意

法国物理学家路易·德布罗意出身贵族，身为第七代德布罗意公爵，但在科学史上以革命性理论留名。

1924年，他在博士论文中大胆推广了光场这种同时具有波动及粒子特性的概念，提出一个革命性观点：一切微观粒子均具有波粒二象性——微观粒子既具有波的性质，又具有粒子的性质，这主要取决于我们观测它的方式。这一理论很快得到实验证实。1927年，美国物理学家克林顿·戴维森和雷斯特·革末通过电子衍射实验证实了电子的波动性，戴维森因此获得1937年的诺贝尔物理学奖。德布罗意本人也因这一开创性工作获得1929年的诺贝尔物理学奖，成为首位凭借博士论文斩获诺贝尔物理学奖的科学家。他的理论启发了后来的薛定谔波动方程，与海森伯矩阵力学、狄拉克方程共同构成了现代量子力学的三大理论基础。

五、微观粒子的三大属性：分立、相干与随机

量子信息技术的核心，依赖于微观粒子的基本属性。我们这里只将后面要用到的、用于量子信息技术实现的几个重要的"量子属性"，以非严格学术的观点阐述出来，将其总结为分立性、相干性和随机性。

（1）分立性是指微观粒子或物质微观结构具有分立且精确分布的固定能级，这是一系列精密测量和计量学溯源的基础。例如，电子在原子核周围只能处于特定的轨道，而不

会出现在两个轨道之间的任意位置。

（2）相干性是指微观粒子内部能级之间或微观粒子之间状态的关联性，大致有单粒子量子态的"叠加"和多粒子之间的"纠缠"。微观粒子可以同时处于多种状态的叠加，直到测量发生时才会坍缩为确定的状态。这一性质体现在量子计算中，使得量子比特能够在计算过程中同时存储和处理多种可能性。

（3）随机性是指微观粒子状态的测量结果完全随机，这与"状态的叠加"有很深的关系，也是第二个特性"相干性"的直接结果。

上述三个基本属性，也是到目前为止，物理学家对微观粒子区别于宏观物体的阶段性总结。而正是因为有这三个基本属性，才给传统的信息传感、信息传输、信息处理技术带来了颠覆性的效果。值得一提的是，故事发展到这里并没有结束。微观世界是否具有更本质的基本属性，仍是一个待解决的问题。

六、量子信息技术的三大支柱

量子信息技术大致可以分为三类：量子传感、量子计算、量子通信。

（一）量子传感：打开精确感知的大门

量子传感是发展历史最悠久、技术成熟度最高、实际应用范围最广、潜在应用最多的量子信息技术。早在量子理论诞生的前期，诸如原子钟、核磁共振、原子传感器这些代表性的量子传感技术就已经出现。发展至今，这类量子传感技术在发挥重大实际应用效能的同时，伴随着量子纠缠效应的物理实现及激光技术的不断发展，人们开始充分挖掘特殊量子态及量子态操控方法在降低测量不确定度方面的巨大潜力，量子传感技术仍保持着蓬勃的生命力以及活力。

量子传感技术主要涉及三大领域：时空信息、电磁信号和力学信号的感知。三大领域对应的最具代表性的应用包括原子钟、原子磁力仪和量子惯性传感器。

在时空信息领域，原子钟是最具代表性的量子传感技术。其核心原理基于原子能级间的跃迁频率，这种频率就像是原子的"身份证"，是其固有属性，不会随时间和空间的变化而改变。原子钟的高精确度使其成为信息时代的关键基础设施。

原子钟最重要的应用之一是卫星导航系统。导航的基本原理是测距，而时间精度直接影响着定位精度。仅仅 1 ns（10^{-9} s）的时间误差就会导致约 1 m 的定位偏差。目前，全球主要的卫星导航系统包括我国的北斗卫星导航系统、美国的全球定位系统、俄罗斯的格洛纳斯卫星导航系统和欧盟的伽利略卫星导航系统。值得骄傲的是，我国自主研发的北斗卫星导航系统凝聚了几代科研工作者的心血，为服务全球、造福人类贡献中国智慧和力量。北京大学作为全国最早开展原子钟技术研究的单位，早在 20 世纪 60 年代就研制出了我国第一台原子钟，推动了国产原子钟的量产，并广泛应用于卫星和导弹领域。

在电磁信号方面，原子磁力仪展现出独特优势。它利用原子能级对磁场的高度敏感性，通过测量能级跃迁频率的变化来精确测定磁场强度。这种量子传感器最显著的特点是：待

测物理量与输出信号之间具有固定的比例关系，这确保了测量的高精度和可重复性。原子磁力仪的应用十分广泛：在军事领域可用于探测水下目标，在地球科学领域可测量地球磁场变化，帮助研究地磁极的偏转规律，甚至可以帮助解释许多海洋生物和鸟类动物迁徙的奥秘。在生命科学和医学领域，原子磁力仪也开辟了崭新天地。它能够探测人体器官（如大脑和心脏）的生物磁场信号，这些信号源于器官功能活动产生的生物电现象。原子磁力仪还在前沿物理研究中发挥重要作用，尤其是在暗物质探测方面。目前的研究表明，宇宙中超过80%的物质可能以暗物质形态存在。

在力学信号领域，量子技术为惯性导航带来革新。量子惯性传感器通过测量加速度和角加速度等惯性信号，结合精确的时间信息，可以计算出物体的运动轨迹。这种自主导航技术的关键在于高精度的惯性测量，其中包括激光陀螺、原子陀螺仪和原子干涉仪等量子传感技术，它们综合运用了激光、物质波和频率测量等多种量子效应。

经过近一个世纪的发展，量子传感技术已经从单一的物理信号测量发展为多维度的信息感知系统。随着人工智能等新技术的崛起，量子传感技术正在向更高精度、更高灵敏度的方向发展，在未来信息技术革命中将发挥越来越重要的作用。

（二）量子计算：跨越计算极限的桥梁

量子计算是利用量子技术及微观粒子的基本属性增强计算能力，其代表技术主要包括通用量子计算和量子模拟。通用量子计算主要是解决经典计算机很难计算的复杂性问题，如密码破译；量子模拟则主要是模拟经典计算机很难模拟的物理系统，如粒子数非常多、物理过程非常复杂的物理系统。

量子计算的概念源于20世纪70年代科学家面临的一个重要挑战：如何有效模拟复杂的量子系统。以碳60（C_{60}）分子为例，它包含240个电子，要完整描述这个系统的所有可能量子态，需要2^{240}个存储单元，这个数字堪称天文数字，远远超出了经典计算机的存储能力。正是这种困境促使科学家思考：能否直接利用量子系统来进行计算？

这一思想最早由三位科学家提出：美国物理学家保罗·贝尼奥夫、苏联数学家尤里·马宁，以及1965年诺贝尔物理学奖获得者理查德·费曼。其中费曼的贡献最为显著。1981年，他在麻省理工学院的演讲"用计算机模拟物理"中首次系统地阐述了量子计算的理论框架。后来，他将其发表在《国际理论物理学杂志》上，这篇论文奠定了量子计算作为独立学科的基础。量子模拟和通用量子计算虽然都基于量子效应，但各有侧重。量子模拟针对特定的复杂量子系统，通过构建可控的量子系统来模拟目标系统，不一定需要量子纠缠。通用量子计算则追求更广泛的应用，利用多粒子量子纠缠来解决各类复杂计算问题，目标是实现可编程的通用计算平台。

量子计算的优势主要体现在存储和运算两个方面。在存储方面，传统计算机的2个比特只能存储1个状态（00、01、10、11中的一个），而2个量子比特（Qubit）可以同时存储这4个状态的叠加（即n个量子比特可以同时表示2^n个状态）。这种指数级增长的存储能力在模拟复杂量子系统时尤为关键。例如，在上文提到的碳60分子问题中，经典计算机需要2^{240}个存储单元才能完整描述该系统，而量子计算机只需240个量子比特便可存储所有可能的量子态，极大地降低了计算资源需求。在运算方面，量子计算机的一次操作可以同时改变所有叠加态中的信息，实现了传统计算机难以企及的并行计算能力。

近年来，量子计算技术发展迅速，多个研究机构推出了量子计算云平台。但实现真正通用的量子计算机仍面临诸多挑战，包括如何维持量子比特间的纠缠态、降低环境干扰、延长量子信息保存时间等。这些问题的解决需要量子物理、材料科学和化学等多个学科的协同努力。

目前，理论研究主要集中在量子算法的开发上。科学家们正在探索如何利用量子纠缠和相干特性设计新的计算方法，以充分发挥量子计算的优势。这个领域虽然进展显著，但高效的量子算法仍然稀缺，这也成为量子计算发展道路上的重要课题。

（三）量子通信：构建安全通信的堡垒

量子通信实际上包含了两部分：一是量子密码，核心在于实现安全密钥分发，即如何以更安全的方式，将用于加密的密钥分发给通信双方，代表性技术有量子密钥分发、量子随机数等；二是量子隐形传态，即如何利用纠缠特性来实现信息的传递。

1. 量子密码：绝对安全性的加密方法

量子密码技术的核心是实现绝对安全的密钥的生成和分发。它采用"一次一密"的加密方法，使用与明文等长的完全随机密钥。这种方法的特别之处在于，每次加密都使用不同的密钥，且密钥具有真正的随机性，而不是传统加密中使用数学算法生成的伪随机数。

> **知识窗口：伪随机数和量子随机数**
>
> 我们常用的计算机生成的"随机数"，其实是通过确定的数学算法计算出来的，比如用当前时间作为种子，再经过一系列复杂运算获得。虽然这些数看起来很随机，但只要知道算法和初始条件，原则上就能预测出来，所以被称为伪随机数。
>
> 而量子随机数则完全不同，它是真正意义上的随机数。它利用量子测量时的本质随机性来产生真正的随机数。在量子世界里，某些测量结果是完全无法预测的，就像薛定谔的猫在开盒前既是死又是活。这种真正的随机性对密码学至关重要——如果用于加密的随机数是可预测的，那么再复杂的加密系统也可能被破解。因此，量子随机数正成为构建安全通信系统的重要基础。

量子密码的安全性还基于一个基本物理原理——"量子不可克隆定理"。这个定理指出，任何人都无法精确复制一个未知的量子态。任何测量或复制未知量子态的尝试都会改变其状态，这就使得密钥分发过程中的窃听行为能被立即发现。量子密钥分发的经典协议之一是 BB84 协议，其核心机制依赖于测量基（Measurement Basis）的选择。在该协议中，发送方（如 Alice）会随机选择不同的基（如直线基 + 或对角基 ×）来编码信息，并将量子比特（如光子的极化方向）发送给接收方（如 Bob）。Bob 也随机选择测量基进行测量：

（1）如果 Bob 的测量基与 Alice 的基一致，他就能正确读取信息。

（2）如果基不匹配，测量结果就是随机的，不会影响最终的密钥。

（3）如果窃听者（如 Eve）试图在传输过程中测量光子，她的测量会不可避免地改变光子的状态，使 Alice 和 Bob 能察觉到入侵，从而放弃这次通信。

这一原理保障了量子通信的无条件安全性。

北京大学量子电子学研究所在这一领域取得了显著成果，其研究团队成功利用现有商用光纤，在西安和广州之间实现了相干态连续变量量子密钥分发，证明了这项技术可以直接应用于现有的通信基础设施。该研究团队还创造了连续变量量子密钥分发的世界最远传输距离记录。在真随机数研究方面，研究团队同样走在前列。2009 年，该研究团队首次提出基于单光子探测的真随机数生成方案；2010 年，该研究团队又利用激光相位噪声实现了高速优质的真随机数生成，并提出了获得国际认可的随机性检验新标准；2013 年，该研究团队创造了当时随机数生成速率的世界纪录。

2. 量子隐形传态：改写通信规则

量子隐形传态是一种常被误解的量子通信技术。在大众媒体中，它有时被描述为可以实现"瞬间移物"或"量子传送"，仿佛科幻电影中的情节。但这种理解是完全错误的。实际上，量子隐形传态传递的只是量子态所携带的信息，而不是物质本身。这项技术的工作原理建立在量子纠缠这一奇特的量子现象之上。量子纠缠意味着两个或多个粒子之间存在一种特殊的关联：当测量其中一个粒子时，另一个粒子的状态会立即发生相应改变，即使这些粒子相距遥远。爱因斯坦曾将这种现象称为"幽灵般的远程作用"。

中国科学技术大学潘建伟团队利用"墨子号"卫星进行的实验，就是这项技术最成功的示范。它利用量子纠缠效应实现信息的远距离传输，其工作过程（如图 1 所示）精妙而独特：首先，制备纠缠粒子对，由中间方"墨子号"卫星向通信双方分发纠缠粒子。其次，发送方将信息粒子与获得的纠缠粒子进行联合测量；由于量子纠缠效应，接收方的纠缠粒子状态会相应改变。再次，发送方通过经典信道传递联合测量信息。最后，接收方据此重构待发送信息。这种传输方式最大的优势在于：携带信息的原始粒子无须进入传输信道就能实现信息传递，从根本上避免了信息被窃听的风险。

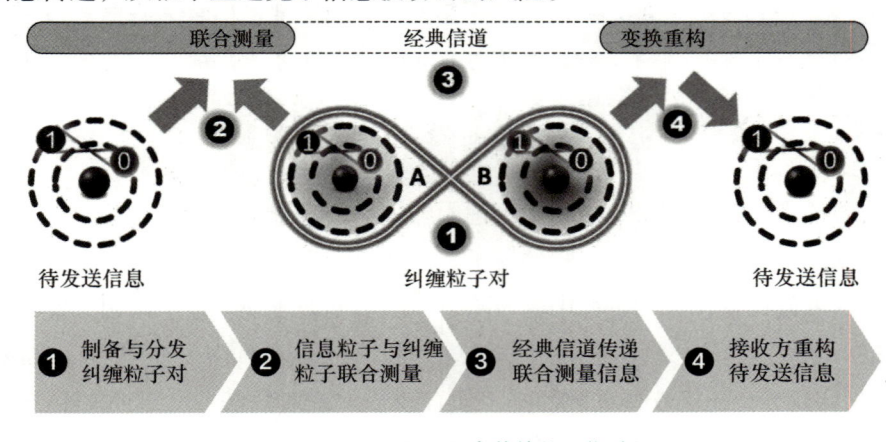

图 1 "量子号"远距离传输的工作过程

目前，量子通信技术正在向规模化、集成化和更强兼容性的方向发展。特别是在真随机数研究领域，科学家们不仅致力于提升生成速率，还在探索如何更准确地度量随机性，为量子通信的更广泛应用奠定基础。

七、未来可期：量子信息技术的发展与展望

总的来说，量子技术目前的主流应用仍在信息技术领域。虽已历经近一个多世纪的发展，量子技术依然方兴未艾，仍有许多未知的问题等待着人们去探索。伴随着人类对微观世界理解的不断深入，量子信息技术也会不断迸发出新的生命力。

量子信息技术也是目前各国大力推进的重点发展方向，是推动形成新质生产力的核心动力及源泉。在量子信息技术领域，我国总体上处于国际研究的前列。但需要看到的是，在涉及量子信息技术的重大原创性基础理论、部分核心元器件及材料，以及人才培养机制及人才队伍建设等方面，我们仍然与国际最先进的水平有一定差距。

21 世纪必将是量子物理及量子技术大放异彩的时代。当前，以人工智能和机器学习为代表的新一代信息技术革命如火如荼，正以前所未有的态势重塑全球科技格局。与此同时，量子信息技术也迎来了历史性的发展机遇。我们热忱期待更多怀揣梦想的青年投身这一充满无限可能的领域，充分发挥创新潜能，共同致力于提升我国在量子科技领域的国际竞争力，为推动量子信息技术的突破性发展贡献中国智慧和中国力量。

思考

1. 量子纠缠是量子力学中的一种现象，两个纠缠的粒子无论相隔多远，都能瞬间影响彼此的状态。这是否意味着我们可以利用量子纠缠进行超光速传递信息？为什么？可以试着从信息的定义出发解释。

2. 你认为量子计算机是否会取代经典计算机？为什么？

3. 在量子力学中，测量一个粒子的状态会改变它的状态。为什么会出现这种现象？你猜想可能和什么有关？这与我们日常生活中的测量有什么不同？

4. 量子密码学（如量子密钥分发）为什么被认为是"绝对安全"的？它与传统的加密方法有什么不同？如果没有真随机性的话，安全性是否还能保障？

5. 为什么我们日常生活中看不到量子效应？为什么量子效应通常只在微观世界中显现，你能解释一下原因吗？微观和宏观之间是否存在分界线？

6. 量子传感和经典传感的本质区别在哪里？为什么？你能举几个经典传感的例子吗？

后　　记

　　《北大名师开讲：信息科技如何改变世界》正式出版了，尽管书中所展现的只是信息学科浩瀚魅力中的些许侧影，但希望这次简短而坦诚的相遇，能为读者启发一缕灵感，留下些许回味，点燃读者对本学科兴趣的微小火种。

　　在内容选择上，本书没有追求学科体系的完整呈现或知识前沿的全面覆盖，而是以日常经验为入口，铺设一条平坦蜿蜒的小路，让读者伴随着引人入胜的风景，循序渐进地走向深处。

　　在写作风格上，我们尽量运用比喻、具象化等方法规避晦涩的专业术语，同时也保留了具有启发性和代表性的关键概念，力求在知识性与趣味性之间取得平衡。在介绍学科脉络和基本原理的基础上，我们也实事求是地呈现了国家近年来在相关技术领域的发展成果，既不掩饰发展中的短板与挑战，也不低估已取得的成就与突破。希望读者能通过这些描述，对国家信息科学的发展现状形成理性、平衡的认知。全书采用了"导语—正文—延伸—思考"的结构，每章以贴近生活的实际问题引入，在正文中阐明基本原理及其演变发展，最后通过思考模块引导读者进行进一步探索。

　　在书中，我们特别设置了"知识窗口"栏目，针对中学生可能听说过但不真正了解的概念进行解释。这些既包括信息科学领域的经典概念，也包含与经济学、生物学、新闻学等其他学科的相关知识。我们希望以此帮助读者建立起更加立体、完整的学科认知，看到信息科学如何与其他知识领域相互影响、共同发展。

　　我们不希望本书成为一本教材或论文集式的读物，而是希望将它呈现为科学家与中学生的"对话现场"，让读者在课业之余，能随时翻阅、自由探索。每个章节如同一场生动的科普讲座，读者可以如临现场般听着流畅的故事，跟随专家的思路进行思考，也可以随时停下来反思所学。这种设计让读者可以从任何感兴趣的话题开始阅读，不必拘泥于顺序，却又能在章节间发现精心设置的关联，使初读和再读都能获得新的启发。

　　为此，我们探索出一种新的写作模式：学科专家作为主讲人设计每一场"学科讲座"，协作撰稿人以此为基础撰写稿件，中学信息技术教师确保知识内容与高中生知识储备相接

后　记

轨，编辑团队最后对稿件进行整合打磨。这种模式既保留了内容的专业深度，又贴合中学生的实际情况，使全书风格一致，确保读者获得顺畅的阅读体验。

本书的诞生不仅凝结着各章节主讲人的智慧与协作撰稿人的匠心，也离不开编创流程中每位参与者的通力协作与无私奉献——各位主讲人在倾囊相授的同时，还调动其科研团队的骨干力量共同参与研讨和编写工作。陈博远、程志超、戴启宇、高一、纪晓璐、鲁云龙、马郓、绪光、杨帅、叶开、余肇飞、张盼盼、钟毅等老师和同学严格审核每个概念的表述准确性，及时补充学科前沿动态，确保本书内容既符合科学规范，又反映最新研究进展，为这本科普读物奠定了坚实的学术基础。北京大学附属中学的杜昊、李慧玲、徐岩三位老师全程参与了所有文章的审读工作。他们凭借多年教学经验，精准把握内容的难度梯度，使本书在保持专业高度的基础上，又能与中学教育自然衔接，是青年学子探索信息科学的"引路人"。

我们编写这本书的初衷是让更多青年学子领略信息科学的魅力。相信经过这次"观光之旅"，每位读者都能从不同角度感受到这个学科的奥妙与活力。我们诚挚邀请优秀的高中生朋友们投身于信息科学领域，这份邀请的热切溢于各章节中的字字句句；同时，我们也理解，对于这样的人生抉择，许多同学可能仍在思索或另有规划。然而，无论未来你是否有志于此，理解信息科学的基本原理、运作机制和思维方式已成为现代社会中不可或缺的素养，这也会帮助你在面对新技术带来的变革时更具洞察力，在接踵而至的数字化浪潮中保持从容与自信。

信息科学的发展日新月异。尽管我们在编写过程中多次修订"最新动态"的内容，但这本书所呈现的仍只是这门学科某一时刻的剪影。当你阅读这行文字时，或许新技术已在实验室中蓄势待发，新问题也在实践中不断涌现。我们对此既充满期待，也保持清醒：在飞速变化的未来，书中的某些内容或许会逐渐陈旧，但它所激发的探索精神与好奇心永远不会过时。

学海无涯，探索不止。也许有一天，当你在大学课堂或科研一线再次遇到本书提及的某个概念，想起年少与其初识时，会心一笑；也许在未来的某天，你带着更丰富的学识重温此书，对早年阅读过的文字有了更深的感触。最让我们期待的是，如今的读者中一定会有人从事信息科学相关事业；在本书再版时，他们也许会成为新一代协作撰稿人，甚至是主讲人。这种薪火相传的接力，正是学术发展最美的图景。

翻开封面，你就像走进信息科学的"前厅"；合上本书，真正通向学科深处的"传送门"为富有好奇心与求知欲的年轻人徐徐敞开。希望你怀揣着问题与梦想踏上征程，去探索、去发现、去实践。愿你今后的学习生活始终充满对未知世界的好奇，对真理知识的热爱。

最后，衷心祝愿每位读者在探索信息科学魅力的道路上勇敢前行，开拓进取，收获属于自己的精彩人生！

编者

2025 年 4 月

正文精彩延续，扫码了解更丰富的信息科技世界！

读者扫描右侧二维码，即可获取相关数字资源。